U0020323

溫伯格的
Quality Software Management
軟體管理學

第2卷 | First-Order Measurement

第一級評量

傑拉爾德‧溫伯格（Gerald M. Weinberg）◎著
曾昭屏、陳琇玲◎譯

Quality Software Management, Volume 2: First-Order Measurement
by Gerald M. Weinberg (ISBN: 0-932633-24-2)
Original edition copyright © 1993 by Gerald M. Weinberg
Complex Chinese translation copyright © 2008 by EcoTrend Publications,
a division of Cité Publishing Ltd.
Published by arrangement with Dorset House Publishing Co., Inc. (www.dorsethouse.com)
through the Chinese Connection Agency, a division of the Yao Enterprises, LLC.
ALL RIGHTS RESERVED

經營管理 58

溫伯格的軟體管理學：第一級評量（第2卷）

作　　　者	傑拉爾德・溫伯格（Gerald M. Weinberg）
譯　　　者	曾昭屏、陳琇玲
總　編　輯	林博華
責 任 編 輯	林博華

發　行　人	涂玉雲
出　　　版	經濟新潮社
	104台北市民生東路二段141號5樓
	電話：(02) 2500-7696　傳真：(02) 2500-1955
	經濟新潮社部落格：http://ecocite.pixnet.net
發　　　行	英屬蓋曼群島商家庭傳媒股份有限公司城邦分公司
	台北市中山區民生東路二段141號11樓
	客服務專線：02-25007718；25007719
	24小時傳真專線：02-25001990；25001991
	服務時間：週一至週五上午09:30-12:00；下午13:30-17:00
	劃撥帳號：19863813；戶名：書虫股份有限公司
	讀者服務信箱：service@readingclub.com.tw
香港發行所	城邦（香港）出版集團
	香港灣仔駱克道193號東超商業中心1樓
	電話：852-25086231　傳真：852-25789337
	E-mail: hkcite@biznetvigator.com
馬新發行所	城邦（馬新）出版集團 Cite (M) Sdn Bhd
	41, Jalan Radin Anum, Bandar Baru Sri Petaling,
	57000 Kuala Lumpur, Malaysia.
	電話：603-90563833　傳真：603-90576622
	E-mail: services@cite.my
印　　　刷	宏玖國際有限公司
初 版 一 刷	2008年8月5日
初 版 三 刷	2023年5月23日

城邦讀書花園
w w w . c i t e . c o m . t w

ISBN：978-986-7889-72-0

版權所有・翻印必究

定價：800元

作者簡介

傑拉爾德‧溫伯格（Gerald M. Weinberg）

溫伯格主要的貢獻集中於軟體界，他是從個人心理、組織行為和企業文化的角度研究軟體管理和軟體工程的權威。在 40 多年的軟體事業中，他曾任職於 IBM、Ethnotech、水星計畫（美國第一個載人太空計畫），並曾任教於多所大學；他主要從事軟體開發，軟體專案管理、軟體顧問等工作。他更是傑出的軟體專業作家和軟體系統思想家，因其對技術與人性問題所提出的創新思考法，而為世人所推崇。1997 年，溫伯格因其在軟體領域的傑出貢獻，入選為美國計算機博物館的「計算機名人堂」（Computer Hall of Fame）成員（有名的比爾‧蓋茲和邁克‧戴爾也是在溫伯格之後才入選）。他也榮獲 J.-D. Warnier 獎項中的「資訊科學類卓越獎」，此獎每年一度頒發給在資訊科學領域對理論與實際應用有傑出貢獻的人士。

溫伯格共寫了30幾本書，早在1971年即以《程式設計的心理學》一書名震天下，另著有《顧問成功的祕密》、《你想通了嗎？》、《領導者，該想什麼？》、《從需求到設計》（以上四書由經濟新潮社出版）、一共四冊的《溫伯格的軟體管理學》等等，這些著作主要涵蓋兩個主題：人與技術的結合；人的思維模式與解決問題的方法。在西方國家，溫伯格擁有大量忠實的讀者群，其著作已有12種語言的版本風行全世界。溫伯格現為 Weinberg and Weinberg 顧問公司的負責人，他的網站是 http://www.geraldmweinberg.com

譯者簡介

曾昭屏（負責第一、二、三部）

交大計算機科學系畢，美國休士頓大學計算機科學系碩士。譯作有《顧問成功的祕密》、《溫伯格的軟體管理學：系統化思考（第1卷）》。專長領域：軟體工程、軟體專案管理、軟體顧問。最喜歡的作者：Tom DeMarco, Gerald Weinberg, Steve McConnell.
Email: marktsen@hotmail.com

陳琇玲（Joyce Chen）（負責第四、五部與附錄）

美國密蘇里大學工管碩士，曾任嶺東科技大學講師、行政院國科會助理研究員、Alcatel Telecom系統程序專員、ISO 9000主任稽核師暨TickIT軟體品質稽核師，現專事翻譯、譯作甚豐。相關譯作包括《第五項修鍊III ——變革之舞》、《杜拉克精選：個人篇》、《ERP進階實務》、《供應鏈策略管理五大修鍊》、《市場的真相》、《搜尋未來》、《川普清崎讓你賺大錢》、《投資大趨勢》。

〔出版緣起〕

千載難逢的軟體管理大師——溫伯格

經濟新潮社編輯部

在陸續出版了《人月神話》、《最後期限》、《與熊共舞》、《你想通了嗎？》等等軟體業必讀的經典之後，我們感覺，這些書已透徹分析了時間不夠、需求膨脹、人員流失、管理不當，每每導致軟體專案的失敗。這些也都是軟體產業永遠的課題。

究竟，這些問題有沒有解答？如何做得更好？

專案管理的問題千絲萬縷，面對的偏偏又是最（自以為）聰明的程式設計師（知識工作者），以及難纏（實際上也不確定自己要什麼）的客戶，做為一個專案經理，究竟該怎麼做才好？

軟體能力，於今已是國力的指標；縱然印度、中國的軟體能力逐漸凌駕台灣……我們依然認為，這表示還有努力的空間，還有需要補強的地方。如果台灣以往的科技業太「硬」（著重硬體），那麼就讓它「軟一點」，正如同軟體業界的達文西——Martin Fowler 所說的：Keeping Software Soft（把軟體做軟），也就是說，搞軟體，要「思維柔軟」。

因此，我們決定出版軟體工程界的天王巨星——溫伯格（Gerald M. Weinberg）集40年的軟體開發與顧問經驗所寫成的一套四冊《溫

伯格的軟體管理學》（*Quality Software Management*），正由於軟體專案的牽涉廣泛，從技術面到管理面，得要面面俱到，而最重要的關鍵在於：你如何思考、如何觀察發生了什麼事、據以採取行動、也預期到未來的變化。

前微軟亞洲研究院院長、現任微軟中國研究開發集團總裁的張亞勤先生，為本書的簡體版作序時提到：「溫伯格認為：軟體的任務是為了解決某一個特定的問題，而軟體開發者的任務卻需要解決一連串的問題。……我們不能要求每個人都聰明異常，能夠解決所有難題；但是我們必須持續思考，因為只有如此，我們才能明白自己在做什麼。」

這四冊書的主題分別是：

1. 系統化思考（Systems Thinking）
2. 第一級評量（First-Order Measurement）
3. 關照全局的管理作為（Congruent Action）
4. 擁抱變革（Anticipating Change）

都將陸續由經濟新潮社出版。四冊書雖成一系列，亦可單獨閱讀。希望藉由這套書，能夠彌補從「技術」到「管理」之間的落差，協助您思考，並實際對您的工作、你所在的機構有幫助。

致台灣讀者

傑拉爾德·溫伯格

2006 年 8 月 14 日

最近，我很榮幸地得知，台灣的經濟新潮社要引進出版拙著的一系列中譯本。身為作者，知道自己的作品將要結識成千上萬的軟體工程師、經理人、測試人員、諮詢顧問，以及其他相信技術能為我們帶來更美好的新世界的人們，我感到非常驚喜。我特別高興我的書能在台灣出版，因為我有個外甥是一位中文學者，他曾旅居台灣，並告訴過我他的許多台灣經驗。

在我早期的職業生涯中，我寫過許多電腦和軟體方面的技術性書籍；但是，隨著經驗的增長，我發現，如果我們在技術應用和建構之時對於其人文面向沒有給予足夠的重視，技術就會變得毫無價值——甚至是危險的。於是，我決定在我的作品中加入人文領域的內容，並希望讀者能注意到這個領域。

在這之後，我出版的第一本書是《程式設計的心理學》（*The Psychology of Computer Programming*）。這是一本研究軟體開發、測試和維護當中關於人的過程。該書現在已經是 25 週年紀念版了，這充分說明了人們對於理解其工作中人文部分的渴求。

各國引進翻譯我的一系列作品，讓我有機會將這些選集當作是一

個整體來思考，並發現其中一些共通的主題。自我有記憶開始，我就對於「人們如何思考」產生了濃厚的興趣；當我還很年輕時，全世界僅有的幾台電腦常常被人稱為「巨型大腦」（giant brains）。我當時就想，如果我搞清楚這些巨型大腦的「思考方式」，我或許就可以更深入地了解人們是如何思考的。這就是我為什麼一開始就成為一個電腦程式設計師，而後又與電腦共處了50年；我學到了許多關於人們如何思考的知識，但是目前所知的還遠遠不夠。

我對於思考的興趣都呈現在我的書裏，而在以下三本特別明顯：《系統化思考入門》（*An Introduction to General Systems Thinking*，這本書已是25週年紀念版了）；它的姊妹作《系統設計的一般原理》（*General Principles of Systems Design*，這本書是與我太太Dani合著的，她是一位人類學家）；還有一本就是《你想通了嗎？》（*Are Your Lights On? : How to Figure Out What the Problem Really Is*，這本書是與Donald Gause合著的）。

我對於思考的興趣，很自然地延伸到如何去幫助別人清晰思考的方法上，於是我又寫了其他三本書：《顧問成功的祕密》（*The Secrets of Consulting: A Guide to Giving and Getting Advice Successfully*）；《*More Secrets of Consulting: The Consultant's Tool Kit*》；《*The Handbook of Walkthroughs, Inspections, and Technical Reviews: Evaluating Programs, Projects, and Products*》（這本書已是第三版了）。就在不久前，我寫了《溫伯格談寫作》（*Weinberg on Writing: The Fieldstone Method*）一書，幫助人們如何更清楚地傳達想法給別人。

隨著年齡的增長，我逐漸意識到清晰的思考並不是獲得技術成功

的唯一要件。就算是思維最清楚的人，也還是需要一些道德和情感方面的領導能力，因此我寫了《領導者，該想什麼？》（*Becoming a Technical Leader: An Organic Problem-Solving Approach*）；隨後我又出版了四卷《溫伯格的軟體管理學》（*Quality Software Management*），其內容涵蓋了系統化思考（Systems Thinking）、第一級評量（First-Order Measurement）、關照全局的管理作為（Congruent Action）和擁抱變革（Anticipating Change），所有這些都是技術性專案獲得成功的關鍵。還有，我開始寫作一系列小說（第一本是《*The Aremac Project*》）是關於專案及其成員如何處理他們碰到的問題——根據我半個世紀的專案實務經驗所衍生出來的虛構故事。

在與各譯者的合作過程中，透過他們不同的文化視野來審視我的作品，我的思考和寫作功力都提升不少。我最希望的就是這些譯作同樣也能幫助你們——我的讀者朋友——在你的專案、甚至你的整個人生更成功。最後，感謝你們的閱讀。

Preface to the Chinese Editions

Gerald M. Weinberg

14 August 2006

Recently, I was honored to learn that EcoTrend Publications from Taiwan intended to publish a series of my books in Chinese translations. As an author, I'm thrilled to know that my work will now be within reach of thousands more software engineers, managers, testers, consultants, and other people concerned with using technology to build a new and better world. I was especially pleased to know my books would now be available in Taiwan because my sister's son is a Chinese scholar who has spent much time in Taiwan and told me many stories about his experiences there.

Early in my career, I wrote numerous highly technical books on computers and software, but as I gained experience, I learned that technology is worthless—even dangerous—if we don't pay attention to the human aspects of both its use and its construction. I decided to add the human dimension to my work, and bring that dimension to the attention of my readers.

After making that decision, the first book I published was *The Psychology of Computer Programming*, a study of the human processes that enter into the development, testing, and maintenance of software. That book is now in its Silver Anniversary Edition (more than 25 years in print), testifying to the desire of people to understand that human dimension to their work.

Having my books translated gives me an opportunity to reflect on them as a collection, and to perceive what themes they have in common. As long as I can recall, I was interested in how people think, and when I was a young boy, the few computers in the world were often referred to as "giant brains." I thought that I might learn more about how people think by studying how these giant brains "thought." That's how I first became a computer programmer, and after fifty years of working with computers, I've learned a lot about how people think—but I still have far more to learn than I already know.

My interest in thinking shows in all of these books, but is especially clear in *An Introduction to General Systems Thinking* (now also in a Silver Anniversary edition); in its companion volume, *General Principles of Systems Design* (written with my wife, Dani, who is an anthropologist); and in *Are Your Lights On?: How to Figure Out What the Problem Really Is* (written with Don Gause).

My interest naturally extended to methods of helping other people to think more clearly, which led me to write three other books in the series— *The Secrets of Consulting: A Guide to Giving and Getting Advice Successfully; More Secrets of Consulting: The Consultant's Tool Kit;* and *The Handbook of Walkthroughs, Inspections, and Technical Reviews: Evaluating Programs, Projects, and Products* (which is now in its third edition). More recently, I wrote *Weinberg on Writing: The Fieldstone Method*, to help people communicate their thoughts more clearly.

But as I grew older, I learned that clear thinking is not the only requirement for success in technology. Even the clearest thinkers require moral and emotional leadership, so I wrote *Becoming a Technical Leader: An Organic Problem-Solving Approach*, followed by my series of four *Quality Software Management* volumes. This series covers *Systems Thinking, First-Order Measurement, Congruent Action,* and *Anticipating Change*—all of which are essential for success in technical projects. And, now, I have begun a series of novels (the first novel is *The Aremac Project*) that contain stories about projects and how the people in them cope with the problems they encounter—fictional stories based on a half-century of experiences with real projects.

I have already begun to improve my own thinking and writing by working with the translators and seeing my work through different cultural eyes and brains. My fondest hope is that these translations will also help you, the reader, become more successful in your projects—and in your entire life. Thank you for reading them.

〔導讀〕

從技術到管理，失落的環節

曾昭屏

「軟體專案經理」可說是所有軟體工程師夢寐以求的職務，能夠從「技術的梯子」換到「管理的梯子」，可滿足所有人「鯉魚躍龍門」的虛榮感。不過，就像有人諷刺結婚就像在攻城，「城外的人拼命想要往裏攻，城裏的人卻拼命想要往外逃」，這也是對做軟體專案經理這件事的最佳寫照。何以至此，我們來看看其中的一些問題。

據不可靠的消息說，麥當勞為維持其一貫的品質，成立了一所麥當勞大學。當有人要從炸薯條的工作換到煎漢堡的工作，必須先送到該所大學接受完整的養成訓練後，才能去煎漢堡。軟體管理的工作比起煎漢堡來，絕對不會更簡單，但是有哪位軟體經理或明日的軟體經理，有幸在你就任之前，被送到這麼一所「軟體管理大學」去接受完整的「軟體經理養成教育」呢？

幾乎沒有例外，軟體經理都是由技術能力最強的工程師所升任。若說在軟體工程師階段所培養的技能有相當的比例可為軟體管理工作之所需就罷了，但事實是，兩種技能大相逕庭。

軟體工程師的工作對象是機器。他們的專長在程式設計、撰寫程式、除錯、將程式最佳化。他們大部分的時間花在跟電腦打交道，而

電腦是最合乎邏輯的，不像人類偶爾會有些不理性的情緒反應。程式設計時最好的做法是將之模組化，也就是說所設計出來的模組要有黑箱的特性，至於模組的內部是如何運作，使用者可不予理會，只要能掌握標準界面即可。同樣的思維用到與人有關的事物上，反而會成為最壞的做法。

　　軟體經理的工作對象是「人」。在化學反應中的催化劑，其本身並不會產生變化，而只是促成其他的物質轉變成為最終產品。經理人員就猶如專案中的催化劑，他最大的責任在於營造出一個有利的環境，讓專案成員有高昂的士氣，能充分發揮所長，並獲得工作的成就感。這是軟體工程師的技能中付之闕如的一環，當他們成為經理之後，慣常以管理模組的方式來管理專案成員。以致，出現 1997 年 Windows Tech Journal 的調查結果，[1] 其讀者對管理階層的觀感是：他們痛恨管理階層、對無能上司所形成的企業文化與辦公室政治深惡痛絕、管理階層不是助力而是阻力（獨斷、無能、又愚蠢）。

　　你還記得，或想像，你剛上任專案經理的第一天，自己是抱著怎樣的心情？狄馬克有一篇名為〈Standing Naked in the Snow〉的文章最讓我印象深刻。[2] 他描述自己第一天上任的感覺猶如「裸身站在雪地中」，中文最貼近的形容詞是「沐猴而冠」，那種孤立無援、茫然不知所措的心境，也正是我上任第一天的寫照。想要彌補軟體工程師與軟體經理之間的這段差距，方法不外找到這類的課程或書籍。但軟體

1　M. Weisz, "Dilbert University," *IEEE Software* (September 1998), pp. 18-22.

2　Tom DeMarco, "Standing Naked in the Snow" (Variation On A Theme By Yamaura), *American Programmer*, Vol. 7, No. 12 (December 1994), pp. 28-30.

專案管理的課程在大學裏不開課，坊間的顧問公司也無人提供。至於書籍，在美國，軟體技術類書籍與軟體管理類書籍的比率是200比1，在台灣的情況則更糟，或許是我見識淺陋，我至今都未能找到一本談軟體專案管理的中文書。

　　幸好，溫伯格為我們補上了這個失落的環節。在這一套四冊的書中，他教導我們要如何來培養軟體經理所必備的四種能力：

1.　專案進行中遇到問題時，有能力對問題的來龍去脈做通盤的思考，找出造成問題的癥結原因，以便能對症下藥，採取適切的行動，讓專案不但在執行前有妥善的規畫，在執行的過程中也能因應狀況適時修正專案計畫。避免以管窺豹，見樹不見林，而未能窺得問題的全貌，或是，頭痛醫頭，腳痛醫腳，找不到真正的病因，而使問題益形惡化。

2.　有能力對專案的執行過程進行觀察，並且有能力對你的觀察結果所代表的意義加以解讀。猶如在駕駛一輛汽車時，若想要安全達到正確的目的地，儀表板是駕駛最重要的依據。此能力可讓專案經理在專案的儀表板上要安裝上必不可缺的各式碼表，並做出正確解讀，從而使專案順利完成。

3.　專案的執行都是靠人來完成，包括專案經理和專案小組的成員。每個人都會有性格缺陷和情緒反應，這使得他們經常會做出不利於專案的決定。在這種不理性又不完美的情況下，即使你會感到迷惘、憤怒、或是非常害怕，甚至害怕到想要當場逃離並找個地方躲起來，你仍然有能力採取關照全局的行動。

4.　為因應這不斷改變的世界，你有能力引領組織的變革，改變企業文化，走向學習型的組織。

李斯特（Timothy Lister）在《*Peopleware*》中談組織學習[3] 時說了個小故事：我有一位客戶，他們的公司在軟體開發工作上有超過三十年的悠久歷史。在這段期間，一直都養了上千名的軟體開發人員，總計有超過三萬個「人年」的軟體經驗。對此我深感嘆服，你能想像，若是能把所有這些學習到的經驗都用到每一個新的專案上，會是怎樣的結果。因此，趁一次機會，我就向該公司的一群經理人請教，如果他們要派一位新的經理去負責一個新的專案，他們會在他耳邊叮嚀的「智慧的話語」是什麼？他們不假思索，幾乎異口同聲地回答我說：「祝你好運！」

希望下次當你上任軟體經理時，不會再有沐猴而冠的感覺，也不會僅帶著他人「祝你好運」的空話，而是有《溫伯格的軟體管理學》這套書做為你堅強的後盾。

---

3 T. DeMarco and T. Lister, *Peopleware: Productive Projects and Teams* (New York: Dorset House Publishing, 1999), p. 210.

目 錄

第一部　接收訊息

第二部　尋思原意

第三部　找出含意

第四部　做出反應

謝詞

在此我要感謝下列人士透過審閱、討論、示範說明、實驗和範例，對於本書能更臻完善所做的貢獻：

Jim Batterson	Naomi Karten
Jinny Batterson	Norm Kerth
Mike Dedolph	Brian Nejmeh
Peter de Jager	Lynne Nix
Tom DeMarco	Judy Noe
Kevin Fjeldsted	David Robinson
John Freer	Wayne Strider
Phil Fuhrer	Linda Swirczek
Dawn Guido	Dani Weinberg
Payson Hall	Ellie Williamson
Jim Highsmith	Janice Wormington
Capers Jones	Gus Zimmerman

我也感謝我的客戶組織中的變革高手和其他人，以及參與過我們的問題解決領導力（Problem Solving Leadership）研討會、組織變革工作坊（Organizational Change Shop）研討會、高品質軟體管理（Quality Software Management）研討會和其他訓練體驗的眾多人士。

　　其實我還要感謝為這本書提供實例的許多經理人和工作者，這些
人之所以不願具名的原因，等你看到那些實例時就會明瞭。另外，在
這本書中，提供我一些事關機密資訊的人士和客戶，我都以化名表
示。

前言

對於你所談論的東西，你若是能加以量度，並以數字將之表達出來，那麼你對於那樣東西可說是有了某種程度的了解；反之，你若是無法加以量度，或是無法以數字將之表達出來，那麼你對於那樣東西的所知，則要歸於貧乏之列，或是嚴重不足之列……。

——克爾文勳爵（*Lord Kelvin*）

我從事軟體這個行業已有四十年，我學習到的經驗是，想要在軟體工程的管理工作上獲致高品質的成果，你將需要具備以下這三種基本能力：

1. 具有了解複雜情況的能力，以便你能為專案做好事前的規畫，從而進行觀察並採取行動，使專案能依計畫進行，或適時修正原計畫。

2. 具有觀察事態如何發展的能力，並且有能力從你所採取的因應行動是否有效來判斷你觀察的方向是否正確。

3. 在複雜的人際關係中，即使你會感到迷惘、憤怒、或是非常害怕，甚至害怕到讓你想要一走了之並躲起來不見人，但你仍然有能力採取合宜的行動。

對於一個重視品質的軟體管理人員來說，這三項能力缺一不可，但是我不想將本書寫成一本皇皇巨著。因此，如同任何一位注重品質的軟體經理人一般，我把我的寫書計畫拆成三個小計畫，在每一個小計畫中討論這三項基本能力中的一項。第一卷《系統化思考》所探討的是第一項能力——了解複雜情況的能力。第三卷《關照全局的管理作為》所探討的是第三項能力——即使在情緒激動的情況下，仍然有能力採取合宜的行動。在此第二卷《第一級評量》中，我希望你把注意力都放在觀察事態如何發展的能力，以及完全掌握你所做的觀察是否有意義的能力。

將本卷的名稱最後定案為第一級評量之前，我花了許多的時間在思索要用怎樣的書名才比較貼切。重點是，每當有一本書在書名中冠上了「評量」這樣的字眼，該書的作者似乎就不得不搬出克爾文勳爵的這一段話。我亦不能免俗，此外，我還覺得有必要分析一下克爾文勳爵經常被人引用的這段話中，他真正的本意是什麼，而不是他本意的又是什麼。

首先，我必須要提出來的是，克爾文勳爵是一位物理學家。因此，當他說，「對於你所談論的東西，你若是能加以量度……你……可說是有了某種程度的了解，」他是以一位物理學家的觀點來說這段話，其本意是欲找出一個存在於大自然的萬有法則。物理學家在進行量度的工作時，其目的是為了尋求在學習某件事物時的樂趣，至於量度的對象為何就不是重點了。

與此相對照的，工程師對於萬有法則毫無興趣，他們亟於想知道的只是在建造某一特定事物時，必須要用到哪些與之相關的特定法則。他們念茲在茲的是能夠順利完成某一件事，而那些胡亂弄來的評量數字則不是他們所想要的。

　　雖然我從青少年時期即立志與電腦結下終身之盟，但是在學校裏我根本找不到一門與電腦教育有關的課可以上。因此，如同克爾文勳爵一樣，我所受的教育是教導我如何成為一位物理學家。如今，儘管我仍然摯愛物理，但我已自認是一位軟體工程師，而在區分這兩種知識時，我採取的原則是：

✓　物理學的知識在於了解大自然的萬有法則。

✓　工程學的知識在於明白要如何去完成一件事。

對於這兩種不同知識的探索工作，能夠提供支援的評量是大不相同的：我用「第三級評量」這一術語來代表「可支援物理學家尋求萬有法則」的那一類評量；比方說，對「熱力學第一定律」測試之後的結果所顯示的意義，其實是在說，若想打造出一台可永恆運轉的機器，這是絕無可能的事。

　　工程師們感興趣的是我所謂的「第一級」和「第二級」的評量，它們是用於一台機器的製造工作，以及在機器製造出來後可增強其性能的調整工作上。尤其是第一級評量，它僅可用於某件事物的製造工作上；第一級評量相當於我們日常所說的「信封背後的」（或英國人說的「香煙盒背後的」）計算。這類的評量適用的場合是粗略的做法（憑經驗但無精確數據為基礎的）或概略的草圖，以及「快速但不精確的」或「純直覺的」預估工作等。第一級評量是當我們要開始動手之前，先用來決定「某一台機器是否值得去製造」的那一類評量。

　　第二級評量就比較精細；適用於使系統功能得到充分發揮，並讓系統運作能夠更省錢或更快速，亦可用於使機器的性能得以調校至最有效率的狀態。第二級與第三級評量對於軟體工程界的開發工作，雖說是具有不可或缺的重要性，但兩者皆無法真正用於解決一般軟體工

程經理人員在日常工作中經常會碰到的各種問題。下面的這則寓言，或許能清楚地說明為什麼我會做如此的論斷：

半斤八兩夫婦有一對十五歲的雙胞胎兄妹，哥哥半斤和妹妹八兩，兩人都正在學開車。家裏的那輛車八兩開過了十次，而她的安全紀錄堪稱完美。同一輛車半斤也開過十次，但他卻撞過三次車。半斤八兩太太要求半斤八兩先生得去找這個兒子好好談談，否則會有人命在旦夕。

半斤八兩先生先以檢討這三次車禍為開場白，然後他問半斤說：「你有什麼話要說，來替自己辯白的？」

「這個嘛，開了十次車才出三次車禍，這個數字還不算太難看。」

「我勉強同意你的說法，」半斤八兩先生說，「不過，你的妹妹八兩也開過十次車，她連一顆小石頭砸到擋風玻璃的情況都沒有發生過。」

「你說的沒錯，」半斤說，「可是我每公升汽油跑的里程數比她要高出許多。況且我的輪胎沒有沾到一點爛泥巴。」

「哦，」半斤八兩先生說。「這點我倒沒有想到。好吧，從今以後，你開車時還是要盡量小心，還有，你要保持省油和不弄髒車身的優良表現。我這就去找你妹妹談談，來檢討一下她的開車習慣。」

即使對我們這種有多次被家裏青春期子女欺騙經驗的人來說，半斤八兩先生這個做父親的聽起來也太過愚蠢。不過，在你對他嚴加批判之前，請記得這只是一個寓言故事罷了。而這個寓言的寓意又是什麼呢？或許你已經看出來，十分之三這個數字就有軟體工程業的影子。這個數字正是我許多客戶的公司裏大型軟體專案一直都無法完工的比率。軟體的品質專家Capers Jones、Tom DeMarco、Tom Gilb等人都曾向我證實，30%這個數字與他們的經驗完全吻合。

　　假設你是某所機構主管軟體開發工作的經理，該機構曾做過十個專案，其中的三個是以失敗收場。那些有專案失敗紀錄的軟體工程部門的經理人員，個個都可拿出一堆數值精確的評量數字，來向你證明，比起其他的七個專案，在這三個失敗的專案裏所花的每一塊錢皆可生產出更多行數的程式，而且每一行程式所產生的錯誤也比較少。你會因此就去找其他的專案經理來談談，檢討一下他們的管理習慣嗎？當然不會啦。

　　正如John von Neumann曾說的，「當你對所談論的主題是什麼都還沒搞清楚，就要求你對某一件事的數字必須精確，這是毫無意義的。」不過，某一機構所推動的評量方案若完全是以第二級評量為基準，那麼von Neumann所描述的，正是許多參與這類評量方案的經理人員所做所為的寫照。這些經理人員的鹵莽行為或許是受到許多此類書籍作者的鼓勵而來的。其他軟體工程方面的書籍在書名中凡有「評量值（measurements）」或「量測值（metrics）」者，所討論的皆為第二級評量，而有些書甚至討論到第三級評量。Bill Silver是軟體評量的大師級人物，他亦有同感：「這件事說來可悲，但卻是實情。軟體評量的方案大多是以失敗收場。」[1]

　　Silver的觀察結果得到Capers Jones的證實，Jones的經驗是，有八成的軟體評量方案在兩年內就無疾而終。這樣的觀察也得到許多我的客戶的證實，可以完全吻合Silver對於失敗的第一大原因，也是最主要的原因，所做的描述：

> 「公司的品質文化能夠為評量工作提供一個良好環境的，這樣的公司實在少之又少。」

容我說得更不客氣些。若是在一家公司中，每十個重大的軟體專案就

有三個會失事墜毀，這樣的公司還不夠格去談第二級評量。更糟糕的是，這樣的公司若意圖實施一個以第二級評量為主體的評量方案，所造成的傷害將遠大於所能帶來的好處，而最終的結果極有可能是製造出一堆價值百萬美元的「亂七八糟」評量。這絕不是「為評量的工作提供一個良好的環境」。

軟體品質文化的相關資料所顯示的是，目前機構的企業文化僅有極小比率可提供推動第二級評量方案所需的支援[2]。我所著的《溫伯格的軟體管理學》系列是專門設計來幫助任職於此類機構的經理人員，能讓他們在管理的工作上先求品質得到改善，然後才求日後他們可以回過頭來對所任職的機構進行改善。

本卷的目的在於幫助任職於這類機構的經理人員，將能力提升到懂得如何善加利用第二級評量，甚至第三級評量。如果你所任職的機構在大量製造軟體產品時能夠既準時又不超出預算，且這些產品又可增添你的顧客的生命價值，並讓顧客感到欣喜——而你至少有九成的機會可達到這樣的要求——那麼你就不需要閱讀《第一級評量》這本書了。老實說，你所任職的機構若已達到此種境界，則不論你買這本書花了多少錢，我都會滿心歡喜把本書的書款悉數還給您，以換取您在品質管理工作上的心得。

然而，你所任職的機構若尚未達到上述境界，那麼我希望能讓你明瞭如何可以「為評量工作營造一個良好的環境」，以避免多數的評量方案皆損失慘重的宿命，並且告訴你如何可以既簡單又有效率地替許多事物來進行量測，唯有這些事物才可能幫助你的機構持續不斷生產出你想要的高品質軟體。

序言
一個觀察模型

首先，你得找到事情的真相……然後，你就可以任意將之扭曲。

——馬克・吐溫

要量測任何事物之前，我們必須先進行觀察。要賦予觀察結果適當的數值之前，我們必須先了解當初為得到這些數值所用的過程為何。

這個過程在表面上看來或許很簡單，其實是非常複雜的，因為這個過程需要對別人的腦袋裏是怎麼想的，以及我們自己的腦袋裏是怎麼想的都要有充分的了解。為將這個複雜的過程以簡化的方式來表達，我選擇一個模型，可以把觀察過程拆解成一連串較小且較簡單的步驟。此模型就是由家庭治療師薩提爾（Virginia Satir）[1]所開發出來的「人際互動模型」（Interaction Model）。

薩提爾利用這個模型來了解在一個家庭這樣的系統中所暗藏的複雜動態學，因為在此類系統中每天都會發生許多既快速又難以理解的人際互動。我發現這個模型也能夠幫助軟體經理人員改善其所使用之軟體過程的觀察系統，因為在此類系統中每一分鐘都會發生許多既快

速又難以理解的過程。

模型不但可用以改善經理人員的觀察工作，還可更廣泛地應用到其他事項，例如：

- 與他人的直接互動
- 對軟體評量報告的解讀
- 觀察人們的工作狀況
- 設計出一套量測系統
- 訓練軟體人員如何自我觀察

此模型之所以有用，是因為經由我們與他人間的互動，我們可以間接研究這個觀察過程。正如我們若想要研究一個線路或一個程式是怎麼回事，就去看它們對不同的輸入條件做出什麼反應，我們若想要研究別人的內心世界，就去看那個人如何因我們所說或所做的事之不同而做出反應。

例如，你若是用「薩提爾人際互動模型」來了解我的腦袋裏是怎麼想的，你可以去分析當你說了一些話而我做出反應的那一瞬間（這個反應是你可以觀察到的）。你若想要了解此一觀察到的反應是怎麼回事，你可以完全照著「薩提爾人際互動模型」的步驟一步一步地追溯出我腦中的內在過程是如何在演變。當然，要了解一個人的反應，利用數個較小的步驟比起想一次即全盤掌握要容易得多。一旦你透過模型而對於我的反應真正是什麼意思有了粗淺的概念，你就可以向我求證那是不是我的本意。

利用這樣的分析法來學習人際互動就好像想要學會一套複雜的體操動作時，先把這套動作拆解成一系列較小且較簡單的動作，然後再將之組合成一套讓人瞠目結舌的高級動作。如同體操的動作一般，人

的心智在進行觀察活動時所採用的步驟並非不連續的，而是在不知不覺中從一個步驟走到另一個步驟。

　　模型的主要功能是將一個複雜的過程加以簡化，而「薩提爾人際互動模型」告訴我們，我內在的觀察過程可分成四大部分：接收、原意、含意、反應，如圖I-1所示。為能將模型說得更清楚，我將扮演觀察者的角色。

圖I-1　「薩提爾人際互動模型」的四大部分。

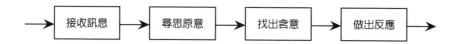

接收訊息。觀察過程中的第一個部分是我接收從外界來的資訊。有的人會認為這個部分就涵蓋了整個觀察過程，但事實上還有很多事在進行。還有人認為是訊息「找上了我」，我只不過是被動的參與者，但實際上我做出了許多的決定。模型的這個部分將是本書第一部的討論主題。

　　尋思原意。下一步，我會尋思所接收到的訊息並找出其原意。直覺上你會認為該訊息的原意就藏在其原始訊息之中，事實上卻非如此；直到我提供一個解讀的方式，否則原始的訊息不具任何意義。在本書的第二部將會來檢視此模型這個部分的細節，此外我會再回到本書的第一部把「尋思原意」這個步驟也納入其中，以便能真正了解「接收訊息」這個步驟，因為這兩個步驟有密切的連動。

　　找出含意。原始資料不帶有任何意義；原始資料或許會暗示某種意義，但不可以就把它當作是原始資料的**含意**。若是少了這個步驟，我們所感知的世界將會充斥過多的「資料模式」，讓我們難以消化。

有了這個步驟，我們就可以賦予少數的模式較高的優先權，並將其餘的模式大方地予以忽略。再者，雖然在本書的第三部中會探討到這個步驟的細節，但在本書的前面部分仍免不了要提到它，如此對「接收訊息」與「尋思原意」這兩個步驟方能有充分的了解。

　　做出反應。進行觀察很少是被動的，而一定會引發反應。對觀察的每一個結果，我不一定會做出立即反應，我也不該立即有反應。有的軟體經理人員絕對不願做個被動的觀察者，我應效法他們，要根據觀察結果的重要性加以篩選，並小心儲存起來，做為未來採取行動的指南。正如我們在本書第一部中會看到的，我的反應有的會再度啟動這個過程，尤其是「找出更多資料」這一類反應。在本系列叢書的第三卷中會列舉許多如何做出適當反應的實例，而在本書的第四部中將先介紹到此一主題。在第五部中我會探討最重要的那些評量（我稱為第零級評量）。

　　在學習有關評量的諸多細節之前，我們最好能先弄清楚為什麼要花精神在這件事上。這是我會用第一章來專門探討「評量對軟體工程的重要性」的原因。

第一部
接收訊息

一般人的眼睛只能看到事物的外表，而有洞察力的眼睛則可穿透外表，讀取事物的核心與根源，找到外表所沒有顯示或預示的各種可能性，這些可能性都是別人無法察覺到的。

——馬克・吐溫

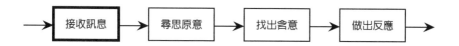

「接收訊息」是進行觀察的第一個步驟，也是欲改善評量的歷程上的第一個步驟。「接收訊息」是連接我們內在的思考歷程與外在世界間的一座橋樑。因此，「接收訊息」這個步驟的關鍵字是精準，也就是說，要盡可能為觀察過程中其餘的步驟打下一個穩定的基礎。

1
為什麼觀察很重要？

能夠感動人的不是事物的本身，而是人對事物的看法。

——艾彼科蒂塔斯（*Epictetus*）

我們所開發的軟體若想要有穩定的品質，就必須對軟體的開發過程及服務過程加以控管。然而，我們若缺乏可靠的資訊，就無法對任何工作過程有一致的控管。

欲獲取這類資訊，我們必須先學習如何進行觀察。軟體工程在管理上的失敗，究其原因大多與觀察上的失敗有關。

評量工作是「進行可靠觀察」的一門藝術，也是一門科學。本章將會討論由不良的觀察所造成常見的失敗的例子，並提供一些模型來說明失敗何以發生。

1.1 管理上的失敗：是危機還是幻覺？

不論何時，軟體工程在管理上的失敗，問題十有八九都出在品質上。不過，品質變壞並非一夕之間發生，而是經年累月的結果。可是，仍

有許多經理人把這類的失敗稱作是一個危機，或是一個突發且不可預期的事件。是什麼原因使他們會有這樣的幻覺？

管理者會抱持這種危機的觀點，在某種程度上是源自人類在面對失敗時天生就有逃避責任的傾向。一個滿懷恐懼的經理人心底的想法是：「專案若是因一個危機而土崩瓦解，又怎能怪罪到我的頭上？」不過幸好，會自欺欺人又滿懷恐懼的管理者通常只占少數；多數的時候，多數的經理人都不會自欺欺人又滿懷恐懼。

面臨危機時人們的確容易心生恐懼。承受巨大壓力的經理人會真的相信他們是一個突發危機的受害者，那是因為他們意識到失敗已迫在眉睫，是突然間意識到的。換句話說，危機有多突然，這不是對危機的量測值，而是對經理人意識能力的量測值。他們若是能做好觀察的工作（這是優秀的經理人必須做到的），或許他們會感到失望，但絕不會感到吃驚。我很喜歡對經理人說的一句話是：

不要誤把一個幻覺的結束當作是一個危機的開始。

系統如果過於複雜，人們很容易成為幻覺的俘虜，這些幻覺完全沒有客觀真實的基礎。無人能免於幻覺的侵襲，軟體工程的經理人尤然。

1.2 透視軟體文化

讓我們以「找出一個機構的軟體文化模式」這個問題，做為軟體工程上有嚴重幻覺的一個例子。在本系列叢書的第一卷、名為《系統化思考》[1]的那本書中，我們已檢視過軟體文化模式的細節，此處我僅簡單回顧與觀察相關的一些觀念。（想要知道某一個模式更詳細的資料，請參閱附錄C與附錄D。）

1.2.1 文化是什麼？

人類學家會去研究文化，有時他們將文化定義為「你知道你並不知道你知道的那類東西」。文化是由有意義的符號所組成的一個無形且任意的系統，其中包括了語言與說話的方式、工具與使用的方式、以及影響他人與受人影響的方式。文化也會對改變抱持保守的態度，往往會利用因改變而啟動的控制機制來讓自己得以保存下來。文化會保存的一樣東西就是它的產品，因此透過對產品的研究，我們可以得知生產這些產品所用的工作過程是什麼，其方法與人類學家利用從廢墟中出土的遺物來研究古代的工藝水準大致類似。

1.2.2 軟體次文化的六種模式

就我所知，克勞斯比（Philip Crosby）[2]是把文化模式的概念用於研究工業生產過程的第一人。與人類學家一樣，他也發現組成一門技術的各種生產過程並不是一種隨機的組合，而是由一套有先後關係的模式所組成。克勞斯比稱這五種模式為：

1. 半信半疑（Uncertainty）
2. 覺醒（Awakening）
3. 啟蒙（Enlightenment）
4. 明智（Wisdom）
5. 確信（Certainty）

此法大致上是根據在每一模式中所見到的「管理階層的態度」來分類。[3]

在Radice等人的〈程式設計過程之研究〉[4]一文中，將克勞斯比

「依品質來分層」的方法應用到軟體開發工作上。軟體工程學會（SEI）鼎鼎大名的軟體品質專家韓福瑞（Watts Humphrey）繼續發揚光大，找出一個軟體機構成長之路上必經之「過程成熟度」（process maturity）的五個等級[5]。這五個模式分別是：

1. 啟始（Initial）
2. 可重複（Repeatable）
3. 加以定義（Defined）
4. 加以管理（Managed）
5. 最佳化（Optimizing）

SEI所用的這些名稱與每個模式中的「過程類型」（types of processes）[6]比較有關，而與管理階層的態度（克勞斯比的觀點）比較無關。依照我個人在組織方面的工作經驗，我比較偏好克勞斯比把重點放在管理階層及其態度之上。

以克勞斯比的研究成果為基礎，我再加上我工作夥伴丹妮的專業知識（她是一位人類學家）。我們的工作方法是採用人類學上的「參與式觀察」[7]模型。此模型講求觀察者要與關係人同甘共苦，才能掌握他們第一手的情況。利用此模型，我們往往能觀察到機構最底層的真實狀況，而不僅僅是管理階層做了什麼、說了什麼。我們會特別留意機構的各個不同部門中「所說與所做之間一致的程度」。若是按照「人們說他們是怎麼做的」來將機構分類，我們可以將之分類為如下的幾種模式系統：

0. 渾然不知：「我們都不知道我們正循著一個過程在做事。」
1. 變化無常：「我們全憑當時的感覺來做事。」

2. 照章行事：「我們凡事皆依照工作慣例（除非我們陷入恐慌）。」

3. 把穩方向：「我們會選擇結果較好的工作慣例來行事。」

4. 防範未然：「我們會參照過往的經驗制定出一套工作慣例。」

5. 全面關照：「人人時時刻刻都會參與所有事務的改善工作。」

這是我在本書中從頭到尾在描述各種不同的機構時會用到的一套分類法。要特別一提的是，我最關心的是前三種模式與後三種模式之間對評量工作所持態度的不同，因為那是一個重大轉變發生的地方——也就是朝向把穩方向型管理法的轉型。

　　而第一級評量就是朝向高品質軟體管理法轉型時的關鍵要素。

1.2.3 找出組織文化模式的調查法

文化都具有保守的特性，不喜改變的發生，因此經理人想要改變一個機構時都必須從了解其文化模式開始下手。欲找出所屬模式為何，他們需要進行某些觀察。

　　SEI 為找出軟體文化模式為何而開發出一套方法，那就是利用「自我評鑑的問卷」[8]來進行調查。在此列舉此調查法初期版本 101 個問題中的幾個典型問題：

✓ 對於有軟體開發人員參與的專案，是否每一專案都有人負責軟體型態管制（configuration control）的工作？

✓ 是否為軟體開發人員設計了一套軟體工程的訓練課程？且人人都經過此訓練？

✓ 是否有一套機制用以決定何時要在軟體開發過程中引進新技術？

✓ 在單元測試案例的準備工作上，是否有一套標準可供採用？

✓ 軟體設計上的錯誤是否有蒐集相關的統計資料？

✓　是否有一套機制用以定期與顧客做技術的交流？

顯然，設計這套調查法的人對於何謂有效的「軟體工程開發過程」有相當深入的了解。此外，此調查法還強調「對問卷作答時應反映貴機構標準的實際做法」。既然先天條件如此嚴格，為什麼這樣的調查還會導致管理階層產生幻覺呢？有什麼地方出了問題嗎？

聽從我的同事布萊恩（Brian Nejmeh）的建議，我將這些調查問卷中的問題拿給我客戶的幾家機構試做。其中的一家機構，我拿問卷給資訊系統部門的副總、直接向他報告的四位處長、再下一級抽樣的11位經理、以及抽樣的11位軟體工程師（他們有各種頭銜，但都是實際上動手做產品和維護工作的人）。然後，我計算了一下對問卷中101個問題回答「是」的有幾個（答「是」意味著有好的實際做法），並依照不同的工作頭銜繪製成圖。這家機構的調查結果如圖1-1所示。

顯然，高階管理者對於軟體工程的開發程序，比起實際執行這些程序的工程師，看法要樂觀許多。單看這所機構，其經理人會認為

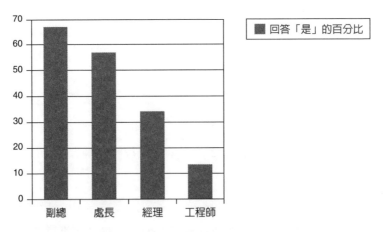

圖1-1　同一所機構中不同層級的人對「機構標準的實際做法」會有相當不同的印象。

（例如）發出「定期與顧客做技術的交流」的命令就代表這些交流將會實際發生。而工程師才會知道這些交流真正發生的機率有多少。

　　SEI會提供自我評鑑相關技術上的訓練以避免抽樣所造成的誤差，並且SEI較中意的做法是，自我評鑑要由外來的中立機構在進行其他調查時一併執行。很不幸，有許多機構在進行這類調查時並未遵照此要求。這樣的話，調查的對象完全不包括工程師，僅只做到經理人員，且通常是在副總的層級。機構的文化未來要如何發展，此類規畫的工作就是由這些副總所做的。你若是發現一所機構因為有這樣的「層級的幻覺」而很少願意對其生產力做改善，你會感到意外嗎？

1.3　不同文化觀察模式的實際運作

不論軟體文化的模式為何，管理階層獲取資訊及加以運用的方式都相當一致。例如，某些模式會利用意見調查做為觀察工作好壞的主要策略，如同我們在以下會談到的。

　　在本節中，為說明不同的文化在「何時何地去獲取資訊以及將會如何利用這些資訊」一事上有何不同，我們要用一個「設計上的缺陷」的故事來看看各種文化模式的處置方式有何不同。此設計上的缺陷實際是發生在渾然不知型（模式0）機構中，但我們會假想同樣的這個缺陷若發生在其他五種模式中將會如何處置。每一模式在缺陷的偵測及預防工作上會有不同的劇情發展，因此在品質、成本、時程上也會造成相對的差異。

1.3.1　渾然不知型文化

渾然不知型（模式0）的文化是名符其實，對任何事物皆不進行系統

化的觀察。此文化並無明確的軟體開發生命週期（對於自己正在開發軟體一事可說是渾然不知），因此，一個設計上的缺陷可能隨即偵測到，也可能永遠都偵測不到。軟體的使用者（可能與開發人員是同一人）只知不斷地使用錯誤的資料，或不斷地耗費電腦資源或相對的個人時間在毫無目的的事情上。

若要對缺陷詳加檢視，會以如下的方式進行：負責為ABC銀行開發商業貸款系統的副總開發出一套試算表，可以對每一貸款申請案進行分析及評價。他沒有軟體設計的經驗，也不知道（他渾然不知）其實他正在做軟體開發的工作。這套試算表連接到銀行主機的資料庫上，以取得申請貸款之公司的歷史資料。副總本人不真正了解這個連接法是如何設計的，而取得的資料有些是有錯誤的。

此一設計瑕疵造成了某些所費不貲的後果。到此瑕疵在無意間被發現的時候，試算表已經使用了十五個月，估計經濟上的損失如下：

- 主機大量的負荷 　　　　　　　　　　　　　　　$ 34,000
- 副總浪費掉的時間 　　　　　　　　　　　　　　$ 18,000
- 不該被核准而核准的貸款 　　　　　　　　　　　$455,000
- 好的貸款未被核准而損失的收益 　　　　　　　　$ 88,000
- 核准的貸款利率條件太過優渥而損失的收益 　　　$112,000
  此設計缺陷的總成本 　　　　　　　　　　　　　$707,000

1.3.2 變化無常型文化

如渾然不知型文化一般，變化無常型（模式1）文化通常唯有在罪證確鑿下才發覺有設計上的缺陷。例如，一個新版的軟體在交付之後，使用者經過試用後發現軟體有問題（參看圖1-2，附錄A有圖中所用

符號的說明）。雖然此缺陷是在設計階段即產生，但即使到了測試階段還無法讓它現身，因為並未執行系統化的測試。

　　在模式1的機構中，軟體工程的工作都是由專業人員執行，他們唯一的工作就是開發軟體，因此其開發成本要比模式0為高（模式0的軟體是由顧客自行開發，故對於生命週期的真正成本渾然不知）。為抵銷較高的開發成本，模式1的機構有幾種方法可減少由缺陷所帶來的風險：

1.　歡迎顧客對結果多懷疑一些，或質疑其正確性，如此可較早偵測

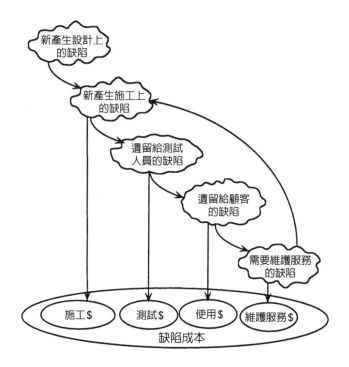

圖1-2　變化無常型（模式1）的機構，會利用現有產品使用上的經驗以改善
　　　　下一版的產品。（這是一個效應圖，未讀過第一卷的讀者可在附錄A
　　　　找到有關此圖的說明。）

到缺陷。在我們的例子中，缺陷若能在五個月內偵測到，即可讓總損失減少三分之一，變成 $235,000，而不是 $707,000。

2. 專業的軟體工程師較不容易（我們希望是如此）造成技術性的設計缺陷，像是與資料庫做不正確的連結。在我們的例子中，此因素可在一開始就讓缺陷消失於無形，如此可讓 $707,000 全數節省掉或節省大半。

3. 雖然測試工作通常沒有什麼章法，但所能找出的錯誤還是比「渾然不知型」的開發人員要多得多。在運作良好的模式 1 機構中，產品功能失常的訊息會回饋給產品本身，其結果成為一個對產品的「修正」。依我們所舉的例子來看，若是能在測試階段偵測出功能失常的部分並加以修正，$707,000 將可全部省下來。

然而，模式 1 會被稱為變化無常是有充分理由的。在「變化無常」的文化中，想要藉圖中所提及的這些效應即可達到降低設計上的缺陷所產生的風險，是一件不太有把握的事。在許多模式 1 的文化中，失敗不會被視為是有用的資訊，只會被重新定義成「不曾發生的事」，更嚴重的反被定義成「成功」。（「你下載了錯誤的資料，這是件好事，因為它可讓我們的使用者學會要小心，步驟要更精確。」）

此外，模式 1 的機構在評鑑自己的工作績效時，所用的方法也是變化無常的。變化無常型機構裏的人對於自己的觀察結果不會留下任何制式的紀錄。他們通常會記得如何成功的，但對如何失敗卻忘得一乾二淨，因此，他們所產生的工作績效的「歷史」往往流於過分樂觀。

1.3.3 照章行事型文化

然而，不是每個人都會把模式 1 的歷史朝樂觀的方向扭曲。有些人遇

到成功會很快就忘了，反而每一次的失敗都會牢記在長期的記憶中。照章行事型（模式2）的機構能夠成長，通常是因為不滿自己模式1類型的行為而亟思改善之道，不論他們對該行為之歷史的理解是正確的，或是扭曲的。

模式2的機構想要讓自己開發軟體的方式能夠有更加系統化的做法。其結果是，他們更有機會在一個設計上的缺陷變成顧客使用上的失敗之前即將之挑出來。缺陷十之八九是在測試階段找到，模式2機構的測試工作通常比模式1機構系統化的程度為高。

如圖1-3所示，模式2機構十之八九會將失敗的相關資訊回饋到

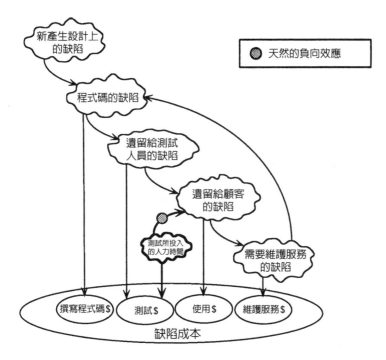

圖1-3　模式2的機構會利用測試現有產品所產生的資訊以進行產品的改善。投入人力時間於測試工作雖然會增加測試成本，但可避免缺陷流落到顧客手上，因而有節省經費的效果。

產品身上，這一點與模式1機構非常相像。此圖顯示，沒有任何資訊會回饋到機構本身，這是此模式的典型作風。唯一會回饋給機構的，可能是與找出誰是代罪羔羊有關的資訊。照章行事型的經理人往往會採用一種指責式的軟體工作模型，大致的方式是：如果人人都能照規定辦事，就完全不會出錯。因此，如果有事情出錯，那就是有人違反規定。

指責人（blaming）是模式2經理人員的典型行為，他們量測事物的主要目的是要證明他們看世界的模型是正確的，也就是說，該受指責的絕非管理階層。例如，每當我發現某一機構會去計算每個程式設計師寫了多少行的程式碼，並利用此評量值在個人的績效評鑑上，我必然也會發現這是一所照章行事型的機構，或這是一所變化無常型的機構，而它的經理人員正努力想變成照章行事型。

照章行事型的機構對任何與正式評量有關的提案都有高度興趣，不論提案有多古怪，但通常他們的能力僅只能應付最簡單的評量方案。為使評量方案在採用後可產生實質效益，此類機構需先學會如何直接觀察人的行為。然而，這類的直接觀察（對於出現在你面前的事物，你能夠看得見也聽得到）並不見容於指責式的模型。對於需具備「直接觀察人的行為」之能力，照章行事型機構典型的反應是把每一件工作都放進某個作業過程（process）裏，最好是把所有靠人執行的步驟都用靠電腦執行的步驟來取代，變成一種與人無關的作業過程。這是藍波式（指獨來獨往，作風剽悍）的解決問題方式：對一個井然有序的作業過程來說，人是主要的敵人，因此，只要排除人的因素，問題就會消失。

照章行事的做法對簡單易懂的問題非常有效，但會選擇性地留下所有難解決的問題，這些部分需要有觀察入微的技巧方能做好管理。

這是為什麼照章行事型的模式有時在處理較複雜的問題時會驚訝自己怎麼會陷入危機。這不過是幻覺結束而已，造成幻覺的原因是：管理階層在緊要關頭沒有能力對人的微妙行為進行觀察。

當所開發的試算表程式很簡單時，一家還算不錯的照章行事型機構成功的機會可高達九成。然而，當開發專案變得更困難時，失敗率即升高。不幸的是，照章行事型的機構與變化無常型的機構一樣，對於自己的失敗經驗會有選擇性的記憶。下面這個例子為其典型：

CDE公司的資訊系統部門不再計算程式的行數，改為計算有多少個功能點（function points），該公司將此舉視為是自己從一個照章行事型的機構變成把穩方向型機構之路的一大進步。他們驕傲地提出一份報告，報告中顯示該公司所有完成專案的平均生產力高達每人年32.17個功能點。這個數字還高於 Capers Jones 為該產業所估算的29.40。[9]

該公司的顧問要求提供一份所有專案的清單，這份清單他們早已印出來了。然後，她又要求提供一份去年所有專案的清單。雖然這樣的清單在他們的部門年度報告中是標準的必報項目，但他們好不容易才找到一份拷貝。顧問比較了兩份清單後發現，有212個專案在今年的清單中不見蹤影，也未出現在去年已完成專案的名單中。這些專案幾乎占了該年863個執行專案的25%，卻在在年度報告中憑空消失。還有，這些專案在計算每人年32.17個功能點時也憑空消失。

這種故意省略的做法非常符合模式2機構的典型「評量數字」方案，其特點是量測的多，但給你看到的少。Capers Jones 計算單一專案的每人每年平均功能點和全公司每人每年平均功能點，從這兩個數字就暴露出評量上故意省略的問題。Jones 發現，單一專案每人年平均約有96個功能點，而全公司的平均值是30個功能點，故意省略的做法充分解釋了為什麼會出現這樣的矛盾。

1.3.4 把穩方向型文化

模式3的機構與模式2文化的不同之處在於他們偵測到問題的場合不同，但兩者將這類資訊用到哪裏去卻差別不大。要從模式2變身為模式3，開始的契機通常是某位握有權力的人（就好像那個觀察到國王是裸體的小男孩）發問：「可是，所有那些失敗的專案是怎麼處理的？」把穩方向型（模式3）的機構通常會對照章行事型機構那些不成熟的「評量數字」方案調整其方向，並開始學習如何對人的行為進行更直接的觀察。模式3經理人的口號可能是：「我會去觀察，而且我會盡一切必要的努力以確保我的專案不致失敗。」這與許多模式2經理人隱含性的口號「我會逼你去做所有該做的，不論人事或機構要付出的成本有多大」成為鮮明的對比。

　　把穩方向型的經理人了解，觀察的目的是試圖證明模型有錯，而不是去證明模型是對的。例如，把穩方向型經理人會利用以下的觀察即偵測出我們在設計上的缺陷：

- 程式設計師在談論解決問題的方法時沒有什麼把握
- 顧客在談論如何使用系統時用詞含糊
- 正式設計審查的結果
- 向管理階層作設計報告時手部擺動的方式
- 將設計轉換成程式碼時有時程的延誤
- 設計測試案例時有困難
- 做性能測試時無法解釋為何不能達到時間要求
- 在電梯裏交換的小道消息

這些觀察大多只能暗示可能有問題，但把穩方向型的經理人知道該如

何適切地繼續追蹤，不是去指責某人，而是蒐集資訊。把穩方向型機
構的員工對於經理人把精神花在尋找資訊上，並不會感到生氣，因為
他們知道，尋找資訊的目的是要改善產品，而不是要找人頂罪。

　　設立多重的偵測點，意味著更可能在生命週期任何一個特殊時刻
偵測到缺陷。如圖1-4的說明，這些偵測點（比方說審查）會比前一
種模式更早在生命週期中出現。更早偵測到，意味著可以減少開發和
使用的成本。

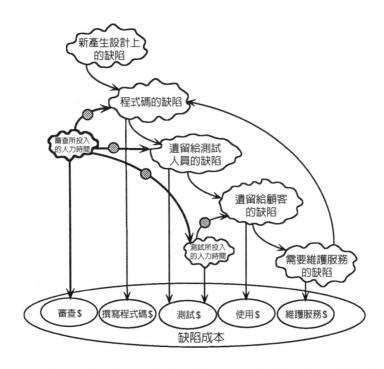

圖1-4　把穩方向型（模式3）機構會利用產品和過程所產生的資訊來進行產
　　　　品的改善，因此可在生命週期的早期即將問題修正，並達到省錢的效
　　　　果。

1.3.5　防範未然型文化

模式0到模式3的機構都是把焦點放在利用各種資訊來改善產品（亦即，用以判斷某個專案的進展是否順利），模式4的不同處是它明確地把重心擺在預防上，這是為什麼它被稱為防範未然型（模式4）機構。此文化會不斷地尋求更佳的模式來進行軟體的開發、改善、取得、除役等工作。為達此目的，它會去尋找能夠駁倒現有過程模型的各種資料。如果一所防範未然型的機構發生 $707,000的損失（這是非常不可能的事），程式當然是要加以修正。但是在所引發的慌亂平息前，管理階層會投入更多的心力在修正作業過程上，因為作業過程竟然容許此種損失的發生。

　　例如，那些防範未然型的機構會持續改善經理人員可用資訊的來源。讓作業過程穩定之後，他們即可聰明地運用那些正式的、能切中問題的評量值。他們不但知道正式的評量值只在某些狀況下適用，他們也學習如何提供技術與機會以便能夠對關鍵的成功要素做直接且符合人性的觀察。你若仔細檢視圖 1-5，將會發現，模式4機構的資訊來源與模式3機構沒有多大的不同，唯一的不同處在資訊的利用，以此圖為例，那就是要改善設計的過程以便讓設計上的缺陷較不可能再出現在未來的專案中。

1.3.6　全面關照型文化

我們對全面關照型（模式5）機構的所知有限，且理論多於實際。全面關照型機構最好的樣式或許就是它能夠正確地運用所有其他文化最佳的做法。機構的成員學習如何及早開始觀察、如何對微妙的事做筆記，機構本身也從事「統合觀察」（meta-observation），也就是會觀察

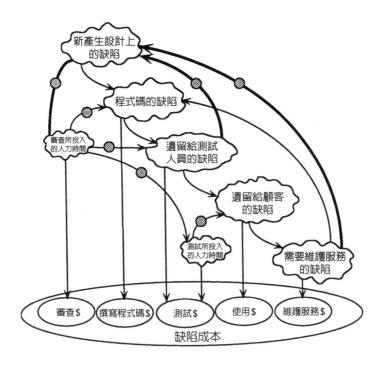

圖1-5　防範未然型（模式4）機構會利用現有產品和過程所產生的資訊來進
　　　　行現有產品和未來過程兩者的改善，因此可在第一時間即預防問題的
　　　　發生，並達到省錢的效果。

自己的觀察方法。它學習到的每一件事都會應用到整個的機構。它既
有全面性，也有一致性。它不但今天做得好，我們也大可期待它明天
能做得更好。

　　這一切聽起來是否讓人羨慕至極？或許有一天我們每一個人都能
做到，但到目前為止，模式5的機構就像美洲鶴一樣罕見。然而，如
果我們對於「觀察對一所機構的意義何在」欠缺更深一層的了解，就
永遠無法到達這個境界。

1.4 比較各種觀察模式的效應

ABC銀行的例子顯示出各種文化在如何取得資訊與如何利用資訊上有怎樣的差異。圖1-6是一張ABC銀行的員工所製作的圖表，旨在向管理階層說明，不同的模式把他們從$707,000所學得的經驗付諸行動會產生怎樣的經濟效益。他們利用這張表來說服高階經理，讓他們明瞭，「渾然不知」地去使用個人電腦所浪費的錢，將遠超過盲目聽從個人電腦廠商所編造的神話。

　　此圖表是一個很好的例子，可讓我們了解觀察能力改善後所帶來的威力。當問題沒有以這樣的方式向高階經理呈報之前，他們還不知道要維護一個以「渾然不知」的方式開發的軟體，竟然需要如此鉅額的「維持成本」，更別提設計上或程式碼的缺陷所引發的風險。經理人員看了這張圖表之後，他們組成了一個特別任務小組，將這套為顧客開發的軟體納入有效的管制，方式包括設計審查以及獨立測試。如此開發成本雖然增加，但維護成本卻下降，而且大家晚上都可以早點睡覺。

	模　　式					
	渾然不知	變化無常	照章行事	把穩方向	防範未然	全面關照
偵測到缺陷	使用的晚期	使用的早期	測試／使用	設計／測試	設計	預防
平均成本	$707,000	$235,000	$70,000	$23,000	$ 8,000	$ 1,000
修正對象	產品	產品	產品	過程	過程	文化
建造成本	$ 2,000	$ 4,000	$ 6,000	$ 6,000	$ 6,000	$ 6,000
維持成本	$ 6,000	$12,000	$12,000	$10,000	$ 8,000	$ 6,000
淨成本	$715,000	$251,000	$88,000	$39,000	$22,000	$13,000

圖1-6　ABC銀行員工預估在六種文化模式下開發一個貸款利率系統所需之成本。

1.5 心得與應用上的變化

1. 本書的審閱者 Mike Dedolph 與 Dawn Guido 兩人指出，變化無常型（模式1）和照章行事型（模式2）機構對於自己做事方法為何的說法會讓我們感到迷惑。韓福瑞也提到，模式1機構通常有一套工作的標準，但一有危機的徵兆出現（也可能更早），他們就會放棄這些標準。我的看法是，這等於在說他們沒有工作的標準，有的只是一堆工作標準的文件。變化無常型和照章行事型機構似乎無法分辨文件和實際做法之間的差別。如同 Mike 和 Dawn 指出的，可能的結果是，這些機構通常會花好幾個星期來爭論哪些不當的「工作標準」可予以免除，這也是模式1和模式2文化的另一大特徵。

2. 辨認照章行事型（模式2）機構的另一種方法是，看該機構如何免除觀察。這是模式2的經理人熱愛調查資料的主因。有了調查，你就不必去做觀察即可得到一些數字。調查意見當然是一種事實，但是只有在人們還沒有被調查或調查條件影響的情況下他們所相信的，才是事實[10]。在 SEI 的評鑑方案中，所謂調查只是指引你與人面談以及進行觀察的方法，以便能分辨結果正確與否。本書將會說明這種面談法的一些面向。

3. 一個辨認不同文化模式的方法是，去觀察他們處理「疾病」的方法之不同處。全面關照型（模式5）機構對疾病似乎是免疫的。如同有「好的基因」的人一般，這些機構受到他們「好的文化」所保護。防範未然型（模式4）機構偶爾會出現「生病的」專案，但他們會很快地治療好這樣的專案。模式4和5都是健康的文化，因為他們會預防疾病發生。機構是否健康很重要，因為你

若是不健康就很容易生病，而且很難自我痊癒。

把穩方向型（模式3）機構遇到疾病時能夠處理得很好，但他們有時會有重複出現相同症狀的經歷。這是因為他們把注意力放在每一個疾病（產品層次），而不是放在如何保持健康（過程層次）。照章行事型（模式2）機構通常視疾病為一種罪惡，這使得人們急著隱匿症狀，以致延長病情，結果通常會引發更嚴重的疾病。

變化無常型（模式1）機構總是把疾病當作是人生中難免的事，也就是說，這是一種隨機事件，偶爾就會發生，與他們曾經做過的事毫無關係。當然，渾然不知型（模式0）機構往往不知道他們生病了，就像抽菸的人聽不到自己的咳嗽聲一樣。

1.6 摘要

✓ 軟體工程的管理若有失敗，百分之百是因為過程或產品上有品質的問題。

✓ 如果品質問題會讓管理階層「大呼意外」，就是因為管理階層沒有做好有效的觀察。

✓ 經理人員不會去觀察的一件事就是他們自己的軟體工程文化，這也不令人意外，因為所謂文化就是「你知道你並不知道你知道的那類東西」。

✓ 克勞斯比把文化模式的觀念引用到工業生產過程的研究上，並觀察發現有五種模式，主要是根據管理階層的態度來分類。

✓ 軟體工程學會（SEI）引用克勞斯比的研究成果到軟體上，並依照每一模式找到的作業過程之類型，訂出「過程成熟度」的五個

等級。

✓ 若是依照機構裏的人對自己做事方法所做的敘述來將機構分類，可歸類成如下的幾種模式系統：

0. 渾然不知：「我們都不知道我們正循著一個過程在做事。」

1. 變化無常：「我們全憑當時的感覺來做事。」

2. 照章行事：「我們凡事皆依照工作慣例（除非我們陷入恐慌）。」

3. 把穩方向：「我們會選擇結果較好的工作慣例來行事。」

4. 防範未然：「我們會參照過往的經驗制定出一套工作慣例。」

5. 全面關照：「人人時時刻刻都會參與所有事務的改善工作。」

✓ SEI用以決定軟體文化模式的方法的第一步是，進行問卷調查並繼之以面談和觀察來驗證其真實性。如若省略掉面談和觀察的步驟，則調查結果毫無意義。

✓ 每一種文化都有其獨特的觀察方式。

✓ 渾然不知型（模式0）和變化無常型（模式1）文化一般只在遇到麻煩後才做觀察，如此會大大地增加成本與風險。

✓ 照章行事型（模式2）機構試圖讓自己開發軟體的做法能夠更為系統化，並帶動觀察也能更系統化。他們往往把注意力放在與失敗相關的資訊上。照章行事的模式對許多事都可以應付得很好，只是一遇到危機就會不知所措。

✓ 把穩方向型（模式3）機構通常是從照章行事型機構的不成熟的「評量數字」方案中蛻變而來，並試圖對人的行為做更直接的觀察。

✓ 把穩方向型的經理人知道該如何正確地讓事情成功，靠的不是指責，而是資訊的蒐集。

✓　多重失敗來源的偵測，意味著可提高在生命週期的任何時刻進行偵測的可能性。及早偵測，意味著可降低開發成本和使用成本。

✓　防範未然型（模式4）機構利用評量的結果讓自己能夠專注於問題的預防，並持續改善經理人可用資訊的來源。

✓　全面關照型（模式5）機構學習如何更早做觀察，方法是去注意更難以察覺的微妙事物。他們也會著手「統合觀察」（即對他們自己觀察的方式進行觀察），此外，他們所學的一切都會應用到整個機構。

1.7 練習

1.　欲成為好的觀察者，要學習對如何得到觀察結果非常挑剔。在研究任何觀察系統時，要問「有哪些地方可能出問題？」例如，在做SEI的調查時，接受面談或觀察的人選可能挑得不適當。對於一個用以決定軟體文化模式的調查，請列出至少三個可能出錯的地方。

2.　各式的評量充斥在我們四周，有太多「凡事都要加以評量」的情形發生。從一所機構各式公開評量的目的，或從他們選擇哪些事物不予評量，即可推定該機構的模式為何。Mike Dedolph 提供下面這個小故事：

有一個空軍單位在他們的大型電腦上開發了一套第四代語言（4GL），目的是希望顧客能夠自己寫資料庫的查詢程式，如此就不必再養人去維護程式。

　這套「渾然不知型」開發過程用了快兩年後，負責維護資料庫

系統的那家小公司要求該單位的硬碟要升級，電腦主機也要做重大升級到下一代的機型。他們請我幫忙看這樣的要求是否必要。

擺在面前的事實很簡單。所有可用硬碟的空間都全滿，現有機型不能再加掛新的硬碟。我問為什麼這些硬碟都這麼滿，結果發現他們的顧客寫了超過500,000行的Focus程式，還有許多個中繼用資料集。沒有型態管理，沒有文件，也沒有對這些程式做測試。因為沒有一個人知道用到了哪些檔案，或某個檔案的用途，因此沒有人敢殺掉任何一個檔案。（這當然有點誇張，有些顧客會對自己的程式做清理的工作。）

我告訴程式經理說，系統和硬碟的升級是必要的，我還預估說，他們不久又會需要另一次升級，因為不論有怎樣的系統，這些「程式設計師」都會讓系統飽和。[11]

這個故事提醒我們，偵測渾然不知型機構的一個方法就是去量測該機構是否有渾然不知的改變，例如，硬碟用量的增加或電腦到達飽和。在你的機構裏有哪些改變的發生可標示出渾然不知的程度？如果你讓大家察覺有這些改變，事情又會怎樣？

3. 空軍單位的故事可代表我所觀察過的數十所機構。某件事若重複發生，那就不是偶發事件。如果大家繼續渾然不知是符合某人的利益的話，那麼你想要讓機構知道事實的真相，那個人就會冒出來阻止。在4GL的事例中，硬體製造商似乎可從渾然不知的程式設計獲利。你的機構對某些事渾然不知，可讓哪些人獲利？你若想要讓大家看到事實的真相，那些人會如何反應？

4. 如果高階經理人員陷入只觀察與數字有關的事物的幻覺當中，低階經理人員就會吃到苦頭。事實的真相是，最高階且最成功的企

業負責人總是有一套發展健全的非數字觀察系統。在此提供
Herman Miller公司的執行長帝普雷（Max DePree）對於如何在文
化的層次來進行觀察的一段話，這也是全面關照型的企業負責人
絕對要做的事：[12]

「領導者必須學習的事當中最重要的就是，能夠看出逐漸惡化
（熵〔entropy〕）的徵兆。……我把這些年來所見到的徵兆列成一
個清單。你看這份清單的時候要記得，在大機構中，有許多人偏
好冷漠。他們通常對逐漸惡化的徵兆視而不見。」

以下是帝普雷的完整清單：

- 敷衍的傾向
- 重要人物之間的關係緊張
- 不再有時間慶祝或者舉行必要的儀式
- 逐漸覺得報酬和目標是同一件事
- 人們開始不再講部落的故事或無法了解它們
- 某些人開始不斷說服別人，說到頭來做生意是件簡單的事
  （你必須能夠接受業務上的複雜與模糊，並能夠有效處理它
  們。）
- 當人們開始對「責任」或「服務」或「信任」有不同的理解
- 當問題製造者的人數開始多過問題解決者
- 當人們錯把名人當英雄
- 領導人要的是控制，而非解放
- 當日復一日的運作壓力讓我們不再關切願景與風險（我想你
  知道願景與風險是絕對不可分割的。）
- 只注意商學院的枯燥法則，而非價值取向；價值取向考慮的
  是如貢獻、精神、卓越、美與喜樂

- 當人們談到顧客時，是覺得他們占用了自己的時間，而不將他們當成是服務的機會

- 工作手冊

- 越來越想要將歷史與個人對未來的思維數量化（或許你會很熟悉這種場景：人們看著一個原型說：「到了XXXX年，我們的營收就會達到XXXXXX元」——這是最慘的狀況，因為這樣一來，你只能設法讓這句話實現，或是讓它達不到。只能二選一。）

- 想要設定更多的評量指標

- 領導人依賴架構而不信賴人

- 失去對於判斷、經驗與智慧的自信

- 喪失優雅、風格與禮貌

- 不尊重語言

任何人若是渴望在管理工作上能夠更上層樓，就要好好研讀帝普雷這份觀察清單，並加以實踐。即使你沒有這種渴望，也可以從中挑出三個項目，做為下個星期的觀察目標，並做筆記。

5. 如同本書的審閱者Payson Hall的建議：回想一個你很熟悉的失敗的專案。這個專案為什麼失敗？如果用另一種方法來觀察專案的進展狀況，能夠防止失敗的發生嗎？如果仍不能防止失敗，失敗成本有可能降低嗎（比方說，提早將專案終止）？專案失敗之後，可以採取哪些步驟來修正開發過程以防止相同的失敗，或更早偵測到失敗以便讓衝擊降到最低？根據你分析的結果，對於該專案的文化模式，你將之歸為哪一類？對於該機構，又歸為哪一類？

2

選擇你要觀察的事物

你只需用看的就能觀察到一大堆東西。

——*Yogi Berra*（美國職棒洋基隊傳奇球員與經理）

在動物國度裏，資訊的蒐集對生存而言是最重要的一件事。眾所周知，動物會利用我們人類視而不見的事物做為資訊來源：微生物可以感應地球的磁場；蜜蜂會利用偏振光；鳥類會偵測太陽的位置；蝙蝠會利用超出人類聽力範圍的聲波，而大象則利用低於人類聽力範圍的聲波；有歸巢本能的鴿子可以感應細微的氣壓變化和紫外線光；而鯊魚可偵測微弱的電場。

然而，現代人花在過濾資訊的心力似乎要比接收資訊還多。為何如此？造成此現象的部分原因是想要避免我們有限的認知處理能力負擔過重。但是對軟體工程的經理人而言，還有其他更自覺且刻意的理由。

為了生存，尤其是在照章行事型的文化中，經理人員為了避免被指責，需要知道許多技巧。而其中最好的一種技巧就是不去注意。狄馬克（Tom DeMarco）曾經告訴我：「你量測什麼，大家就會努力什

麼。」如果經理人員沒有注意到哪個地方有錯誤，他們就不會因為未採取行動去矯正它而受到指責。

因此，任何事若是不去觀察它，就不會得到管理階層的關注和資源投入。我們要找出管理階層（也包括文化模式）的特性，可以由他們有規律地不去觀察什麼來決定。

2.1 接收訊息的步驟

薩提爾人際互動模型的第一個主要步驟是「接收訊息」。在執行這個步驟時，我決定我要從外界獲取資料，我選擇要獲取哪些資料，我採取步驟去得到這些資料，最後我決定什麼時候我得到足夠的資料。

2.1.1 憑感官接收

一旦你與我想要互動，當你做出一件事能夠讓我看到、聽到、聞到、或嚐到（例如，附耳低語、舞動你的拳頭、捶打我的手臂、吐菸圈、或把一塊自製餅乾塞進我嘴裏），我觀察的作業過程即開始啟動。我觀察你在做的事，並做出回應。比方說，你提議說：「我們來打電話給會計部門。」然後，在我的身體裏有許多事開始發生（有意識的無意識的都有），讓我有許多種方式去誤解你所發出的訊息。

我內部的順序是從感官接收到你可觀察的行為開始。這樣的輸入條件並不完美，含有許多個「漏洞」。有些漏洞是出於我的故意，而有些漏洞則完全是我不自覺的。

或許我沒有專心聽你說話。或許我不了解某些你的用語。或許我沒看到一個重要的手勢表情。或許我未能捕捉到你的聲調、你面部的表情、或你強調的語句中有何細微的差別。

　　例如,雖然你這麼說:「讓我們打電話給會計部門」,我可能會沒注意到這句話的另一層含意是你不想面對面見到他們。你可能會認為,你話中這部分的訊息已表達得非常清楚。我們大家都認為自己傳達出來的訊息非常清楚,但通常我們錯了。當我們對反應做分析時,通常我們可以假定,每一次感官的接收,都會遺漏了某些東西。

　　知道感官如何接收後,你若想深入了解我的反應,你大腦內部有兩種選擇。第一,你的選擇是,覺察到有可能你送出來的訊息我並未完全接收。你第二個選擇是,培養你看得更清楚、聽得更真確的能力,使得你對我的反應到底是什麼有更正確、更完整的圖像,因此你能夠開始去分析真正隱藏在我的反應背後的究竟是什麼。

　　你若想要了解我的反應,你應該永遠假設說,你發出一個訊息(在此稱之為「發送出的」)後,我會收到一個略微不同的訊息(在此稱之為「接收到的」)。(請參閱圖2-1以了解其間的變化。)「接收到的」會少了某些部分,但也會增加一些在「發送出的」所沒有的部分。只有極少數的情況「發送出的」與「接收到的」是相同的。

2.1.2　是接收而不是輸入

此類扭曲效應同樣會發生在任何的觀察上。這個世界「發送」資訊的方式與人類不同,但它就在那兒等著任何觀察者來擷取。來自外界的

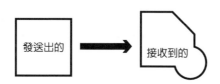

圖2-1　我得到的不一定是你發送出的。通常我會遺漏某些部分而加上一些其他的東西。

資訊並不會讓所有的人都有相同的反應。你看到了林，而我看到了樹。你看到了玫瑰，而我聞到了花。你看到了空中的雲朵，而我看到了一場白日夢。或許某些事件要比別的更為顯眼，但每一觀察者皆可自由選擇何者要接受，何者可忽略。

有一種看待此過程的方法，如圖2-2所示。圖中「接收訊息」的方框被放大了，以顯示其內部的細節。看，這不又是另一個「人際互動模型」嗎？不過，這個例子是我與我自己的人際互動。

在此舉一個例子來說明，當我聽到走廊上有人在大聲討論時，可能在我大腦內部出現的典型思緒是：接收到某些資料後，我很快地尋思其原意（這可能只需百萬分之幾秒，因此通常我們不注意有這一段）。假設我所選擇的原意是：「其意不明。我還不知道是怎麼回事。」那麼，我很快就決定它的含意是：「看來這與我的某位同事有關，而且是件不太愉快的事。這件事對我也許很重要。」在決定情況雖不明朗但事態嚴重後，我的反應是打算再去蒐集更多的資訊。於是我向互動的現場走得更近一點，開始注意參與者的肢體語言，並察看是否有在我視線範圍之外的人參與這個互動。如你所見的，這絕不是

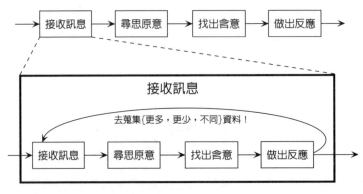

圖 2-2 「接收訊息」牽涉到要主動選擇哪些該接收，哪些該忽略。

一種被動的觀察。因此，我的用詞是「接收」，而不是「輸入」。

接著，又假設你走到走廊上親眼看到同一討論的場景，你的接收過程會是：接收到一些資料後，你決定新的原意是，「哦，是阿米和小游又在爭執不休了。」於是，你很快就決定它的含意是：「他們上次爭吵時，把我拉進去，浪費了我一個小時。做為他們的經理，應該跟我有利害關係，但要小心落入陷阱。」決定了其中可能有陷阱，也可能有利害關係，於是你決定你的反應是讓自己先站在安全的位置上，然後多監聽一點資訊。你與互動現場保持再遠一點的距離，並注意聽談話音量的變化，以判斷是否有情緒升高的情況。

顯然，你接收到的與我接收到的有很大的不同。就好像「發送出的」與「接受到的」總是不一樣，兩個觀察者對同一個場景會接收到不同的訊息（圖2-3中的「接受到的1」和「接受到的2」）。

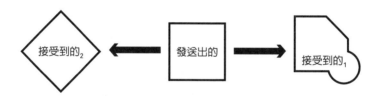

圖2-3　我們是接收觀察的結果，而不是被動的接受，因此，對相同的場景每個人都應被視為接收到不同的觀察結果。

2.1.3　所有的資料都可能是有用的資訊

你身為一個經理，這是你在觀察工作上很重要的第一堂課：

每一種情況都可提供你許多觀察的方向，但你必須從中選出對的方向來。

Shigeru Nakayama借用中國古代讀書人的話來說明如何將這堂課加以應用：

> 在中國，各種現象不論是合法的或反常的、規律的或不規律的、平常的或不尋常的，都會被記錄下來並備好隔間可以收納，以便每一個都能找到適合自己的位置。如果某一現象要放入現有的隔間中似乎都格格不入，那就要為它開設新的盒子。因此，合法的與反常的得以和平共存，系統建造的方式要足以應付冒出頭來的新危機。雖然我們用到「反常的」一詞，但實際上，在一個從一開始就假定每件事物都有合法地位的大環境下，沒有一件事物可以真的被稱為「反常的」。[1]

做為一個經理，你擁有一整套心智的盒子，可以把影響到你感覺的任何東西都歸檔存放其中。當中可能有一個盒子的標籤是「不值得注意」。在許多的官僚制度下，「不值得注意」的同義語是「不存在於我的部門」或「不關我的事」。這套盒子是你的世界模型中的一部分，而哪些東西會被你放進「不值得注意」的盒子，是決定「你是一個成功還是失敗的軟體工程經理」的因素中最重要的一項。

2.2 選擇要觀察哪些事物：一的隱喻

為避免遺漏任何重要的觀察，有個方法是去觀察所有的東西。此一策略在人性上不可能，在經濟上也不可行。若把資源投入在某件事物的觀察上，就會減少可投入觀察其他事物的資源。或許這正是某些照章行事型經理人很喜歡大型「評量數字」方案的原因，對於那些他們真正應該去觀察（但不知要如何觀察而不被搞得焦頭爛額）的事物，他

們可藉此方案找到脫身的藉口。

到頭來，不幸的結果是（如狄馬克所說的）「你量測什麼，大家就會努力什麼」。讓我們來看看「一的隱喻」：經理莫林受夠了老是因程式設計師的生產力太低而受到他的老闆溫姐的指責。「程式設計師最後生產出來的只是一堆0和1，」他問她道，「這要我如何向妳證明他們沒有偷懶？」

「我對0沒有興趣，」溫姐不滿地說，「那些0毫無用處。他們生產出來的1有多少個？」

「呃，我也不知道。」莫林結巴起來。

「哦，你是他們的經理，」溫姐用教訓的口吻道，「你應該知道的。」

「當然，當然，」莫林小心賠不是，退出溫姐的辦公室。「我要制定一個評量數字的方案。」

莫林隨即聘請了幾個評量方面的顧問，他們告訴他要如何自動計算編譯後的程式中有多少個1，並將之按照專案和程式設計師繪製成圖。第一份報告顯示，整體的生產力有43.78%是1，於是莫林找所有的程式設計師來開會，訓斥他們的生產力太低了。

「你們看看這個數字，」他用指責的語氣說。「它代表的意思是，電腦記憶體所有的位元中有超過56%基本上沒有用到，存放的都是0。我在當程式設計師的時候，我隨便寫出來的程式都有50%的1，這是為什麼？如果你們還這樣繼續下去，我跟你們保證，今年拿不到任何績效獎金。」

兩個月後，就在決定績效獎金之前，莫林看著他的評量數字報告，很高興發現整體的生產力數字是有53.04%的1。他把報告拿給溫姐看，溫姐發給他一個大紅包。「好啦，」他想，「這充分證明了評

量方案的價值。現在，我只要再趕走兩個達不到45%個1的程式設計師，就可以把生產力再拉高。」

當然，莫林的作為只是證明了狄馬克的原理。如果莫林因為1比較多而去獎勵程式設計師，那麼他就會得到很多的1。即使不明說要獎勵或懲罰，只需暗示說要去觀察某項事物就可以強化其重要性。好死不死，莫林弄得這套「評量」系統產生的反效果正好與機構所真正需要的背道而馳（見圖2-4）。如果他把所有生產出來的0都解讀成是在浪費力氣，就等於他在鼓勵所有的程式設計師把心力擺在1的生產上，這才是真正在浪費力氣。原本要用在正確的、運作良好的軟體上的心思反而大部分會用到設法打敗這套評量系統上。

2.3 有效觀察模型的基本要求

即使，你所處的不是指責型的文化，想要做個成功的經理，你必須能

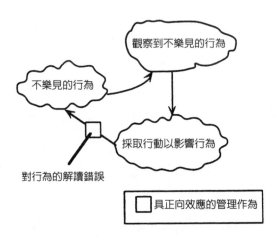

圖2-4　反效果：如果把某次觀察所代表的意義給弄反了，會製造出新的干預迴路，助長了原本應該壓抑的行為，反之亦然，因為所採取的管理行為原本應該是要減少不樂見的行為，實際上反而使之增加。

夠掌控你所觀察的東西。說到掌控，你需要一套方法來指引你的方
向，而不純是為了避免受到指責。你需要一種原則（或可說是某種模
型）來指引你，該選擇哪些東西放進那「不值得注意」的盒子裏。

「一的隱喻」和在前言與第一章中所舉的例子都顯示，一個評量
值若是沒有模型來說明評量值所代表的意義，將會變得非常危險。然
而，在檢查各種不同的評量模型和技巧前，讓我們先想想觀察過程本
身的模型該如何設計。觀察模型可以指引我們進行觀察時每一步驟的
努力方向，以期所投入的心力都是值得的、有效率的，且對我們所欲
掌控的專案造成的干擾是最少的（請見圖2-5）。任何一個觀察模型若
想發揮功用，就必須能夠告訴我們：

- 量測對象是什麼（哪些可感知的資料需要接收進來）
- 這些資料要如何解讀（如何確定其原意為何）
- 我們為什麼要做量測（如何確定其含意為何）
- 量測需要精準到怎樣的程度（這可用以決定該如何反應）

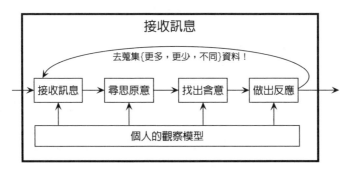

圖2-5　每個人自己觀察用的模型會影響到「人際互動模型」中的每個階段
　　　　（stage），還有「接收訊息過程」中的子階段（substage）。

2.3.1 解讀觀察的結果

控制論（cybernetics）是談控制的一門科學，它提供經理人在駕馭觀
察工作上一個重要的觀念：

> 除非你知道系統的狀態為何，才能夠採取合理的干預措施以控制
> 其表現。

一個有效的觀察模型應該告訴你：如果你量測到如此這般的結果，那
代表系統是在如此那般的狀態。例如，假設你看到有許多程式設計師
都在找別人問問題。你個人的觀察模型可能會導引你得到如下的解
讀：

    a.   開發小組處於迷惑的狀態

當然，有許多問題要問可能是一個專案不健康的訊號。但這也可能是
專案健康的訊號，因為一個健康的人不會自大到認為自己什麼都知
道，而且不會對自己所不知道的事胡亂做危險的假設。因此，另一種
不同的個人觀察模型會引出這樣的解讀：

    b.   專案進行得很順利

兩個模型對相同的觀察現象（「他們問了許多的問題」）賦予不同的意
義，且這兩種情況正確的後續動作是完全不同的。針對第一種情況，
你很可能著手蒐集更多的資料，而面對第二種情況，你可能會把注意
力轉到別的事上去。換句話說，從這一刻起，這兩種個人模型「接收
訊息」的步驟將會完全不同，而之後的一系列管理作為亦大不相同。
    有能力對相同的觀察現象賦予不同的意義，或許這就是為什麼照

章行事型（模式 2）機構會遇到許多軟體災難的原因。正如 Donald Norman 在《*The Psychology of Everyday Things*》書中所提到的：

> 犯了錯誤即以巧言搪塞，這是一些災害事件中常見的問題。大多數重大災害形成之前都會先發生一連串的脫序和錯誤，問題一個接一個出現，每一個都讓下一個更快產生……在絕大多數這類的情況裏，牽涉其中的人都發現到問題，但會以巧言來搪塞，為這些觀察到的反常現象找一個合理化的解釋。[2]

對於軟體工程的「事件」也可能會做出相同的觀察。人們觀察到某個專案正走向失敗，但因缺乏模型的幫助，他們完全不知道自己正在觀察。同樣的，因為管理階層擁有一個會阻擋他們對事物進行觀察的模型，因此專案將會失敗，如下面這個新聞事件所說明的：

> 一家德州的公司 DSC 因該公司電腦發生大規模的電話線路當機而聲名大噪，該公司在週二表示，因為刪除了「三到四行」的軟體程式碼，才致使三個州數百萬的消費者無法使用電話服務……DSC 高層人士說，軟體程式碼的刪除是發生在四月，當時 DSC 正在對電話公司的軟體進行小幅的修改。DSC 技術與產品開發部門的副總 F.P. 說，刪除的部分……與電腦中數百萬行的程式碼相較，因行數微不足道，故 DSC 沒有做大規模的測試。「事後回想起來，這是一個不折不扣的錯誤。」F.P. 這麼告訴記者。[3]

在這個例子裏，F.P. 個人的觀察模型好像是這樣：

> 你若只改動了幾行的程式碼，你就不必太過謹慎。

這個錯誤的模型有許多軟體經理人員同樣在使用，並且已造成數十億

美元的因軟體缺陷而產生的損失。顯然，經理人的觀察模型對於結果有很大的影響。

2.3.2 *觀察的意義與鼠毛法則*

觀察的結果若是不能從控制的角度加以詮釋，找出可能的干預行動，那麼進行觀察就是一場徒勞。如果我觀察到的不論是X或與X相反的現象，我都會採取相同的行動，那麼我為什麼要浪費力氣去看有沒有X現象的出現呢？

　　觀察的結果若是能夠從控制的角度加以詮釋，並找出有效的干預行動，那麼進行觀察才有意義，即使這些觀察結果表面上看來並不是「評量數字」。圖2-6所顯示的是軟體開發工作的控制論圖形。大多數的軟體開發的方法論（如果能將觀察結果做為回饋的輸入，再少亦無妨），只利用到與軟體輸出（也就是產品的狀態）有關的資訊。然而，「其他輸出」（與預期的「軟體」輸出相比）通常能提供「控制者」更多有關系統狀態的資訊。

　　下面這則讓人倒胃口的故事是關於馬克斯（他是我的朋友）如何利用這種非直接的資料來控制香腸的品質。馬克斯是一家屠宰場的品質管制化學家，負責計算在抽樣的香腸樣本裏有多少根鼠毛。如果樣本的平均鼠毛過多，那批香腸就要統統銷毀。一想到香腸裏有被絞碎的老鼠就讓我感到噁心，但馬克斯一再向我保證不是這麼一回事。「呃，不是的，」他說，「那應該不是老鼠，而只是老鼠的毛而已。你知道嗎，老鼠像貓一樣喜歡用嘴整理自己的毛，吃下肚後在胃裏積多後結成毛球。是這些毛球被絞碎在香腸裏。」

　　不管他怎麼解釋還是無法讓我覺得好過一點。有鼠毛不就意味著有隻大老鼠被絞碎在香腸裏嗎？或著，那只是老鼠的糞便？我不覺得

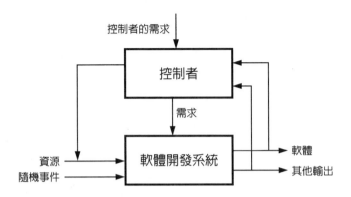

圖 2-6　控制論模型是用以描述如何控制一個軟體開發專案，其必要條件有
　　　　二：其一為有與系統表現相關的資訊迴路，其二為有明確的「需求」
　　　　可供控制者用以與前述的資訊相比較。懂得利用回饋的資訊是把穩方
　　　　向型（模式 3）機構與渾然不知型（模式 0）、變化無常型（模式 1）、
　　　　和照章行事型（模式 2）文化最大不同的地方。模式 4（防範未然型）
　　　　中較優的管理者與模式 5（全面關照型）的不同處在於能否善加利用
　　　　「其他輸出」裏的資訊，而不是只對軟體本身進行觀察。（請參看附
　　　　錄 D 以獲取更多有關控制論模型的資訊。）

兩者有何區別，而這樣的觀察結果導致我不再吃香腸，並制訂出「鼠
毛法則」：

> **你所觀察到的可能不是直接的，甚至可能找不到合理的解釋，但
> 是只要觀察結果能夠引出正確的控制行動就是可接受的觀察。**

例如，你從某個專案的成員的一言一行就可輕易得到一大堆的資料。
這些資料雖然不很精確，但若與正確的模型搭配起來就會很有威力。
試舉一例，如果我發現某個專案的成員都面色沉重，並且沒有幽默
感，這就告訴我該機構剛剛度過一個危急的時刻。少了幽默，他們就

不會想到某些控制行動，而可選擇的控制行動減少或許會使他們的機構少了以有效的方式存活下去的機會。

2.3.3 量測要精確

自從Capers Jones幫我們起了個頭，從事軟體業的人就投入大量的心力在軟體品質和生產力的評量工作上[4]。這些心力中有許多是誤耗在追求虛幻的精確度上。雖然資訊對回饋控制而言是必不可少的，但有許多經理人員在不知從何開始的情況下只得為評量而評量了。的確，一個機構最重要的一個「評量數字」就是經理人員對極度精確的評量數字瘋狂追求的程度有多高，雖然他們沒有一套實戰的模型來利用所得到的評量數字。

如果你沒有一套個人的觀察模型來配合，即使精確度再高也沒有用。每條香腸裏有3.7296或是3.7297根鼠毛，你會在乎嗎？如果我有辦法量測幽默商數，或能夠量測程式設計師每人每天可寫出的程式碼行數，甚至精確到小數點後四位數，這對你我的後續行動會造成任何的差別嗎？

評量數字若是沒有模型來配合，我們只能用外插法。如果之前的五個專案每個人月分別生產了25、26、27、28、和29個功能點，那麼利用外插法我可以預測下一個專案可生產30個功能點。這樣的外插法其實也是根據模型來做預測，此模型告訴我們專案的進步是線性的。但是這個模型太粗略，也太過簡化，無法反映出真正的軟體品質動態學。若是缺了模型，提高評量的精確度或許可以讓外插法做得更精確（更多有意義的數字），卻無法讓我們做更正確的預測（與事實更接近）。

2.4 管理階層的幻覺與暗中發生的變質

看了個人觀察模型的用途，現在我們已了解，當系統的規模和複雜度增加時，何以經理人員的幻覺會遮蔽他的眼睛，讓他看不見品質日漸惡化的事實。每個人都會有幻覺，因此每個專案都有變質在暗中發生。

　　然而，如果經理人員可以避免去犯兩大致命的錯誤，他們就能讓幻覺露出原形，使得在暗中發生的變質不致突然爆發成危機。這兩大致命的錯誤是：

1.　無能力用系統化的方式來思考軟體開發過程的相關問題
2.　未能做出有意義的觀察

這兩種錯誤有相輔相成之效。有一個一般性的系統法則，名為「眼腦法則」，它是這麼說的：

某個程度來說，心智能力可彌補觀察上的缺陷。[5]

這條法則的意思是，有時我們可利用系統化的思考來彌補我們「欠缺有意義的評量數字」的缺陷。

　　另一條一般性的系統法則，名為「腦眼法則」，它是這麼說的：

某個程度來說，觀察能力可彌補心智上的缺陷。

這條法則的意思是，有時我們可利用有意義的觀察來彌補我們「欠缺軟體動態學的意識」。

　　多數人憑直覺就知道這些法則的存在，但他們經常忘了「某個程度來說」這個部分。他們相信自己即使沒有有意義的資料，還是能夠

想出克服困難的方法，不然就是相信自己即使沒有有效的系統化思考，還是能夠藉著評量找到克服困難的方法。這樣的想法產生兩種風格不同的管理方法，但兩者都不能防止軟體品質危機的發生。唯一有效的辦法是這兩種風格的結合，亦即兼具將問題抽象化與懂得如何量測，這是為什麼本系列叢書中的第一卷與第二卷的主題分別是系統化思考與評量法。

2.5 心得與應用上的變化

1. 並非所有的評量法目的都是為了獲得資訊，雖然表面上看來似乎如此。我們稱這類冒牌的評量法為「偽評量法」，因為它們設計的目的是為了幫既定的觀點找到證明，而不是提供一些選擇。

   例如，三十年前，我的工作是替IBM的客戶建立基準點（benchmark）。我知道的是，對任意二結構A與B，我可以製造出一個評量基準點來證明A比B好，同時，我也可以製造出另一個評量基準點來證明B比A好。當然，因為是IBM付我薪水，所以我的偽評量法總是證明IBM比X公司更好。（因為我當時相信IBM實際上優於任何其他公司，這麼做我不覺得有道德上的問題。或許，考量到我的年輕與缺乏經驗，你能原諒我會有這樣的想法。）

   這樣的行為只是「合理化原則」的一個特例：

   你可以設計出一套評量系統來滿足任何你想要得到的結論。

   想要知道有哪些常見的方法可以做到這一點，可參考《*How to Lie with Statistics*》[6]這本薄薄的經典書籍。

2.　你可以利用狄馬克的原則（你量測什麼，大家就會努力什麼）來激勵員工去做你想要他們做的事。這裏有一個例子：

　　托麗雅是東岸軟體公司的維護部門經理，她雇用了一個伊朗籍的程式設計師內森，他是來自伊朗的政治難民。他是個很優秀的技術人員，對於C和Unix非常拿手，但是遇到該公司軟體應用領域裏的英文特殊用語就無法應付。

　　有一天，托麗雅在自助餐廳吃午飯的時候，無意間聽到內森向佛維問了一堆有關應用方面用語的問題，佛維是美國籍的程式設計師。（有些情況下，無意間聽到的這個動作是觀察的一個很重要形式。）佛維對內森極端不禮貌，非但不回答他的問題，還對他的智力、文化、祖先做了相當過份的評論。在托麗雅看來，佛維對於伊朗的一切都感到不屑，這是很明顯且很不妥的事。

　　她當時並沒有說什麼，到那天下午她找佛維來她的辦公室。「佛維，我只是想要讓你知道，我正在制定評量你工作績效的新方法。從今天開始，你的績效獎金要根據你和內森兩人工作績效的平均值來計算，同樣的，他的績效獎金也是根據相同的平均值。你有沒有什麼問題？」

　　佛維臉紅了起來，搖了搖頭。他很清楚地了解有人聽到他的談話，他也很懂事地對自己的行為感到慚愧。

　　四個月後到了績效審核的時間，托麗雅發現，內森的績效表現實際上比佛維還要高一些。她不介意要給佛維高一些的獎金，因為她知道佛維花了許多時間在幫助內森適應新環境。她的評量有了結果，這結果正是她想要的。

3.　有的人喜歡意外的事，有的人卻痛恨這樣的事，但人人皆可利用它做為一種評量的對象。例如，你分派某件工作給某個人時，他

的反應讓你感到很意外，你意外的程度可用來量測他人的反應與你的個人模型間的差異。這樣的量測可以讓你知道你還要做多大的努力才能達到有效的溝通。你可以從自己對任何其他的反應感到意外的程度而得出類似的評量法。人們在受到批評時會作何反應？在遇到挑戰時會如何？大感意外時又如何？

4. Joe Hyams在《*Zen and the Martial Arts*》這本書中談到，他如何在個人評量模型上學到一次教訓：

> 派克從桌子後面站起身來，拿了一支粉筆在地板上畫了一條線，大概有五英尺長。
>
> 「你要如何讓這條線變得短一點？」他問道。
>
> 我看了看那條線，說了幾個答案，包括把線切成好幾段，他都搖頭，然後又畫了第二條線，比第一條稍微長一點。「現在第一條線看來如何？」
>
> 「短一點了。」我說。[7]

個人的觀察模型設定了許多暗中比較的方法，這些比較法可能在一瞬間改變。例如，如果你去量測某件好的事，發現它的發生率是95%。這個95%代表的意義是什麼？

假設我們顧客中的95%感覺滿意，而且有95%的程式會經過技術審查會議。這樣的數字是好是壞要看我們選擇的顧客是誰，以及我們選擇的程式是哪些而定。或許我們最重要的那5%的顧客占了我們業務量的80%，我們卻未能讓他們滿意。或許最容易出錯的那5%的程式造成了80%的程式缺陷，我們卻沒有審查這些程式。要學會問：「與什麼來比較？」

5. 我的同事Gus Zimmerman回想起一個非常有用的隱喻，那是他從

自己的筆記中一段「Kiyo Morimoto 的奇人奇事」領悟出來的。在隱喻中每個人都透過他自己的那一片瑞士乳酪來看這個世界。有的事物被擋住看不到，有的則可穿過小孔被看到。如果你拿瑞士乳酪的薄片來小小試驗一番，你會發現這個隱喻還有更深的含意。在乳酪最薄的地方幾乎跟透明一樣，你可以透過它看到有東西，但沒有把握那是什麼。

2.6 摘要

✓ 管理方式和文化模式的特徵可以從「他們會以系統化的方式去觀察的是什麼，他們不去觀察的又是什麼」看出端倪。

✓ 薩提爾人際互動模型的第一個主要步驟是接收訊息。我們決定要從外界獲取資料，選擇要獲取哪些資料，最後決定什麼時候我們得到了足夠的資料。

✓ 在進行「接收訊息」的步驟時，我必須知道我們可能無法忠實地接收到外在事物的原始樣貌，即使別人刻意要送出正確的訊息。

✓ 對於來自外界的訊息，我們會有不同的反應。

✓ 每一種情況都會提供你許多觀察的方向，但你必須從中選出對的方向來。我們要去觀察所有的東西，在人性上做不到，在經濟上也不可行。為了要觀察這件事物，我們就必須放棄對其他事物的觀察。

✓ 即使不明說要獎勵或懲罰，只需暗示說要去觀察某項事物就可以強化其重要性。

✓ 一個評量值若是沒有模型來說明評量值所代表的意義，將會變得非常危險。這類模型可指引我們進行觀察時努力的方向，以期所

投入的心力都是值得的、有效率的，且對我們所欲掌控的專案造成的干擾是最少的。評量模型會告訴我們量測對象是什麼、這些資料要如何解讀、我們為什麼要做量測、以及量測需要精準到怎樣的程度。

✓ 從許多例子可看出，用了錯誤的模型也會引發許多的問題，甚至比完全不用模型還要更糟。

✓ 除非我們知道系統的狀態為何，才能夠採取合理的干預措施以控制其表現。

✓ 對相同的觀察現象不同人會賦予不同的意義，或許這可以說明許多軟體災難的成因。經常遇到災難是照章行事型（模式2）機構的一大特色。

✓ 觀察的結果若是不能從控制的角度加以詮釋，找出可能的干預行動，那麼進行觀察就是一場徒勞。觀察的結果若是能夠加以詮釋，才是有意義的觀察，即使這些觀察結果在表面上看來並不是「評量數字」。

✓ 一個機構最重要的一個「評量數字」就是經理人員對極度精確的評量數字瘋狂追求的程度有多高，雖然他們沒有一套實戰的模型來利用所得到的評量數字。

✓ 管理上兩大嚴重錯誤就是缺乏系統化思考和未能做出有意義的觀察。某個程度來說，做好其中一件事可以彌補另一件事沒能做好。

2.7 練習

1. 任何有經驗的程式設計師都會覺得「一的隱喻」很愚蠢，因為在編譯後的程式碼中0和1的比率當然是與程式的品質或生產程式

所需的工作量毫無關係。縱然如此，任何一個評量值都可找出一番自圓其說的道理。因此，不論想出的評量法有多愚蠢，總是有人可以找到為它辯護的理由。試建立一個論點來說明為什麼量測0和1的比率可提升程式的品質與程式設計師的生產力。

2. 再讀一遍「一的隱喻」，將「1的百分比」替換成「程式的行數」，並將百分比調整為適當的數字。這樣一來，莫林的所作所為你覺得比較合理了嗎？如果你覺得不然，請建立一個論點來說明要如何才會變得合理？如果你覺得合理，請建立一個論點來說明為什麼他的這種做法仍然是不良的管理示範？

3. 程式行數的計算法有的會納入加權係數，以便與程式的註釋（comment line）或拷貝來的程式有所區隔。典型的做法是：

   a. COPY指令的加權所用的係數是10行的程式碼，以鼓勵「再利用」，而不是把拷貝進來的幾百行程式統統都納入計算。

   b. 一行的指令（句法符合標準者）的加權是1.0。

   c. 一行的註釋的加權是0.1，以表示所作所為認可「加入註釋確實需要費點工夫」。

   每一種加權法代表管理者對「某項工作所產生的價值」的評量，因此會有鼓勵或不鼓勵某類行為的效果，正如同「一的隱喻」裏的情形。假使把一行的註釋的加權訂為0，那麼鼓勵大家「程式要加註釋」的所有呼籲都是一堆空話。你所屬機構的加權方式是什麼？它所鼓勵或不鼓勵的行為是什麼？

4. 你若是遇到專案有人上班時間超長，你會有什麼看法？那樣的詮釋對於你所使用的個人觀察模型透露出什麼訊息？你能夠推想出另外三種不同的個人觀察模型，以及它們對所接收到的同一個訊息會如何解讀嗎？

3
讓產品看得見

能夠分辨穩定系統與不穩定系統間的差異，這對於管理階層極其重要。對穩定系統加以改善完全是管理階層的責任。一個系統穩定與否，取決於系統的表現是否可以預測。系統達到穩定的方法是將所遇到問題的特殊成因一一排除，而偵測問題最好的方法則是利用統計信號（statistical signal）。[1]

——戴明（W. Edwards Deming）

戴明和克勞斯比兩人對於品質所持的觀念都是來自製造業的經驗。然而，軟體開發的工作根本上不屬製造性質的作業，因為完全相同的軟體我們（在正常情況下）絕對不會開發兩次。軟體產品的此一獨特性所代表的意思是，戴明所說的「統計信號」對回饋控制而言雖必要但不夠充分，因為通常其重複性（或穩定性）尚不足以產生有意義的統計數字。為了更深入了解如何改善軟體品質，我們需要利用來自其他領域的經驗來擴充他們兩人的觀念。這是為什麼我們需要研究如何管理工程性的專案。

然而，從更底層來看，製造業的管理和專案管理兩者都用到控制

論模型（參看附錄D以獲得更多資訊）。我們將此模型重複放在圖3-1，但加了一樣東西：從「軟體」和「其他輸出」多出來兩條回饋線路，蓋上「看不見的」印章那是因為：

1.　經理人員在「渾然不知」、「變化無常」、和「照章行事」（模式0, 1, 2）的環境中往往不去觀察這兩種輸出。
2.　軟體天生就是看不見的，除非我們設法讓它看得見。

上述的第一點與管理階層的觀察能力有關，第二點則與自然的法則有關。在一個建築專案的進行期間，我們可以看見建築物不斷增高；但是在一個軟體專案的進行期間，我們唯一能看見的就是一個程式設計師在那兒盯著螢幕看。為了能夠將其他領域的品質觀念應用到軟體工程上，我們首先必須克服「看不見」這個問題。

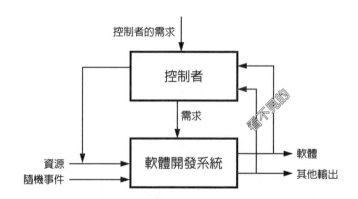

圖3-1　控制論模型可用於控制一個軟體開發專案，它需要有與系統表現相關的資訊做為回饋，但只要回饋是看不見的，就無法去控制開發的過程。

3.1 利用感覺的各種主形式

我們透過我們的各種感覺系統（主形式〔modality〕）來認識世界。扮演一位觀察者，通常我們有以下幾種感覺的主形式可資利用：

- 視覺：我們能夠觀看情勢的發展、注視圖片和圖形、研究面部表情、和瀏覽螢幕與列印的文件。我們看見顏色、動作、明亮、陰暗、3D立體、和視覺形式中的其他面向（或稱次形式）。

- 聽覺：我們能夠聽到音樂和聲音、分辨信號和雜音、感覺出某個聲源的方向和接近或遠離、找出喇叭的位置。我們能夠察覺音調的高低、音量的大小、平穩或變化、以及聽覺的各種次形式。

- 動覺：我們能察覺到觸摸、身體內部的感覺、和情緒。我們能夠感覺皮膚所接觸到的壓力、溫度、撓癢、質地、鋒利。在身體的內部，我們能夠感覺到疼痛或舒適、飢餓或飽足、性滿足或渴望。我們還能夠察覺到數千種的情緒狀態，但我們的語言文字只能對其中的幾百種做描述，比方說熱中、著魔、好奇、乏味、幸福、愚蠢、感激、傷心、急躁、厭倦、博學、健壯、神祕、緊張、頑固、觸怒、想吐、有精神、神經質、感動、習慣於、受重視、古怪、排外、浮躁、滑稽。

- 嗅覺與味覺：我們能夠聞出東西是腐爛、甜、酸、美味、和數百萬種我們無法形容的氣味。我們的味覺就沒有那麼精細，通常會與氣味混淆，但是，如果某個東西是甜、酸、苦、鹹、辣，我們絕對分得清楚。

在觀察特殊的狀況時可能會偏好利用某些感覺主形式。以軟體管理的情況為例，氣味和味道通常沒有什麼用處，不過一個好的經理人從來不會事先即排除某些事物。（參看3.5節中的實例。）某些人也會偏好利用某些感覺主形式。在美國，視覺是最慣用的方式，但聽覺和動覺也不少見。

若是不准人們利用他們所慣用的感覺主形式，他們會改用其他的感覺主形式。例如，我偏好用我的眼睛來獲得資訊，但我也能用電話與人交談。不過，我在電話上不如與人面對面那麼自在。同樣的，我也能在一個不熟悉的汽車旅館中漆黑的房間裏摸索找到電燈開關的位置。

雖然人們少了某些感覺主形式仍能適應，但他們比較喜歡改變環境，省得自己還要去適應。雖然我能在黑暗中摸索前進，但我寧願不這麼做，因此我旅行時都會帶個手電筒，以避免遇到這種情況。

3.2 如何讓軟體成為可見的

不幸的是，當我形容軟體是「不可見的」時，我指的是所有的感覺主形式，因此若想用其他的感覺主形式來補償那是不可能的。不可見的意思是無法進行觀察。對於軟體，我們既不能看、聽、感覺、嚐到它，也聞不到它。如果我們能夠感覺到磁碟表面的小磁區，或是晶片上的電子，我們就可以直接讀取軟體的內容，但我們無法做到。我們無法感覺到軟體，但我們可以感覺到它在人們身上所造成的影響。

我們只能透過某種轉換的過程，利用間接的方式來體驗軟體，雖然程式設計師通常說話的方式就好像他們可以直接接觸到軟體似的（「我把這個指令搬到別的模組去」），甚至好像他們自己就是軟體（「我從這個資料結構裏取得它的數值，然後把它搬到記錄器上」）。

　　除了這些速記式的說話方式外，一定還有一套轉換的過程。的確，轉換過程若是失敗，我們想控制軟體的努力就會遇到非常嚴重的麻煩。例如，我們利用dump格式化程式的方法使儲存於當機的應用程式中的軟體可以被我們看見。如果有誰曾經試圖利用一個不可靠的dump程式來幫忙找出程式的缺陷，他將永遠不會忘記這個經驗的挫折感有多麼強烈。

3.2.1　顯示邏輯

有為數相當龐大的軟體工具都是為了讓軟體成為可見的，這件事絲毫不足為奇。我們會利用格式化dump、交互參照表、各式流程圖、Nassi-Shneiderman圖、資料流圖、複雜性圖、Wiggle圖、實體-關係圖、螢幕畫面、資料鍵入格式、輸出格式、單一線索圖、HIPO圖、以及許多各式的圖表。甚至有工具讓軟體變成可聽見或可觸摸，以便視障的程式設計師可以使用。這些供觀察用的工具之於軟體，猶如雷達之於戰爭：它們讓「在黑暗中」掌舵成為可能。

3.2.2　顯示品質

圖3-2是一個相當典型的方法來顯示一組模組已呈報的功能失常，它也就是軟體的一張圖片。圖3-2並不顯示系統的邏輯，反之，其中的棒狀圖形讓我們看見軟體品質的一個面向：軟體各組件之功能失常的模式。對想要管理軟體開發過程的人來說，看像這樣的品質資訊要比看邏輯圖有趣多了，尤其是如果這個人不了解該程式的邏輯的話。

3.2.3　利用次形式以促進溝通

　一般而言，每個人對資訊的呈現和接受都有其獨特的偏好。這樣的獨

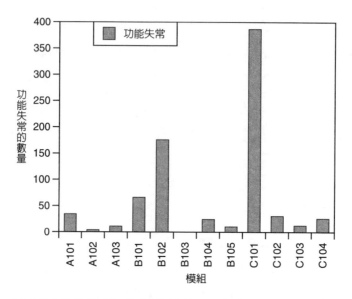

圖 3-2 以功能失常的模式為基礎所製作的一個軟體圖。這個直方圖並不顯示
程式或資料的邏輯，而是顯示品質的一個面向，也就是一個系統各組
件之功能失常的模式。

特性有些是植根於感覺主形式的偏好，有些則植根於個人經驗或目的
上的差異。例如，程式設計師可能看邏輯性的圖（諸如流程圖）比較
順，而經理人員可能偏好含有評量值的圖表。圖 3-2 中有關功能失常
率的資訊如果能以圖 3-3 的形式來呈現，可能比較容易為程式設計師
所接受，圖 3-3 是這個系統的流程圖，陰影的深度與每個模組的功能
失常率成正比。這樣的圖表比單單使用流程圖或直方圖可提供程式設
計師與經理人員間更好的溝通媒介。

3.2.4 結合多種感覺次形式以傳達更多訊息

圖 3-4 除了陰影的深淺外，還利用形狀的大小來強化傳達的資訊。大
小和深淺都是視覺形式中的次形式（submodalities）。利用愈多的次形

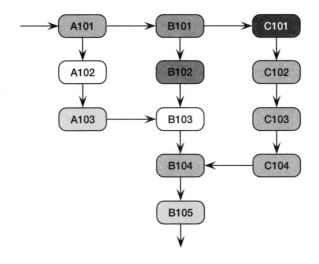

圖3-3　這是一個軟體圖，結合了兩種感覺次形式。此處每個模組黑色的深淺
　　　　與其功能失常率成正比，如此將功能失常的資訊與程式邏輯的資訊結
　　　　合起來。

式來承載相同的資訊，所傳達的訊息就愈強烈。圖3-4的訊息會讓經
理人看到之後難以忽視。

　　更重要的是，結合多種的次形式可以傳達更多的訊息，因為對形
狀的大小、陰影的深淺、或其他的次形式並不是每個人都同樣的重
視。如果只以形狀的大小來呈現，某些人會抓不到重點。如果只利用
陰影的深淺，某些人則會接收不到訊息。

3.2.5 *選擇扭曲或重複呈現*

從另一個角度來看，對一個非常重視形狀大小和陰影深淺的觀察者來
說，圖3-4就將資訊稍微扭曲了。理論上，要傳達資訊只需用到一種
感覺的次形式即可，因此圖3-4的資訊有重複呈現的現象。如果資料
本身尚不足以讓結論顯得理所當然，可利用類似這樣視覺重複呈現的

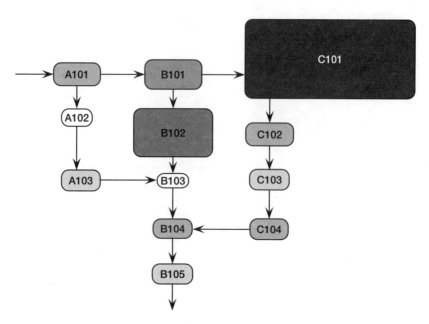

圖 3-4　要強調資訊的特定部分，可用一個以上的感覺次形式來傳達資訊。在
　　　　此例中，形狀的大小和陰影的深淺兩者都用以代表功能失常率的多
　　　　寡，如此更凸顯強調模組 C101 和 B102。

方法來凸顯自己的結論。

　　將資料像這樣的扭曲法在科學上是禁止使用的[2]，但是在管理上
就有充分的理由可以使用（這是第三級評量和第一級評量之間明顯的
不同之處）。專案經理在研究功能失常的資料時不會有那麼多的時間
去完全符合科學的要求。他們為了能控制軟體開發過程，他們的反應
必須隨著資料的意義做調整，如此方能獲致專案的成功。為達此目
的，即使更加扭曲的資訊也是合理的，正如圖 3-5 所示，圖中所說的
意思其實是，「此刻，除了 C101 和 B102 之外，其他的模組都不用
管。把你擅長偵錯的高手用來對付 C101，第二高手對付 B102，以找
出它們為什麼會成為易於出錯的模組，並重新設計這兩個模組，愈快

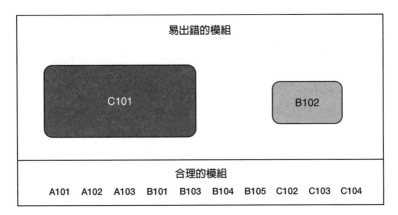

圖3-5　用多重的感覺次形式的扭曲法來指引管理階層方向，或凸顯資料在作業執行上的意義，都有充分的正當性。

愈好。」

　　實際上圖3-5的重點還可用重複呈現法做更進一步的強調（或扭曲）。加上「易出錯的模組」和「合理的模組」的標題可增加語言的感覺次形式。由語言所組成的資訊可能是由聽覺所蒐集的資訊中最重要的一種感覺次形式。在技術上，這些字雖然是印在紙上，但閱讀這些字通常需要用到聽覺系統。再加上這第二種感覺主形式可以大大地強化（或扭曲）訊息。

3.2.6 扭曲的有多嚴重？

「扭曲」聽起來是負面的東西。一個未被扭曲的軟體的圖片不是比較好嗎？那可能會長成這個樣子：

　　……11011010100101001001001010101010001001010101011111110
　　100101010100001010101000010100101110101010000010100010100
　　010101001001010010000010100100101001010101001001000000000

101001010011101010001001111010110110101001101001……

對專案的管理階層來說這樣的資料有用嗎？好像沒有什麼用處。雖然一個有一億個位元所組成的字串或許忠實地承載了一個程式的所有資訊，但人類的大腦並無法有效處理這種形式如此大量的資料。因為我們大腦的容量有限，因此我們需要有另一種的圖片。那些圖片受到扭曲的部分正是我們為了克服我們先天心智上的限制而不得不付出的代價。

　　每一張軟體的圖片就是開發過程的地圖，而這個地圖並不是地形圖。除了位元的字串之外，每張地圖會強調某些面向，但也弱化其他的面向。這是我們使用地圖的原因，因此若是不說明我們使用地圖的目的何在，就無法判定某張特定的地圖的「好壞」，如同下面這個例子所闡述的：假設在圖3-3的系統中，主要的執行路徑（可處理99%的資料）是：

A101-A102-A103-B103-B104-B105

再假設圖3-3中模組A101的某個缺陷是有阻擋功能的缺陷（blocking fault，此缺陷會阻擋控制流進入該程式的某些部分），或是阻止某些資料項目的取得，或是阻止某些測試的執行。假設此阻擋性的缺陷會阻止大部分的測試都無法觸及A102，所執行的測試有90%都因此跑到B101去，即使B101在實際執行測試時只能代表1%的測試案例。

　　在此例中，圖3-5所建議的A101是「合理的模組」就是一種嚴重的扭曲。相同的，圖中建議A102、A103、B103、B104、和B105是「合理的」就無法從測試資料來證明，因為此阻擋性的缺陷保證這些模組在測試時從來不會被執行到。

這個故事和許多類似的故事都可以說明為什麼我稍早要說：「統計信號」對軟體開發過程的回饋控制而言雖必要但不夠充分。在軟體工程領域，統計式的觀察（例如每一模組的功能失常次數）僅只是「將所遇到問題的特殊成因一一排除」的過程中的第一步。在此例中，管理階層若是得不到了解程式碼結構的人的指點，是無從了解這些統計數字的含意的，正如同程式設計師若是沒有自己在設計上的功能失常所造成之後果的統計資料，就無從了解程式碼缺陷的重要性：

利用評量數字之前，要先去了解評量數字背後的故事。

這個故事的寓意是，如果軟體的工程師和經理人不想受到錯誤推斷的誤導，以為會走向康莊大道，結果卻步入危機，那麼，我們想要走過相同地形的話，就需要有那麼多種地圖（許多種可用視覺辨識的方式，以及其他感覺主形式可感知的表達法）。每張地圖讓我們從某一特別角度來看系統，類似於一個房屋的各種設計圖，談結構有結構圖，談配線有配線圖，談景觀有景觀圖等等。這是為什麼不論何種工程領域，了解其歷史最好的方法就是去看它資訊表達方式的演變。這也是為什麼對於某些人我們要心存感謝，因為有他們的發明讓我們能夠用新方法來接收資訊，或將所接收到的資訊傳遞給他人。

3.3 如何讓軟體可以被觀察

從到目前為止所有表達工具的有效性來看，歷史告訴我們還有許多工具有待發明。依個人淺見，有待發明的工具中最重要的就是能將軟體品質轉換成一種適當氣味的方法。要如何製造這樣的工具我沒有什麼概念，但如果我們能夠製造出來，軟體業就會有完全不同的風貌。試

想，如果專案經理交給顧客一個磁碟，聞起來像死了三週的鯰魚，並且說：「哦，不用擔心，這已完成了99%。」顧客會作何反應？你會相信你的哪一種感覺主形式？是聽到的，還是聞到的？

3.3.1　掩蓋臭味

經常會聽到「眼見為憑」之類的俗語，但「聞到為憑」會更為準確。眼睛可以被欺騙，但沒有東西可以騙過鼻子。我們不常用到鼻子，但在我們需要它時，它會保護我們不致食物中毒。世上最好的廚師能夠讓業已腐壞的魚在盤子裏看起來依然可口，但即使是Escoffier（1847-1935, 法國名廚及作家）再生也掩蓋不住那股臭味。因為我們沒有為軟體而設計的鼻子，以致即使是世上最差勁的軟體經理也有一份調味醬料的食譜可用以掩蓋腐壞軟體的臭味：

- 「我們只改動了一行程式碼。不可能有任何錯誤發生。」
- 「我們花了123個小時在那個模組上，因此它的狀況良好。」
- 「賈克是我們最好的程式設計師。不用擔心。」
- 「軟體到真正顧客的手上時你絕對不會遇到這種問題。」
- 「一旦使用者用過之後，他們會愛死螢幕上的這些hex codes（十六進位代碼）。」

如果這些掩蓋臭味的辯詞無效，經理最後總是會用這一招：

- 「你千萬不可以去打擾賈克。他是個心靈很脆弱的人，如果你要求要看他的程式和做過哪些測試，他會覺得被冒犯而感到沮喪。他甚至會發脾氣！如此一來，程式將無法準時完成，而這一切責任都要算到你頭上。」

這就立刻可以讓你封口,因此你必須決定什麼比較重要:避免發生一百萬美元的大錯,還是不要讓賈克受到冒犯,甚至大發脾氣。對變化無常型(模式1)經理來說,答案很清楚:沒事不要惹事生非!照章行事型(模式2)經理知道正確答案是什麼,但在遇到危機時可能缺乏勇氣去做該做的事。

不論缺乏的是知識還是勇氣,這些用來掩蓋臭味的調味醬料所達到的功能就好像模組A101中那個有阻擋作用的缺陷一般:*兩者都有礙於對產品的觀察*。任何有礙對產品進行觀察的事物,也會有礙機構達到更高水準的生產力和品質。

3.3.2 達到可見性與可控制

如果你不能控制過程,你就無法保證品質。但是公司的文化要達到模式3(把穩方向)才會將圖3-1中的控制論模型納入:

> **沒有可見性,就不必奢談控制。(如果你無法看見,你就無法把穩方向。)**

所謂「可見性」(visibility),請記得,我的意思不是說我們接收訊息的方式只限於用眼睛。有些鰻魚靠電子信號來掌握方向,有些經理人員接收資訊時用耳朵聽更勝於用眼睛看。任何一種感覺主形式或多或少都會用到這種「可見性」的感覺機能,但是我們的文字中缺乏好的形容詞來代表這種「在一個或一個以上的感覺主形式裏都可感覺到」的一般性感覺。「可感知性」或許比較好,但是我聽起來還是覺得不夠好。我的朋友凱文是個盲人,他經常會這麼說:「我看出(see有知道之意)你的意思」,即使我確知他無法像我一樣的「看」,我也無法像他那樣「看」。

　　若是沒有「可見性」，我們會失去確實控制專案的能力。遇到小型的專案，我們即使只有有限的可見性仍然可以勉強度過，就好像我們在黑暗中，仍能將汽車從馬路與車庫間的車道上安全駛入車庫。這是為什麼變化無常型與照章行事型模式在許多專案上能夠有相當好的表現。這也是為什麼當專案規模變大時這兩種模式就不行了。如果你不相信這個結論，下次你在高速公路開車時戴上眼罩試試看。

3.3.3　如何得到可見性與參與性

且不談在黑暗中想要安全掌握方向理論上是毫無可能，專案規模變大之後可見性也益發重要還有另外一個理由，正如下面這個故事所闡述的：丹妮（她是我的夥伴）與我受邀到GooglePlex擔任顧問，那是一家軟體公司，其主力產品是一套供小型零售商使用的程式。他們遇到的問題是產品的功能失常率偏高，以及在雇用和留住有經驗的程式設計師方面很不順利。

　　為深入了解該公司，我們要求把我們當作新進員工來一次參觀介紹的行程。帶我們參觀的是羅絲提，她是人力資源部一位能力強又極具親和力的年輕小姐。參訪行程的最後，她問我倆是否看到任何他們可以改進的地方。

　　「這次介紹行程的水準是一流的，」丹妮說，「雖然我對你們的產品還是不太了解。如果妳能給每位新進員工做個產品的示範說明，這個介紹的行程就會更完美了。」

　　羅絲提聽到這個建議很高興，並保證說我們下次再來時會為我們做一次產品展示。然而，一個月後她很遺憾地告訴我們無法做示範說明。

　　「為什麼不能呢？」我問道。

　　「我們分派任務給兩位程式設計師，請他們負責示範說明的前置

作業，」她答道，「但這項作業太過複雜，只有一個月無法完成。」

　　請注意，從丹妮這個簡單的產品示範說明的要求，可以得到一個多麼重要的觀察結果。這個結果告訴我們，GooglePlex 兩大嚴重問題都是來自同一個源頭：該公司產品的介面太過複雜。如果他們連向新進員工展示公司的產品都做不到，難怪他們的顧客會難以使用其產品。產品無法示範，新聘雇的員工加入公司後即無法看到公司在生產的到底是什麼。很快地他們會因為不知如何做出貢獻而深感挫折，有許多人因而離開公司。

　　完成的產品是眾人應該看見的第一樣東西。這就是戴明的信徒所謂的「必須先看見」（must see before）的方案。戴明的觀察是，人們若是無法親眼看見他們要做的是什麼，必然會不知該如何對產品的品質做出實質的貢獻。對大型的專案而言，我們需要所有的人都能做出貢獻。

3.4 產品資訊開放是把穩方向型文化的關鍵

全世界所有有助於看見東西的工具如果我們不能使用的話，就無法幫助我們從事軟體工程的管理工作。如我們曾討論過的，觀察的結果能夠對我們有益，條件是：

1. 觀察結果可由某些感覺主形式所接收，不致為隱藏臭味的烹飪法所掩蓋。
2. 觀察結果是可見的，並以人類的感覺系統可利用的形式來呈現。
3. 觀察結果未被扭曲，若是扭曲了也要清楚讓人知道扭曲的目的何在。

利用這三個指導方針，我們可迅速評估某個機構是否已進入把穩方向型（模式3）的文化。在此將說明評估的方法：

1. 可被檢視的：我們要問：「我可以看一看模組A101的程式碼嗎（或設計文件，或需求規格，或專案進度報告等）？」然後注意我們得到的回應是否是隱藏臭味的烹飪法。有時我們得到的回應雖不是一堆託詞，卻發現找到程式碼要一週或一個月之久，或完全找不到程式碼，或找到的程式碼版本是錯的。這足以讓我們確信他們的文化不是把穩方向型（亦即，不會是模式3、4、或5）。若是如此，我們需要去調查資訊在何處受到阻擋。

   面談時另一個很有用的問題是：「我可以看幾個可做為範例的程式嗎？再加上幾個你們最好的程式，以及幾個最差的？」如果經理人員的回答是：「你為什麼要看這些東西？」而且他的語氣清楚顯示出他不想拿給你看，那麼調查就可以結束，因為任何一個把穩方向型的經理都知道這類資訊有何價值。如果他的「為什麼」問得很誠懇，你就很禮貌地問他：「你認為我們為什麼要看這些程式呢？」再一次，你總是可以從他的回答中得到有用的資訊，以了解那位經理所用的文化模式為何。

2. 是可見的：我們要求如果有用於管理開發工作的任何報告或螢幕畫面都拿給我們看，我們也觀察他們工作的狀況，並特別注意他們會利用何種形象化的表達方式。然後，我們會問：「請你說明你是如何閱讀那份報告的？」我們會注意聽他們的用字，但更重要的，我們會注意聽非言詞的線索，像是支支吾吾和聲音的清晰度，以決定報告是否真的易於理解。如果報告不易理解，那麼那份報告就不是把穩方向型文化下的產物。

3. **未被扭曲的**：在注意聽如何回答前述問題的同時，我們會問：「以這份報告的資訊為基礎，你會採取哪些行動？」然後我們繼續問：「你為何要採取那樣的行動？」如果不採取任何行動，他們就不是在掌握方向，而只是純看報告。同樣的，除了他們的用字以外，我們也會聽其中的「音樂」[3]，這可以告訴我們更多有關他們的回答是否有扭曲的訊息。

如果你對模式3、4或5非常渴望，但你所屬的機構未能通過這些「產品資訊開放」的測試，請專注於改善機構的資訊開放程度。如果你通過這些測試，你就有資格去嘗試更複雜的過程改善方法；但如果你未能通過測試，這樣的嘗試將會因許多資訊「不可見」而遭遇挫折。

3.5 心得與應用上的變化

1. 在美國文化裏，氣味這個東西我們在評論時會特別小心，除非那是令人愉悅的，或我們確信那產生氣味的人不會聽到我們的評論。雖然氣味不是軟體經理觀察時最重要的感覺主形式，氣味在許多場合還是能提供部分有用的資訊。不止一次，我利用工作團隊所發出的臭味，即可推論他們的閒暇時間都被工作占據，因此人們連洗澡或洗衣服的時間都沒有。讓這個問題浮出檯面可以使大家看清楚專案小組所依循的時程完全不切實際。

2. 緊張的情緒會改變氣味，尤其是在一個封閉的空間裏，而氣味的本身又會助長壓力。如同狄馬克和李斯特所指出的，每個程式設計師可使用的辦公室坪數，與生產力有高度的相關性[4]。在較擁擠的辦公環境，緊張所散發出來的氣味會造成生產力降低，還是

它只是一個徵兆？或許兩者皆是，而且它們是在同一個互相強化的回饋循環裏。

3. 對軟體經理來說，味覺可能是觀察時最沒有用的一種感覺主形式。但是為了再次強調「我們不可排除任何一個資訊來源」，我有一個朋友，他號稱能夠從每個工作團隊所煮的咖啡來評鑑該機構的文化水平。我自己是不喝咖啡的，對於他所宣稱的事我無從判斷真偽。我懷疑他是利用咖啡來多跟一些人聊天，因而有機會可以觀察其他的東西。

4. 我的同事Peter de Jager建議圖3-4有另一種應用上有用的變化。此圖若不強調功能失常的數量，則可看出功能失常之成本─影響率（cost/impact）。這個數值更能代表產品的品質。另有兩位同事Mike Dedolph與Dawn Guido建議，形狀的大小若用以表示模組的大小則更符合「直覺」，而陰影的深淺是表示錯誤率（或成本─影響率）的高低。

5. Mike Dedolph與Dawn Guido兩人還指出，戴明有關統計管制（statistical controls）的假設適用於「專業分工」性質的作業環境，所生產的產品類似但各有其獨特之處，例如說軟體。統計管制對軟體開發的某些工作（例如缺陷分析和工作量預估）很有幫助，但不可因過於重視此一部分而忽略了更接近軟體工程核心的其他種類的評量。

6. Mike和Dawn建議，衡量一份報告是否易於使用有一個很好的指標：檢查人們在報告四邊空白處所留下的註釋和塗鴉。如果是顯示在螢幕上的報告，你要注意聽報告者喃喃自語的部分，你只要緊貼著坐在報告者旁邊就會聽得很清楚。要有準備你會因為聽到一些粗話而臉紅。

7. Payson Hall 和 Phil Fuhrer 兩位同事提醒我，即使我們能夠直接感
    應出磁碟或電子媒介上的位元，我們還是無法看見時間這個次
    元。我們需要的不只是地圖，需要的或許是像電影一般不停在改
    變的地圖。因為我們無法直接看到時間的次元，因此我們一直有
    一個錯誤的觀念，那就是軟體是不會改變的，或至少是不應改變
    的。這會讓我們在感覺外物時輕鬆些，但卻會讓我們不能真實面
    對軟體生命週期中嚴峻的現實。在本書稍後的部分，我們將會談
    到更多有關如何讓時間次元成為可見的

8. Payson 也提供如下的方法來利用觸覺做為一種指標：雖然如今這
    麼做會讓你有吃官司之虞，但一個相處融洽的開發團隊有個習
    慣，當某個團隊成員要讓另一個開發人員停止緊張的情緒，他會
    站在那個開發人員的背後按摩他的脖子。如此不但能夠讓討論進
    行得更長、更仔細，按摩者還能夠立刻透過指尖感應出某個問題
    是否太過「尖銳」。

    在一個相處不甚融洽的團隊裏，你可以利用握手時的觸感來決
    定是否感受到對方的真誠；到目前為止，我還沒聽到有人因握手
    而吃上官司。

3.6 摘要

✓　戴明與克勞斯比兩人的品質觀念是來自製造業的經驗。然而，軟
　　體開發業基本上不是製造業，而是工程性專案管理的作業。

✓　製造業的管理和專案管理兩者皆可利用控制論模型。控制論模型
　　要發揮功能，必須讓輸出部分成為可見的 —— 對軟體來說這種情
　　況不是自動發生的。

✓　在扮演觀察者的角色時，人們通常可利用以下的感覺主形式：視覺、聽覺、動覺、嗅覺、味覺。我們都有自己最喜好的感覺主形式，不過，若是不能使用最喜好的方式，我們仍能很快適應，改用其他的方式。

✓　我們只能透過某種轉換的過程，利用間接的方式來體驗軟體（雖然程式設計師通常說話的方式就好像他們可直接接觸到軟體似的）。有為數甚多且功能類似的軟體工具是設計用來讓軟體的可見性更強。這些幫助我們看見軟體的工具就好像是戰場上所用的雷達：它們讓我們在黑暗中能夠掌握方向。

✓　如果有更多的感覺次形式都傳達相同的資訊，訊息就會愈強烈。換個角度來看，對某些觀察者來說，多重的感覺次形式有扭曲資訊之虞。這樣的扭曲雖然不適用於科學，但對管理工作而言卻非常合理。

✓　因為我們大腦的容量有限，對於同一個評量法我們需要有不止一種的圖片。這些圖片中扭曲的部分，正是為了克服我們先天上心智能力的限制而付出的代價。

✓　每一張軟體的圖片就是一張地圖，而這個地圖並不是地形圖。為了有效地管理軟體，對同一個地形我們需要許多種地圖，亦即以多種感覺主形式可感知的方式來顯示和呈現。

✓　任何有礙於觀察產品的亦有礙於機構達到更高水準的生產力與品質。若是沒有可見性，我們就無法保證有能力控制好專案。

✓　完成的產品是人們能夠看到的第一樣東西。如同戴明的觀察，人們若是看不到自己所做的東西，想要對產品的品質有實質的貢獻將會非常困難。

✓　可見性非常重要，要快速評鑑一所機構是否達到把穩方向型（模

式3）文化，我們可以問三個問題：凡事都隨時可被檢視嗎？是可見的嗎？是未被扭曲的嗎？

3.7 練習

1. 想要成為一個好的觀察者，你必須培養你較不習慣使用的感覺主形式；此外，對於每一個感覺主形式，你必須養成習慣去注意你通常不去使用的那些感覺次形式。列出你自己偏好的感覺主形式和次形式有哪些。找個對你很了解的同事來核對一下。他們會很高興知道如何可與你有更好的溝通。

2. 視覺扭曲，不論有意或是無意，有許多種方式。試比較圖3-6與圖3-2。哪些部分受到扭曲？這樣的扭曲可能造成哪些管理上的錯誤？與每個模組的功能失常有關的資料，還會有哪些方式受到

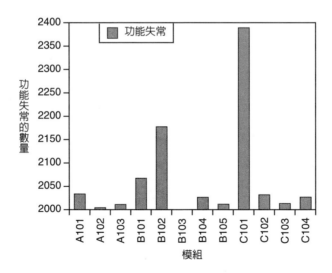

圖3-6　根據另一系列的測試將每一模組的功能失常數量繪製出來。此一圖形受到怎樣的扭曲？

扭曲？

3.　我的同事Jim Highsmith的評論：「我曾經任職於Exxon石油公司的煉油部門。在匹茲堡的油脂廠，調配油脂的老師傅會遵循所有複雜的化學配方和分析，然後拿油脂來摸一摸、聞一聞、嚐一嚐，才完成調配的工作。」在你的機構裏，你能找出哪些例子會以摸一摸、聞一聞、嚐一嚐的方式做為量測法？其中有沒有是與軟體相關的？這些量測法可能與軟體相關嗎？

4.　另一位同事Gus Zimmerman建議一套有效的方法，以幫助思考如何利用結構的CRSS各層面來看見軟體，包括功能、形式、經濟、時間等層面。你可以盯著軟體看就了解它做了什麼（功能）；它是如何包裝以及打造的（形式）；它要花費多少的金錢、時間、或記憶體（經濟）；它會如何改變或演化（時間）。試舉例說明你如何利用這每一層面使得軟體現形。試討論任一層面會如何改變軟體的結合影像。

4
讓過程看得見

發現的實際旅程不在於尋找新的景觀，而在於有一雙新的眼睛。

——普魯斯特（*Marcel Proust*）

把穩方向型（模式3）文化的獨特之處，是他們具有「保持產品在隨時都可看見的狀態」的能力。防範未然型（模式4）機構最特別的地方是他們具有「保持過程在隨時都可看見的狀態」的能力。換句話說，防範未然型的經理人員不只是掌握每個產品品質的方向，他們在同一時間還能掌握所有產品品質的方向，方法是掌握過程的方向。這就是本章的主題。

每一個模式4文化都擁有能顯示其所用過程真實狀況的圖片，以及能有效運用這些圖片的方法。圖4-1所顯示的是一個用以控制過程的控制論模型。如果來自於新軟體的過程和其他相關輸出的回饋都不是可見的，那個機構當然就不是防範未然型，因為要預見未來唯有靠觀察過去。在本章中，我們將探究讓過程看得見的一些方法，第一步是先了解在機構中我們做的事是什麼，然後去了解我們要如何才能改善我們所做的事。

109

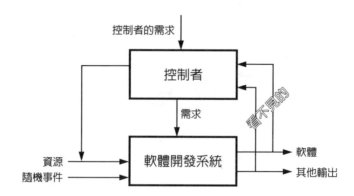

圖 4-1 控制論模型若用於控制一個軟體開發過程，則需要有與過程改善相關的資訊做為回饋。（此圖與圖 3-1 相比，圖 3-1 顯示的是產品改善的模型。）過程的回饋如果不是可見的，那麼過程的改善工作就未能真正受到控制，因此你不算是一個防範未然型（模式 4）的機構。

4.1 開發過程隨時可見是防範未然型文化的關鍵

當然，如果過程就是最終的產品，則你必須具有讓過程看得見的能力（根據軟體是最終產品的相同標準）：是隨時可受檢視的、是可見的、是未被扭曲的。

4.1.1 是隨時可受檢視的

過程產生的資訊與產品產生的資訊一樣，會因掩飾臭味的烹調法而受到阻隔：

- 「這些你不會懂的，因為你不是經理。」
- 「你並不真的需要看那份報告。它不屬於你的部門。」
- 「這些數字是高度機密。你千萬不能讓顧客看到。」
- 「你可以相信我，我有能力管理好我的專案。」

- 「你並不真的需要看那份報告。它裏面沒說任何東西。」
- 「我們應付專案的事都忙不過來，哪有時間去蒐集那些數字。」
- 「專案進行的時間不夠久，尚無法得到有意義的資訊。」
- 「我們必須將這些數字整理後對你才有意義。」
- 「我們換了新的方法論，因此這些數字沒有什麼意義。」

這些障眼法如果無效，經理人員還可以拿出慣常用以阻擋軟體回饋的那一招：

- 「你千萬不可去打擾賈桂琳。她非常神經質，如果你要看她的專案資料，她會覺得受到屈辱而情緒低落。甚至可能會大發脾氣！如果專案因此無法如期完成，那麼這一切後果都要由你來負責。」

4.1.2　是可見的

與過程有關的資訊，必須以人類感官系統能夠感知的形式來呈現。未能符合這項條件的最糟的一個例子，就是在經理的書架上放了十七大冊的過程描述（還可能全部都是文字而沒有圖示）。若是有人問到某一軟體過程，經理人就把手指向書架，好像只要擁有價值 $125,000 元的一套手冊，就神奇地可以保證擁有一套有用的過程。在這個世界上我有把握的事不多，但其中之一是：

> 僅憑著只有文字的十七冊過程描述，是不可能有任何人類能夠了解的。

戴明研究的結果特別強調，為了讓與過程有關的資料易於為視覺系統所接受，利用各種圖形是非常重要的，否則其效果將大打折扣，因為

這樣會沒辦法讓每個人都了解問題所在，或是提出問題的解決之道。

4.1.3　是未被扭曲的

與過程有關的回饋資訊易於受到扭曲，扭曲的情況和與產品有關的資訊是一樣的。世上沒有任何東西要比與過程有關的資訊更容易受到扭曲的。當我們把程式碼變成視覺可接受時，我們至少可以用上瑞典陸軍最有名的那條格言：

當地圖和實際的地形不相符時，寧可相信實際的地形。

當面對軟體時，我們可以很容易回到實際的地形（程式碼）以查出其間的差異。如果無法這麼做，那麼我們只要對最重要的部分進行過程的觀察。對於過程而言，「實際的地形」指的是人們實際做了什麼，而不是他們的經理認為他們做了什麼，也不是他們的經理認為他們應該做什麼。

此外，過程（與軟體產品不同）不應該是獨一無二的。如果我們在製造大量產品時沒有一致的過程，那麼我們就完全不能說我們擁有一套製造的過程。這就是戴明所謂「過程的穩定性」（process stability）。若是沒有這樣的穩定性，有過程的統計報告會比沒有還要糟。這樣的報告會誤導我們。

通常，受到來自顧客或高階管理階層的壓力時，軟體工程的經理人員會渴望能夠有一樣可見的東西來「證明」自己擁有一套穩定的過程，不論任何東西都好。在絕望之下，他們會隨便去抓住任何容易量測且與品質或生產力有某種明顯關係的東西。這正是為什麼幾乎全世界的照章行事型（模式2）經理都對計算程式的行數一事樂此不疲。這些經理人若能學到下面這個原理，對工作將大有助益：

任何會觀察到無意義結果的技術，會帶給我們扭曲的事實。

比方說，有許多經理人員會說他們在計算程式碼的行數時連一個計算的標準方法都沒有，更別提有一個清楚的計算行動的計畫。在著手擬定出一個聰明的方法來讓程式碼行數成為肉眼可見之前，我們必須確定我們要計算的是什麼，以及計算的結果對機構代表什麼意義。如果結果證明是有意義的，那麼必然可找到一個好方法來讓所代表的意義更容易為他人所感知。

4.2 如何辨認防範未然型機構

利用以上的三個標準，我們可以很快評估一個機構是否已達到防範未然型的文化。你會發現，所問的問題與評估一個把穩方向型（模式3）文化大同小異，只不過焦點是放在過程的可見性，而非產品的可見性。

1. 是隨時可檢視的：我們要問，「我可以看一看去年的顧客滿意度資料（或其他與過程有關的資料）嗎？」然後注意其中是否有掩飾臭味的烹調法。有時，我們未被敷衍，但發現他們為了準備報告得花上三個月。這就可以告訴我們判斷其文化模式所需的一切，因為想要掌握住過程的話，這麼舊的資訊是毫無用處的。與前述情況相同，我們需要去調查資訊是否受到阻隔。

2. 是可見的：我們要求要看任何人用以管理過程的所有報告，或者，我們去觀察他們如何工作，並注意他們利用哪些視覺化的方式。然後我們問：「你能不能解釋一下，你怎麼解讀這份報告？」之後，我們專心聽其中非言詞的線索，例如吞吞吐吐或說話是否

清楚，以判別這些報告是否真的容易看得懂。

3. 是未被扭曲的：聽完對於前述問題的回答後，我們要問：「根據這份報告所提供資訊，你會採取什麼樣的行動？」然後我們追問：「你為什麼會採取那個行動？」還是一樣，我們除了要注意聽所用的言詞之外，還要注意聽其中的音樂。

利用這樣的技巧，有經驗的防範未然型經理人員可以查出過程的「地形」，比查出程式碼的「地形」更為容易。這個能力是來自以下的信念：

每一件事不論還可以歸類成什麼，都是一種資訊。

受這個信念的影響，防範未然型的經理人員遇到不樂見的情況時不會用指責的態度做為回應。從這種不指責的態度出發，這些經理人員採用下面這個原則：

每一個過程都是由人所創造，因此也能夠因人而改變。

所有的好醫生早就知道有此一做法，並善加利用以獲得近乎神奇的療效。如同診斷醫師Groddeck曾這麼說：

不論何人……若能夠從疾病本身看出那是一個有機體最重要的表情，就不會再把疾病看成是你的敵人。當我領悟到疾病是病人所創造出來的產物，從那一刻起我看到疾病就如同我看到病人他走路的樣子、說話的語氣、面部的表情、手部的動作、他畫的畫作、他蓋的房子、他從事的行業、或是他思考的方式，這一切都是主宰他的那股力量最明顯的表徵，也是我在我認為時機對的時候我試圖要去影響的那股力量。

4.3 過程圖形中的詞彙

理想狀況下，軟體機構中的每一個人應該是如Groddeck所描述的那種觀察專家。這是我們期望在一個全面關照型（模式5）文化中能夠看到的，然而對多數的讀者而言，這可能只是一個夢想。但是，我們還是應該竭盡所能讓自己發展尚不完全的觀察能力做到最好。方法之一是教導大家一套共用的視覺化技巧，以便他們在討論過程改善的問題時能夠使用相同的詞彙。這是戴明的做法中最重要的部分，本書往後的討論所根據的是戴明的信徒都在使用的圖形化表示法[1]，並輔以一些其他的符號。

　　這些表示法中多數為軟體工程師所熟知，然而，他們對戴明慣常使用的視覺化表示法就不是那麼熟悉。從事軟體業的人應該有足夠的經驗，不致因代表符號有些許改變而完全看不懂。從這類的圖中，他們很容易即可找到許多自己熟悉的符號，雖然其他的符號在軟體工程過程中並不常見。

4.3.1 流

當然，我們要描述過程時，腦中想到的第一件事就是流（flow）、要做的事是什麼、順序是什麼、以及有哪些分叉點。例如，圖3-3的這個程式流程圖也可用以描述一個軟體工程的過程，如圖4-2所示。

　　各式的流程圖（flowchart）、Nassi-Shneiderman圖、資料流圖、複雜度圖表、Wiggle圖、單一線條圖、HIPO圖等，全都可用以繪製軟體工程的過程或程式。儘管如此，我們還是需要其他慣常使用的圖示法來表現過程流（process flow）中與程式流（program flow）無關的一些面向。例如，我們會利用不同的符號來代表由不同的人或機

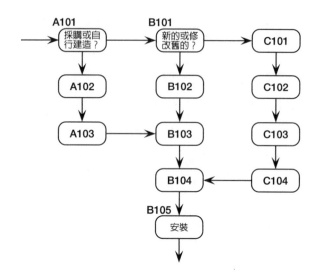

圖4-2   許多的過程流圖都使用與程式流圖完全相同的標示法。

構、或在不同地點所執行的工作。重點是機構裏的每一個人都很容易
就看懂過程流所描述的。

4.3.2 成因與結果

不論是改善舊有的過程或設計全新的過程，我們都必須知道過程的評
量值上的差異對其他的評量值會產生怎樣的影響。戴明的擁護者利用
魚骨圖或石川圖（fishbone chart or Ishikawa diagram）以顯示不同變
數間的因果關係。這類圖表通常是沿著箭頭相反的方向展開，也就是
從結果找出其可能的成因。圖4-3所顯示的是一個完整魚骨圖中的一
部分，繪製此圖的目的是要設法找出專案會延遲的原因何在。這個專
案的延遲可能是因為資源的不當，也可能是因為有錯誤發生。接著來
看，錯誤的發生在設計階段、程式撰寫階段、測試階段都有可能；我
們要進行這樣的分析，直到我們找出所有可能的成因。

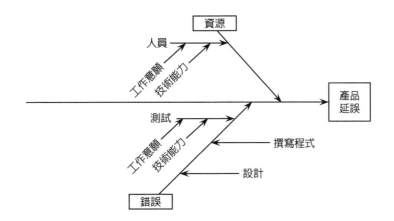

圖4-3 在腦力激盪會議中所得到的一個部分完成的魚骨圖，以找出某個專案
為何延誤的原因。

魚骨圖可以立即讓許多未受過訓練的人大感有趣，因此若是想要
讓所有的人參與共同找出一個與過程有關問題的解決方案，它會是非
常有用的工具。與所有其他的因果圖（cause-effect diagram）一樣，
如何發展出這張魚骨圖，這個活動的本身要比最後得到的圖還要重
要。引述美國總統艾森豪的一段話：

圖的本身不重要；圖的繪製過程才重要。

因果圖的另一種形式是根據控制論繪製而出的效應圖，就是我們在圖
1-1所用到的（且在附錄A中有更詳細的描述）。效應圖與魚骨圖相
比，除了使用的符號不一樣之外，還有一個重大的不同處：它強調要
找出反饋的迴路。雖然在魚骨圖中也可以加入反饋迴路，但在實務上
我從未見到這樣的用法。或許這是因為反饋迴路在專案類型的工作中
較為顯著（與穩定的製造性質的過程相比）。圖1-5的效應圖顯示有數
個反饋迴路，每一迴路皆可用以解釋何以在防範未然型的機構中設計

上的缺陷所造成的影響較小（例如，與照章行事型的機構相比）。

以上所說的這些因果圖以及其他形式的因果圖除了少部分不同外，有以下的共同優點：

- 它們相當符合人的直覺，因此易於讓大家都參與。
- 它們鼓勵我們利用觀察而來的資料。
- 它們有利於文件的製作且易於了解文件的內容。
- 它們提供一個聚焦的架構以利於尋找事情的成因。
- 它們是內在思維過程的外在顯現。

因果圖的另一種形式就是分布圖（scatter diagram）。圖4-4所顯示的是一家軟體公司從36個專案所蒐集的資料而繪製的分布圖。製作此圖的目的在於讓我們檢查看看，若是延後交貨，是否可以讓產品在交付到顧客手上時它的缺陷密度得以降低。經理人員很驚訝地發現，他們

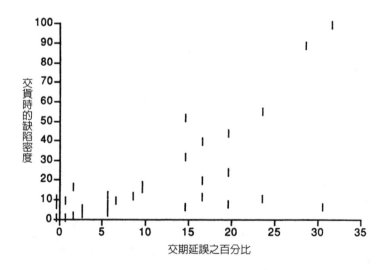

圖4-4　一個分布圖往往可顯示出不同變數之間的相互關係。此例中，在交付產品的缺陷密度與時程延後的百分比之間似乎有強烈的關係。

　　若是把交貨日期拖得愈久，則所交付產品的缺陷密度會愈高。他們幾乎要做出如下的結論：產品的交期絕不可以延遲，因為在原訂交期之後所做的努力似乎反而會造成更多的缺陷，而不是減少缺陷。

　　這個錯誤的想法未能體認到，分布圖所顯示的不是成因和結果，而是兩者間的相互關係，而這種關係雖有成因與結果之分，但卻是雙向的。仔細調查某些專案後發現，倒不是因為延後交貨造成有許多缺陷，而是因為有許多缺陷而造成延後交貨。

　　對複雜的系統而言，通常這兩種論點都有一部分是對的。超過了某一點之後，為產品引進更多缺陷的並不是延期的本身，主要是因為一延期就會使得經理人員忍不住想要在最後發行的版本上添加許多未經測試的功能特色。圖4-5是一個效應圖，它顯示的是，在這所機構裏潛藏於延期與缺陷這兩個因素之相互關係下的因果關係。例如，「晚期添加的功能特色」會與「撰寫程式造成的缺陷」和「測試與修正所需之人力時間」之間產生一個正向的反饋迴路。這類的分析並不適合在標準的魚骨圖上呈現，因為其中牽涉了反饋的迴路。

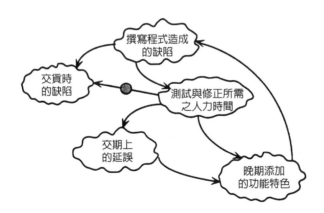

圖4-5　效應圖顯示，存在於「交貨時的缺陷」與「交期上的延誤」之間的某些因果關係。

　　更深入的調查後會發現，經理人員知道圖4-4的分布圖中夾雜了兩種不同類型的專案。第一種專案使用的是老式的做法，急著將產品送去測試，然後在排定的測試期間內（數週）把裏面的壞份子都揪出來。第二種專案使用的是新式的做法，以大規模的審查為基礎，以期能夠改善軟體的開發過程。圖4-6顯示的是一個新版的分布圖，圖中將這兩種專案類型加以區隔。其中的E代表舊式的開發過程，而D代表的則是新式的過程。

　　在使用新式的過程時，測試部門在開發過程的每一個階段都主導技術審查會議的進行，再輔以一個最終測試的階段。測試階段時間的長短是由缺陷密度的預估值來決定，而不是事先即排定的測試時間。這些專案若是延遲其現象與舊式的專案相同，但基本上在缺陷密度與交期延誤之間沒有相互的關係。這樣的結果會讓那些以時程為優先考量的經理人員大感不滿，但是會讓那些注重低缺陷率的經理人員非常高興。

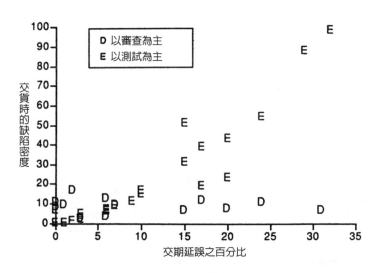

圖4-6　如圖4-4一般的分布圖，但每一點都以過程管理的方式來區分。

4.3.3 分布狀況

想要知道不同的過程類型是否會對交貨的時間產生影響，經理人員繪製出圖4-7的直方圖，以顯示交期延誤的分布狀況。從視覺上，即可判斷兩者間並無重大的差別。然而，在缺陷密度的直方圖（圖4-8）中卻顯示有顯著的差異。不僅缺陷密度的平均值會因採用技術審查而降低，缺陷密度的變異性（variance）也會有更明顯的降低。在所有超過（15,20]以上的區間，完全沒有一點缺陷密度。變異性減少後，對缺陷密度所做的預估會變得更為準確，且品質會變得更容易管理。

　　直方圖有一個重要的變形，那就是帕累托圖（Pareto chart），這是用義大利經濟學家Vilfredo Pareto的名字來命名，他是80-20定律的發明人。（此定律說，大約有80%的變異是由20%的案例所造成。）圖4-9所顯示的直方圖是將圖3-2重新繪製成一個帕累托圖，以強調引

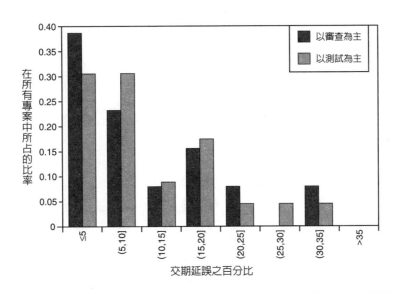

圖4-7　此直方圖顯示，以兩種不同的過程來開發的專案，在交期的延誤上並沒有很大的差別。

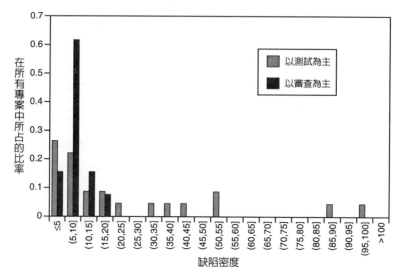

圖4-8 此直方圖顯示，兩種開發過程對交貨時的缺陷密度所造成的影響有很大的差別。

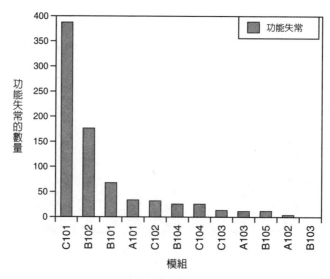

圖4-9 此帕累托圖是將圖3-2的直方圖稍做重新安排。按照功能失常的數量來排序，為的是要用位置而非圖3-2中的形狀大小或陰影深淺，來強調最常發生問題的那些模組。

發重大功能失常現象的那少數幾個模組。帕累托圖的排列順序是「最常發生的放在左邊」，目的是用位置（而非形狀大小或陰影深淺）來強調最常出問題的模組。帕累托圖背後的理論是，如果你能夠成功地解決掉帕累托圖中最左邊的那些問題，就可以用最少的力氣得到最大的利益。有時這個想法是對的，但是以圖3-2的例子來說，情況未必是如此。回想一下，此圖並未考慮到模組A101中那個有阻擋功能的缺陷，它造成程式以不正常的順序來執行。

4.3.4 *趨勢*

許多的例子都顯示，在毫無限制條件的情況下，想要知道某個觀察結果有何意義是一件很困難的事。我們可以利用調查問卷的方式來評量顧客滿意度如何，但是，所得到的數字又代表什麼意義呢？如果沒有一個參考點的話，我們完全無法知道答案。然而，如果有一張趨勢圖的幫助，我們就能夠知道這樣的評分是如何隨著時間而變化（趨勢圖〔trend chart〕又稱走向圖〔run chart〕或時間序列〔time series〕）。

　　例如，圖4-10顯示一個設計製造CAD/CAM（電腦輔助設計／電腦輔助製造）系統的專案，在需求分析階段到底發生了什麼事。平均的整體分數大約從5.5降到5.2。考量到本例中所牽涉的人數眾多，這樣的降幅不可謂不大。深入追查後發現，滿意度大幅下降的有三位工程師。與他們面談時，他們透露說，在一次擬定產品限制條件的會議中，決定要將某項對該產品非常重要的功能延後到下一版本再行開發。

　　根據他們的說法，那個負責主持限制條件會議的人並不了解為什麼他們的工作會與其他工程師不同，而對於他們所做的解釋也不願聽。延後開發的那個項目很容易又有人提出要加入目前的需求，但所

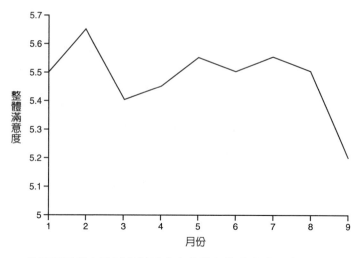

圖 4-10　此趨勢圖畫出使用者對需求定義過程的滿意度。突然下降的曲線警告管理階層，需要做進一步的調查。

得到的反應依然相同。進一步詢問發現，那個會議主持人在其他的會議中也是同樣的表現，雖然那些感到困擾的人恰巧都不在這個滿意度評鑑的範圍內。這個會議主持人收到通知要去接受如何主持會議的進一步訓練。

　　這個故事說明了，趨勢圖本身雖不提供任何的意義，但趨勢上的任何改變都是給管理階層的訊號，他們可能需要去蒐集更多的資訊。當然，經理人員必須做出判斷，哪些的改變才是重要到值得加以注意。如果經理人員承受了高度的壓力，他們在正常狀況下做出正確判斷的能力會受到損害。試想此 CAD/CAM 專案的幾位經理如下的對話：

牢騷：「五點二。唔，這個數字還是遠高於平均值啊。」

嘮叨：（自言自語）「掉了這麼多，很可能是資料輸入上的錯誤。」

高雅：「還有，現在正值暑假期間，他們的心裏都在想著別的事情。
　　　因此他們可能沒有認真做這份問卷。」

先知：「充其量，這只不過是個人的意見罷了。在目前這麼危急的時
　　　刻，我們不可浪費太多的時間再繼續追查這些個人的意見。我
　　　們必須有事實的根據才能採取行動。」

為避免這種合理化鬧劇的發生，許多機構會採用管制圖（control
chart）。管制圖的使用方法如同趨勢圖，不過，欲控制的評量值不需
有一定的時間順序。圖4-11是在圖4-10中加上管制上限（upper
control limit, UCL）和管制下限（lower control limit, LCL）後即變成
一張管制圖。這些上下限是事前大家約定好的，假設這是在經理人員
還保持冷靜和理性的時候[2]。之後，某個評量值若是高於UCL或低於
LCL，經理人員必然要全力找出問題的原因，不論有多大的壓力會誘
使他另找合理的解釋或完全不予理會。

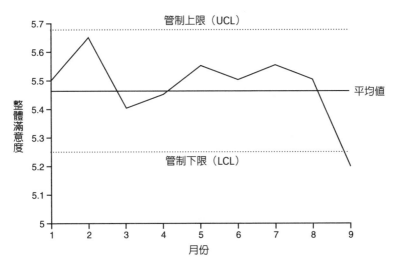

圖4-11　此管制圖是在圖4-10中加上事先訂定的管制上、下限。

4.4 專案的儀表板

使用者滿意度的評量當然是對產品的一種評量值，但是，將長時間或跨多個產品的使用者滿意度的評量值走勢繪製出來，就成了一個過程的評量值。這是將數個評量值合起來即成為一個更高階的評量值的一個例子。把這個觀念加以延伸，會得到專案儀表板（project control panel）的觀念。

專案儀表板類似於化學工廠或核子反應爐上的儀表板，可以在一小塊區域裏顯示一個專案所有的「攸關生死的信號」。藉著監控專案的儀表板，當專案的某一部分需要特別注意時，專案經理可立即得知此訊息。在專案的儀表板上追蹤的評量值的典型例子如使用者滿意度、整體資源的損耗、目前時程變動的最差狀況、受一般程式修改影響的模組數、在每一輸出類別上事先排定之技術審查的執行與完成百分比、目前的關鍵路徑、以及時程落後圖或其他的圖表

當然，為了能控制專案，我們不需也不必像要控制一個核子反應爐一樣，讓儀表板上的資料每20萬分之一秒就更新一次。反之，專案儀表板的更新週期應該調整為小於「專案可接受之落後時間的最大值」。如果你不容許專案有兩週的延誤，那麼儀表板上的「儀器」最好每週至少更新一或二次。如此一來，才能有充裕的時間來分析目前的狀況，並在不危及專案時程的情況下採取矯正措施。

管理階層利用一個標準的儀表板，即可拿專案與其他專案（成功的或失敗的皆可）來相互比較，以學習儀器上讀數的變動所代表的意義。此外，可將每個專案的儀表板張貼在所有專案成員都看得到的地方，如此能夠帶起全員參與「為專案的成功而管理」的風氣。

4.5 心得與應用上的變化

1. 本書的兩位校閱者 Mike Dedolph 和 Dawn Guido 指出「專案可接
   受之落後時間的最大值」必須隨專案還剩餘多少時間而調整。對
   一個兩年的專案如果你剛開始一個月，那麼在交貨期之前你有很
   多的方法來彌補兩週的延誤。但是，如果專案只剩兩個月，可能
   沒有任何辦法可彌補兩週的延誤。

2. 在表達與過程有關的資訊時，你會發現，人們除了對語氣有偏好
   外，還對許多東西有不同的偏好，如事（片段）、人、地、過
   程、和資訊（要點）。因此，例如某些經理想要知道有誰參與，
   倒不是為了要懲罰或獎勵任何人，只是因為不知道參與的人是
   誰，這種抽象的資料會讓他們感覺缺乏真實感。另外有些人總是
   想要知道事情發生的順序（過程或時間的排序），因此，對這樣
   的人而言，零散的情節是很難理解的。如果你想要達到溝通的目
   的，就得按捺自己的挫折感，試著找出你溝通對象的偏好是什
   麼，而且要有心理準備，這些偏好可能是千奇百怪。

3. 就是因為這些個人偏好不同的緣故，專案儀表板最重要的倒不是
   （再次引用艾森豪的話）儀表板的本身，而是「製作儀表板的過
   程」。如果你與專案經理人員共同設計專案的儀表板，你不但可
   以得到一個為你的機構設計的專屬儀表板，還可以乘機教育你的
   專案經理，得知誰擅長什麼，並且找出你的機構現行文化的有效
   改善之道。

4.6 摘要

✓ 防範未然型（模式4）的經理人員不僅止於掌控單一產品的品質，他們還會經由掌控開發過程來隨時掌控所有產品的品質。

✓ 如果將開發過程視為你的產品，那麼你必須能夠讓開發過程成為可見，然後利用如同軟體就是你的產品時一樣的標準：隨時可檢視的、可見的、未被扭曲的。

✓ 與過程有關的資訊必須以人類的感官系統能夠利用的形式來呈現。戴明的研究大力強調各式圖形的重要性，唯有利用圖形才能讓過程的資料為視覺系統所接受。

✓ 要將與過程有關的資訊加以回饋時易遭到扭曲，正如與產品有關的資訊在做回饋時所會遇到的，甚至還更多。

✓ 我們可利用與過程之可見度相關的問題來評鑑一所機構是否達到了防範未然型（模式4）的文化。這類機構的經理人員所持的觀點是，每一件事都是資訊，不論它是什麼。

✓ 如果大家能學習一套共通的圖像化的技巧，他們在討論如何改善過程時，就能夠使用一套共通的詞彙。這是戴明所採用的做法中最重要的部分。

✓ 圖像化可用來描述流程、因果關係、分布狀況、以及未來的趨勢。

✓ 專案儀表板在一小塊區域中結合了多種圖像化的方式，可顯示專案所有重要的徵兆。經理人員只要監看專案的儀表板，當專案的某一部分需要加以注意時，就可隨即察覺。

4.7 練習

1.　假想你若被指派為貴機構設計一個專案用儀表板。此儀表板必須由一頁（或一個螢幕畫面）的圖表所組成，每一圖表可顯示出專案的某一重要徵兆。你會納入哪些重要的徵兆？徵詢你的同僚，他們會納入哪些重要的徵兆；然後，與你自己的清單比較，大家一起來討論其間的差異。選在專案不危急的時候來做這件事。

2.　假想你若被指派為你的高階管理階層設計一個機構用儀表板。此儀表板必須由一頁（或一個螢幕畫面）的圖表所組成，每一圖表可顯示出貴機構的某一重要徵兆（跨所有的專案）。你會納入哪些重要的徵兆？徵詢比你高階的經理人員，他們會納入哪些重要的徵兆；然後，與你自己的清單比較，大家一起來討論其間的差異。同樣的，選在專案不危急的時候來做這件事。

3.　有時，要讓事態好轉的好方法就是去想一想如何會讓事態變得更糟。例如，我的同事 Phil Fuhrer 提議，比 17 巨冊的過程描述可能還糟的另一種做法是：用電子資料庫來儲存過程描述，且一次只能看到其中的一小部分。召集三或五個人來腦力激盪，找出讓過程描述變得更難以看見的方法，也就是更不容易閱讀、更少的圖像化、且受到更多的扭曲。然後再一起討論，從這個反向的練習中，對於你們的過程描述的實踐方式，你們學到了什麼。

第二部
尋思原意

一隻貓如果曾坐在熱的爐蓋上，就再也不敢坐在熱的爐蓋上。它連冷的爐蓋也不敢碰。

——馬克・吐溫

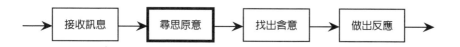

「薩提爾人際互動模型」的第二個步驟是「尋思原意」，這是連接外在世界與我們想法世界間的一座橋樑。這個步驟的關鍵字是精確，也就是說，要為我們腦中的想法與外在的世界盡可能提供一個最相近的對應。

5
詮釋的案例研究

這是我聽到的：專案計畫和公布的時程本身毫無意義。上面的日期和里程碑基本上也不具意義。但是，有一個祕密的時程卻是專案裏的每一個人所共知。這個祕密的時程不會為外界的關切所左右，也絕不會為了滿足行銷部門的需求而改變。大家永遠是照著這個祕密的時程來走，因為它反映的是開發小組所有成員的共識。如果專案計畫能反映此一現實，欲開發的程式就能準時交貨。如果專案計畫違反此一現實，欲開發的程式就會延後交貨。[1]

—— *Geoffrey James*

     旦「接收訊息」這個步驟大部分的工作都完成後，根據「薩提爾人際互動模型」的說法，我們會試圖從我們所接收進來的資料找出其所代表的意義（參看圖5-1）。在本章及下面的幾章中，我們將詳究此「找出意義」的過程中的許多面向。然而，在討論更多的理論之前，我將利用本章來做一個個案研究。這個例子將可闡明：在表面上看來只是一丁點的資料，可以擷取出多少的意義。

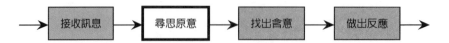

圖 5-1 「接收訊息」的工作完成後，思考的重點就轉向從獲得的資料找出其所代表的意義。

5.1 進度落後圖：承諾與實際交付之比較

文化是透過長遠且持續的模式讓我們感知它的存在。這些模式未必是刻意塑造而成的，這個道理也適用於軟體文化。軟體文化的模式可以從許多方式來認識。你若想要進行一個細部評量值的改善方案，就必須先找出文化的大尺度（large-scale）評量值來指引你改善的方向。

評量一所機構的文化模式，最傳統的方法是觀察人們在做什麼。然而，也可以經由比較人們所做的與他們所承諾要做的來評量一所機構的文化模式。進度落後圖就是一種資料的圖像化，有助於我們解讀一所機構所承諾的與所交付的之間有何差異。

5.1.1 定義

進度落後圖是評量值的一個實例，評量值可從任何專案已公開的資訊中很容易就可取得。這類的資訊包括原訂的交貨日、交貨日更動的情形、以及宣布交貨日更動的日期。進度落後圖的好處之一是所有的資料都很容易觀察和記錄，因為這些資料是公開的且不含混的。說得更具體些，我採購軟體的程序中必有一個步驟，我會定期利用進度落後圖來分析軟體公司的文化模式，所根據的只是新聞剪報上所記載的承諾交貨日期。

我們需要的第一個基本評量值是進度落後（slip）日數，也就是

原訂的交貨日期如何更動（參看圖5-2）。量測進度落後的時間單位可以是天數、週數、月數、或更長的時間單位；此外，它可以是正數，也可以是負數（雖然負的進度落後在軟體業相當罕見）。

1992年10月						
星期日	星期一	星期二	星期三	星期四	星期五	星期六
				1	2	3
4	5	6	7	8	9	10
11	12	13	14	15	16	17
18	19	20	21	22	23	24
25	26	27	28	2		

1992年11月						
星期日	星期一	星期二	星期三	星期四	星期五	星期六
1	2	3	4	5	6	7
8	9	10	11	12	13	14
15	16	17	18	19	20	21
22	23	24	25	26	27	28
29	30	1	2	3	4	5

圖5-2　進度落後值是原訂交貨日期的更動情形，在此例中，從10月27日變更為11月18日，進度落後了日曆上的22天，或16個工作天。

圖5-2中新的交貨日是11月18日。這是實際上新的承諾交貨日，但實現的機會不會比舊的承諾交貨日（10月27日）更高。然而，圖5-2並未顯示另一個重要的日子——宣布日。在這一天將進度落後的事公開宣布。在圖5-3中，我們看到10月13日是宣布日，在這一天宣布進度從10月27日落後到11月18日。

1992年10月						
星期日	星期一	星期二	星期三	星期四	星期五	星期六
				1	2	3
4	5	6	7	8	9	10
11	12	13	14	15	16	17
18	19	20	21	22	23	24
25	26	27	28	29	30	31

圖5-3　在10月13日宣布進度從10月27日落後到11月18日。 10月13日是宣布日。

　　因為管理階層決定要公開的資訊，和專案真實的情況是獨立的，所以宣布日與其他兩個日期之間未必有關係。不論你所看到的關係模式為何，此模式完全取決於該機構的文化，而其文化正顯露於管理階層如何將資訊公諸於大眾的決定上。

5.1.2　文化現形

經由畫出新的交貨日與新交貨日的宣布日間的對應關係，進度落後圖可顯現出其文化模式。圖5-4顯示的是一個管理良好的專案的進度落後圖。圖中的資料是由圖5-5中的宣布日所得來。畫出基準線以顯示交貨日與宣布日相同時的位置。當代表實際專案的那條線愈接近基準線時，專案（在理論上）也愈趨近完成。在理想的狀況下，代表進度落後的那條線與基準線之間的差距應該愈來愈小，然而我們會發現實際情況並非如此。

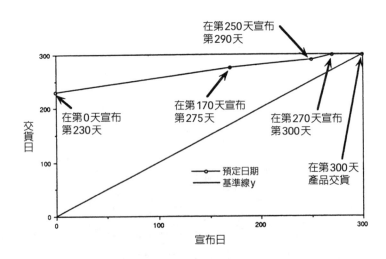

圖5-4　A公司1號專案的進度落後圖。此專案可視為是想盡辦法要接近基準線。在基準線上，宣布日與交貨日是同一天。

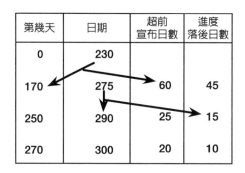

第幾天	日期	超前宣布日數	進度落後日數
0	230		
170	275	60	45
250	290	25	15
270	300	20	10

圖5-5　1號專案的超前宣布與進度落後的情況：在第170天，超前60天宣布該次的進度落後。在第250天，宣布進度將落後15天。（這些數字都是工作天數，如果公司另有規定亦可用日曆上的天數。）

5.1.3 進度落後與超前宣布對應圖

宣布日與舊的交貨日間的差異就是超前宣布（lead）日數。圖5-5顯示的資料就是圖5-4製作的來源，而且圖5-5顯示出進度落後日數與超前宣布日數之間的差異。圖5-6顯示出將相同的資料予以視覺化的另一

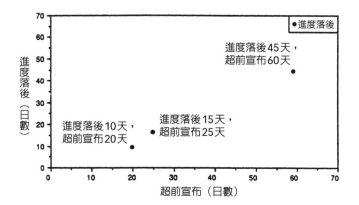

圖5-6　為圖5-4的進度落後圖而繪製的「進度落後與超前宣布對應圖」，資料是從圖5-5而來。此分布圖中有三個點。

種方法，其形式是表現每一次進度落後與超前宣布間相對關係的分布圖。此圖即稱為進度落後與超前宣布對應圖。

5.2　如何解讀Ａ公司的圖表

當然，極少有專案是完美的，但是，如果能夠做到的話，那個專案就不會有進度落後（它的進度落後圖會非常無趣），也完全不會去繪製進度落後與超前宣布對應圖（因為沒有進度落後的資料可供繪圖）。在一個雖不完美但健康的專案裏，一次小幅的超前宣布意味著一次小幅的進度落後。也就是說，當專案管理做得好的時候，宣布進度落後的時點愈接近原訂完成的日子（基準線），該次進度落後的幅度應該愈小。反過來看，一個專案的進度落後了一年，超前宣布的時間卻只有一天，這當然是個失控的專案。從這層意義來看，圖5-6代表一個相當健康的專案，至少與稍後將要分析的那些專案相比，它算是很健康的。

　　然而，不能從一個專案就決定文化模式為何。要為文化下結論，我們需要多研究一些該公司的「進度落後圖」和「進度落後與超前宣布對應圖」。圖5-7是從一個時間稍長的專案得到的另一張「進度落後與超前宣布對應圖」。此圖顯示「進度落後」與「超前宣布」之間概略的相互關係，可看出是相當健康的。

　　如果這兩張「進度落後與超前宣布對應圖」代表了Ａ公司的典型狀況，我們對該公司的軟體文化可以有怎樣的結論呢？首先，我們必須盡量不要做任何假設，而只去描述我們在圖上看到了什麼。我們可以觀察到下面的幾件事：

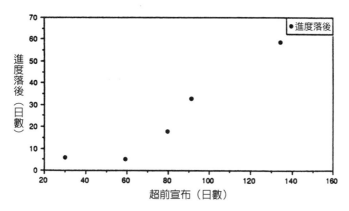

圖5-7　A公司2號專案的「進度落後與超前宣布對應圖」。

A1. 他們在訂定專案時程一事上並不完美。

A2. 他們約略知道該如何去控制專案。（此處我們假設，這樣的一致性不大可能是隨機發生的）

A3. 通常他們的預估值會比實際值低三分之一。

沒有做更深入的調查前，我們無法說這就是A公司文化的典型狀況。從「薩提爾人際互動模型」的角度來看，我們知道它們表面的意義，但不知道它們深層的含意。然而，這些解讀可指引我們探究其更深的含意。例如，我們會想要對為何預估值總是低三分之一有更多的了解。難道是他們知道專案實際要花多久時間才能完成，卻為了讓專案時程能夠通過而不告訴他們的顧客？他們經常會在做專案規畫時忽略掉某部分的工作嗎？除非我們更深入的追查下去，我們無法得到答案。

5.3　如何解讀B公司的圖表

我們既然已經了解「進度落後圖」的用途，讓我們來看看B公司的例

子。B公司超過40個專案的進度落後圖可分成兩種不同的模式：害怕完成的專案，和害怕頂頭上司的專案。讓我們來看看每個模式的細節。

5.3.1　害怕完成的專案

圖5-8是3號專案的圖表，顯示B公司兩大典型模式中的一種。從這個視覺化的圖表中我們能看出哪些表面上的意義？以下是一些例子：

B1. 這是個六個月的專案，卻拖了快兩年。

B2. 代表進度落後的那條線與基準線幾乎保持平行，這意味著兩年之後，該專案還是無法估計自己是否更接近完成。

在研究圖5-9中同一個專案的「進度落後與超前宣布對應圖」時我們發現了另一個意義：

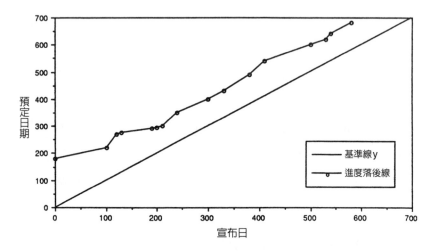

圖5-8　B公司3號專案的進度落後圖。此專案會有結束的一天嗎？

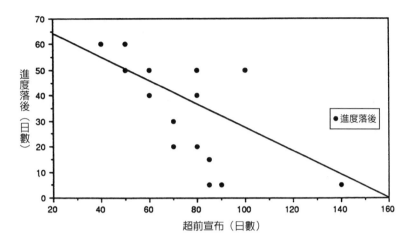

圖5-9　B公司3號專案的進度落後與超前宣布對應圖。

B3. 愈接近交付日，進度落後得愈多，這表示這個專案失控了。代表
　　進度落後的那條線對於基準線表現出「不敢靠近」。這讓我們不
　　得不問：「他們在害怕專案完成嗎？」

在做進一步的解讀之前，讓我們來看一看B公司專案的其他典型的模
式，這些模式可讓我們更透徹地看出他們的文化特質。

5.3.2 害怕頂頭上司的專案

圖5-10是4號專案的「進度落後圖」。它代表B公司兩種典型圖表中的
第二種。圖5-11是該專案的「進度落後與超前宣布對應圖」。我們從
中可以看出哪些意義？

B4. 此專案幾乎總是每3至4週就會進度落後一次。

B5. 此專案最終延後8個月，每次延後3至4週。

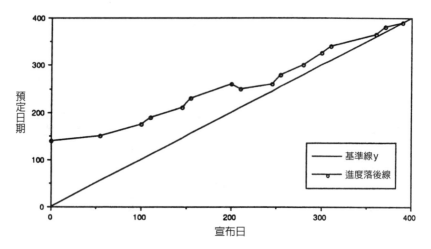

圖5-10　B公司4號專案的進度落後圖。

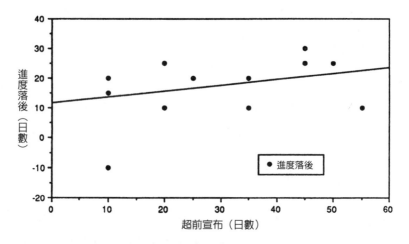

圖5-11　B公司4號專案的進度落後與超前宣布對應圖。

根據布魯克斯（Fred Brooks）的說法，有一條法則對專案經理非常有用，那就是 P. Fagg 的格言：「不容許進度上小幅度的落後。」[2] 此專案的經理人員似乎不曾讀過 Fagg 的警告，或讀過但不以為意，因為他

們容許多次進度上小幅度的落後。

　　為什麼不能容許進度上小幅度的落後？進度上每一次的落後都要承受一定數額的「因延誤而來的固定開銷」，無論落後時間的長短。B公司的經理人員為每一次的進度落後有哪些固定開銷列出如下的清單：

- 為解釋進度何以非延後不可製作文件
- 為進度落後而辯解
- 協商進度要延後多久
- 修改專案的相關文件
- 更改新聞稿，說明產品新的上市日期
- 協調各個受影響的部門
- 向受影響的個人說明解釋
- 重新分派工作任務
- 熟悉新分派的工作任務
- 在專案截止日展延後會有許多人要請病假或事假
- 要預留耳語時間，大家會討論因進度落後而造成的政治後果

他們對整體專案的評估是：每一次的進度落後會造成專案多延誤兩週，即使當時並沒有新的需求。每一次的進度落後就會浪費掉兩週的人力，4號專案總共33週進度落後中的30週可能就是由這15次的進度落後所造成的！如果只接受較大幅度的進度落後，專案或許能夠提早15週完成。但是，接受較大幅度的進度落後並不屬於B公司的文化。

5.3.3 B公司的文化

根據目前資料所顯示的來判斷，B公司的文化是什麼？首先，為確定

他們所說的真的可以代表該公司的文化，該公司的經理人員必須保證這幾個專案的模式絕非特例；此外，他們比較過多個專案後證實，此模式具有普遍性。要了解他們如何做到這一點，請比較圖5-12（5號專案）與圖5-10。

雖然4號專案用了390天，而5號專案用了450天，它們的圖形卻非常相似。為排除專案時間長短不同的因素，我們將時間軸標準化成為「在最終完成時間中所占比例」。將這兩張標準化後的進度落後圖畫在同一張圖上就成了圖5-13。

這些評量值所呈現之模式的一致性，顯示出B公司文化的更多面向（外加於B1到B5）：

B6. B公司有40%的專案一直都無法完成（3號專案即為一例），但這些專案仍繼續執行到原始預估值至少3倍的時間後方才喊停。

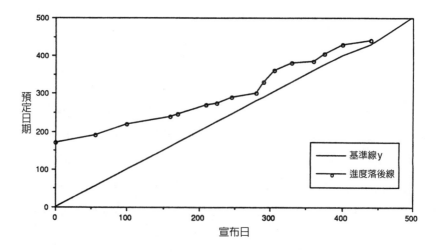

圖5-12　B公司5號專案的進度落後圖，該公司也是圖5-10中進行4號專案的同一機構。注意這兩張進度落後圖之間的相似程度。

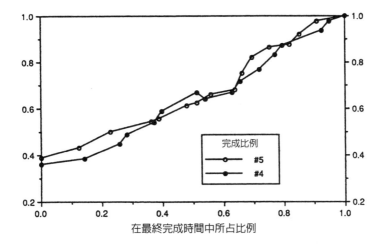

圖5-13　為了調整兩專案時間長度不同，將4號及5號專案標準化後再重疊。請注意其間的高度相似性。

B7. B公司那些能夠完成的專案（例如，4及5號專案）所花時間是原始預估值的2.5倍，平均每個月會有一次進度落後，每次的落後約3週。

在研究圖5-13以及其他相類似的標準化的圖形時，有一個經理發現，當專案到了完成時間的三分之二時，走勢線會變得愈加陡峭。詳查專案的紀錄後顯示，進度落後線上發生這樣的轉折都是在程式碼交給測試部門後。此一觀察結果在文化上的意義是：

B8. 一旦程式碼交給測試部門後，專案的進度就出現嚴重落後，那是因為這是程式碼的品質第一次接受嚴格的測試。此時每支程式應該已做完單元測試，但其品質如何卻毫無把握。有的程式單元測試做得很好，有的則完全沒有做測試。

對單元測試的此一觀察使得我們要做進一步的調查，這暴露了文化的另一個模式：

B9. 一個模組若是愈晚交付系統測試，則該模組的單元測試做得愈少，而其錯誤密度會愈高。在此文化下，開發人員的工作習慣是藉由跳過單元測試來減少時程的延誤。

5.3.4 所有的反應都是有用的資料

除了進度落後圖和進度落後與超前宣布對應圖可以讓我們看出重要的意義之外，人們對此二圖作何反應，也提供有用的資料讓我們可看出重要的意義。例如，在B公司所有的圖表中，有一張被證實是「完美的」，如圖5-14所示。人們看到這張不尋常的專案圖時的反應也可用以量測其文化：

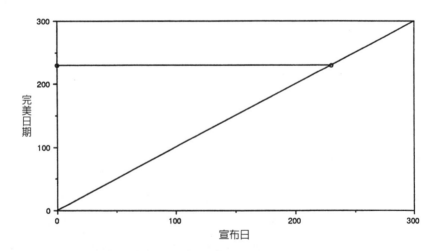

圖5-14　6號專案的進度落後圖，這是B公司內一個不尋常的專案。此專案沒有任何進度落後，又完全依照時程達到它第一次宣布的完成日，從這個角度來看，此專案堪稱「完美」。

阿莫：「他們訂的目標野心不足。」

賴瑞：「這是一個很容易做的專案。」

捲毛：「這個專案我很了解。這個專案是外包的，他們的開發人
　　　員不必遵守我們這麼多的規則。」

我對捲毛建議說，或許 B 公司可以從外包公司開發人員的身上學到一
些東西。「不，」他回答，「我們跟他們不一樣，況且我們也不想要
跟他們一樣。」如此就結束了這段談話。這促使我在我的清單上增加
了一個新的文化要素：

B10.　B 公司的部分經理人員認為：

* 他們的系統要比其他公司的系統「更嚴格」。

* 關於如何開發軟體，該知道的事他們都知道。

* 他們無法從任何人身上學到任何事，即使他們自己可能是
　錯的。

5.3.5 更深入探究

像這樣的態度或許是最值得我們去挖掘的文化內涵，因為這種態度會
阻礙他們學習的機會，使他們無法學到能夠讓他們在軟體工程的實務
做法上有所改善的新知。例如，經常我們得到的評量值告訴我們，需
要做更深入的調查以找出更多的意義，但經理人員自認什麼都知道，
就不會繼續調查下去。

　　找出更深一層意義的關鍵在於要問問自己：「到底是什麼模型會
造成有這樣的行為，而這個行為產生了這些評量值？」對於 B 公司的
模型，我們追查下去後得到了一些假設的可能，我們確認為真的有：

B11. 員工畏懼自己所有層級的頂頭上司，這是為什麼他們不敢提出大幅度的進度落後。

B12. 主要因為 B11 而有的結果是，他們浪費許多時間在重訂時程上，可能占去專案時間的 20％以上。

B13. 他們在執行的是一個野心非常大的計畫卻不自知，或不去考慮要付出哪些代價，因為他們所用的需求分析過程是一團亂。他們沒有能力做需求分析的前期工作，又沒有能力控制那些不斷「滲漏」進入專案的需求。

B14. 他們無法抗拒來自行銷人員的壓力；這種壓力是不斷有需求滲漏進來的主要原因。

5.4 C公司的文化

讓我們透過進度落後圖這個窗口，再來看另一家公司的情況。C公司是一家硬體公司，老實說，軟體開發工作在公司內只被視為是一種必要之惡。然而，這個必要之惡正在摧毀該公司。在丹妮與我與公司的任何人交談之前，我們得到一些報紙上的剪報資料，從中我們畫出圖5-15的進度落後圖。這張進度落後圖讓我們（一個顧問團隊中的一份子）來到C公司時，心裏已經有譜會看到哪種類型的文化。當然，首先，我們確認了圖5-15就是C公司所有專案的典型代表。

這張進度落後圖依稀有B公司3號專案的影子，但其間有何差別我們當時還無法明確指出。我們對此圖的看法是什麼？為找出此圖所代表的意義，我們在進度落後圖上加了幾條線，產生圖5-16的暴起圖（ramp chart）。暴起圖只是在進度落後圖上朝著基準線多加了幾條線。我們發現，新加的垂直線和水平線幾乎都交接在基準線上。實際

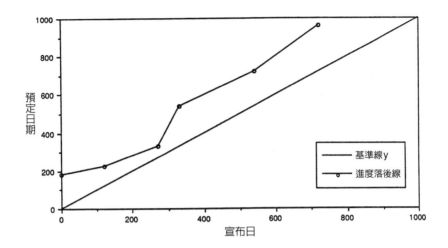

圖5-15　C公司6號專案的典型進度落後圖。

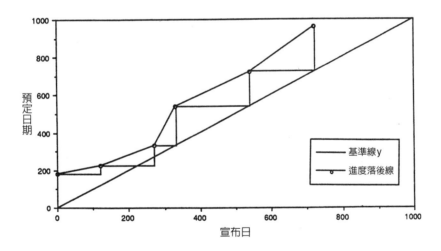

圖5-16　C公司6號專案的暴起圖。

上，這意味著專案的經理人員不是按照產品來制訂時程，而是按照下一次的宣布日來制訂時程！

　　這個觀察結果背後在文化上的意義原來是：C公司的工程師在訂

定時程的日期時，只考慮要滿足宣布日期上的壓力，之後就忘了時程這回事，完全照自己的方式做事。B公司是害怕自己的頂頭上司，與此相反，C公司是完全不理會自己的頂頭上司。B公司是（不夠好的）照章行事型或模式2機構的代表，而C公司則是（不夠好的）變化無常型或模式1機構的代表。

5.5 心得與應用上的變化

1. 有的人用需求的「蔓生」（creep）來代表我所說的需求的「滲漏」。我比較喜歡「滲漏」（leak）一詞的原因是，它不會把因意志而造成的錯誤歸咎到需求的身上去，與此相反，「蔓生」一詞會讓人感覺需求是個有生命的東西（就好像我們用「bug」來代表程式中的錯誤）。需求並不會慢慢爬進專案裏；是我們容許需求慢慢滲漏到我們的專案裏，而我們是能夠做些事把這些漏隙給堵起來。照章行事型的經理只是談論蔓生的可怕，而把穩方向型的經理則會做些事來防堵滲漏。

2. 我的同僚Phil Fuhrer指出，有些機構會被進度落後圖給騙了，因為有人會以準時交貨來掩飾進度落後，但所交出來的是當初宣稱功能特色的縮水版。Phil認為，這種狡猾的做法會比其他的做法造成某一類的功能特色喪失得更多，尤其是需求不清楚、或顧客看不到（像是可擴張性和易維護性）的那些功能特色。對付這類扭曲真相的做法是，繪製功能特色的進度落後圖；也就是每一功能特色的進度落後圖。如果功能特色是可計算的（若功能特色無法計算則用功能點〔function points〕來代替），另一種補救法是，繪製所有已承諾的功能特色隨時間變化的情形。

3. 一個專案怎麼會在一天前發出警訊說進度要落後一年？這就代表對頂頭上司的恐懼；或許這也代表經理人員嚴重受到孤立，以致他們完全不知情；或者，這代表兩者都存在。我的同僚 Dawn Guido 與 Mike Dedolph 兩人從他們做國防部專案的經驗得到的看法是，會發生固定模式的進度落後，那是受到訂合約的限制。承包商等到最後一刻才宣布進度落後，讓顧客別無選擇，唯有延展合約一途。重新招標另啟新合約意味著會延誤一年以上，因此顧客往往會選擇留用現有承包商，縱使有跡象顯示承包商做得實在很不好。

5.6 摘要

✓ 「薩提爾人際互動模型」告訴我們，人們總是試圖從他們所接收進來的資料找出其所代表的意義。

✓ 軟體文化是透過長遠且持續的模式讓我們感知它的存在。這些模式未必是刻意塑造而成，而且可以從許多方式看出。進度落後圖是將資料圖像化，可幫助我們解釋何以一所機構所承諾的與所交付的之間有何差異，這些差異明顯表現出該機構文化的特徵。

✓ 進度落後圖是將評量值描繪成圖，該評量值可從任何專案已公開的資訊中很容易就可取得。這類的資訊包括原訂之交貨日、交貨日更動的情形、以及宣布交貨日更動的日期。

✓ 進度落後是指原訂時程的交貨日期有所更動。宣布日是指在那一天公開宣布新時程中的交貨日期。進度落後圖是將新的交貨日與宣布日（此日宣布下一次新的交貨日）的對應關係繪製成圖，以顯示機構的文化模式。

✓ 宣布日與舊的交貨日之間的時差稱為「超前宣布」。進度落後與超前宣布對應圖是將進度落後與超前宣布的相互關係繪製成分布圖。

✓ 在一個健康的專案裏，宣布某次進度落後的日子若是愈接近原訂的交貨日，則該次進度落後的幅度會愈小。

✓ 每一次的進度落後都會增加「因延誤而來的固定開銷」，就是因為這個原因，才會有「不容許進度上小幅度的落後」的忠告。

✓ 評量值有固定的模式，就顯現出一所機構文化的許多面向；將原始資料圖像化（如進度落後圖、進度落後與超前宣布對應圖、暴起圖等）後可擷取出隱藏其後的意義。

✓ 人們對圖像化結果的反應亦可提供資料讓我們找出隱藏的意義。

✓ 人們手上擁有資料時，卻表現出不願深入分析的態度，從這種面對問題的態度可讓我們挖掘出最重要的文化意涵，因為這樣的態度會阻礙他們學習，使他們無法學到能夠讓他們在軟體工程的實務做法上有所改善的機會。

✓ 找出更深一層意義的關鍵在於要問問自己：「到底是什麼模型會造成有這樣的行為，而這個行為產生了這些評量值？」

✓ 暴起圖只是在進度落後圖的基準線旁多加了幾條線。此圖可凸顯一所機構在壓力下是否會放棄自己所宣布的時程。

5.7 練習

1. 請想出人們在進度落後圖上「動手腳」的三種方法，目的當然是讓本來會顯現的真相不被顯露出來。對於每一種方法，有哪些補充的資料或圖表可讓你識破這個伎倆？有哪些程序有助於一開始

就讓人打消動手腳的意圖？

2. 為貴機構的一個專案製作它的進度落後圖和進度落後與超前宣布對應圖。留意在取得資料時你會遇到哪些困難。這些困難告訴你什麼訊息？這些圖表讓你對該專案管理方式有怎樣的聯想？你要如何深入追查下去，以便能確認或推翻你的想法？

3. 從少量的資料來推測是一件危險的事。從貴機構的專案中挑出三個，製作其進度落後圖和進度落後與超前宣布對應圖。這些圖表讓你對機構文化有怎樣的看法？這個少量的抽樣會帶給你怎樣的困擾？你要如何深入追查下去，以便能確認或推翻你的想法？

6
從觀察結果尋思原意
有哪些陷阱

帶領我們走過未知的彎路，信心和懷疑都是必要的，兩者之間不是
互相對立，而是密切合作。[1]

——*Lillian Smith*

既然我們已經了解，用新的眼光可以引領我們發現深奧的事理，
就讓我們回到薩提爾人際互動模型，用它來探討在尋思原意的
過程中，有哪些機會和陷阱（圖6-1）。

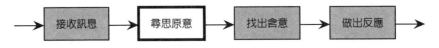

圖6-1 「薩提爾人際互動模型」的四大部分。

6.1 三種解讀的定律

此模型告訴我們，得到資料後，我內在的下一步驟是去解讀我接收進

來（是我接收到的，而不是你發送的，因為不完美的溝通方式不保證我能正確地收到你所發送）的訊息。要解讀我所接收到的資料，根據的是我自己的經驗，這個經驗或許與你的不同（圖6-2）。

圖6-2　我認為那是你發送出來的訊息，我拿來做解讀。

以第2.1節中的那個例子來看，假設你說（發送的）：「讓我們打電話給會計部門」，又假設我真的清楚地聽到你所說的話（我接收到的）。即使我的感覺器官忠實地接收到你所發出的訊息，我的經驗也會讓我有許多種不同的解讀（對於你發送的），一種可能的解讀是：

（解讀1）「你和我有歧見，讓我們找外來的權威人士來檢驗我們做出的成果。」

即使我之前從未見過你，我仍然能根據我與家人共處的經驗來做解讀：

（解讀2）「我弟弟總是會把我們的父母找來擔任外來的權威人士，這樣的反應就像你現在做的一樣。」

或者，我會想到的甚至不是特定的人，而只是一個一般性的原則，如：

（解讀3）「永遠沒有人信任我。」

每當我察覺這只是我個人的解讀，我就有別的選擇：我可以讓我自己知道，可能的解讀或許不止一個。對於一個不成熟的解讀，最好的檢驗法是「三種解讀的定律」：

> 我接收到訊息後，如果我不能想出至少三種不同的解讀，那表示我對於訊息的可能含意還想得不夠透徹。

這條定律讓「解讀」的步驟減緩，並給了我這個接收訊息者一個機會，可以在用我的嘴之前先用我的腦。然而，即使我想出了三種可能的解讀，我仍然要提醒自己總是有另一種可能：我列出的清單可能還是不包括你想要傳達的意思。

6.2 詢問資料可信度的問題

要成為好的觀察者，我們必須領悟，解讀訊息以找出原意是一個獨立的步驟，它發生在人際互動模型中感覺器官接收到訊息之後，以及擷取出訊息的含意之前。我們當中有許多人未能清楚加以區隔，以致將觀察工作搞得一團亂。為確保你了解其中的區隔，請利用「資料可信度的問題」這個原則，我將在本節中加以說明。

6.2.1 典型的人際互動

我們無法分辨其中區隔的一個原因是，這兩個步驟在時間軸上有時是重疊的。很不幸，我們有時會沒等到所有的資訊都接收完畢，就對接下來的訊息產生預期，或甚至，對我們認為可能收到的資訊做出情緒化的反應。例如：

> 你：「讓我們打電話給會計部門。」
>
> 我：「我生氣了。」
>
> 你：（很迷惑）「你在氣什麼？」
>
> 我：「氣你說的話。」
>
> 你：「你瘋了嗎？」
>
> 我：「你看，我就知道你會這麼說！」

這段互動開始出問題，因為我沒有意識到，我的解讀跟觀察結果是獨立的。我沒有想到你的意思可能不是：「我對你不信任。」如果你注意到我是在用我的解讀來取代你實際說的話，你可以讓討論回到正軌。你不該回說：「你瘋了嗎？」而應該說：「我不確定你是否聽清楚我說的話。可以請你把我的話重複一遍嗎？」

　　這段話的目的在於提出一個可以澄清所做解讀是否正確的關鍵問題，我稱之為「資料可信度的問題」：

你看到或聽到的是什麼，使你做出這樣的結論？

此處提供一個狀況，可成功地利用「資料可信度的問題」來解決一場人與人之間的紛爭：維拉對凱爾甚為不滿，凱爾是她手下的程式設計師，她想把他開除掉，因為他不願意把他對某項工作的預估值降低，而她承受極大的壓力要如期完成該項工作。莉莉是維拉的老闆，她要維拉提供任何可供佐證的資料，以說明何以維拉對凱爾的工作表現評語不佳。

　　在每週例行的經理會議上，維拉帶來一篇有關技術何以落伍的文章，以證明凱爾（他已52歲）應當被開除，我剛好也參加了這次會議。這篇文章的重點在一張圖，是從Gene Dalton和Paul Thompson的

研究成果[2]擷取而來。此圖是根據年齡畫出工作績效和薪資等級的平均值，並用誇張的方式證明年齡較大的資訊系統專業人員的薪水較高，但工作績效卻比不上年輕的同事。

　　莉莉徵詢我對這份資料的看法，我認為它只是用來支持某些充滿謬誤的結論（我的看法的摘要在後面）。聽完我的看法後，莉莉勸告維拉要放下她對凱爾的成見，並應欣賞他在工作上所做的貢獻：例如說，他承諾要交出來的程式都能準時做到，並且不像其他的程式設計師會在她的壓力下屈服，結果時間到了卻什麼也交不出來。

　　從那篇文章中得到哪些錯誤的結論，我的看法簡單來說有四個區域：

1. 該圖所顯示的並不是對薪水和工作績效的評分，而只是對薪水和工作績效的排序。即使最高與最低的薪水只有一千美元的差距（比方說，從 $50,000 到 $51,000），它們的排序還是會從 0 排到 100。如果工作績效的評分範圍是 9.50 到 9.60（滿分是 10），根據這樣的資料所得到真正平均工作績效的排序範圍是 35 到 58。

2. 排序所用的原始資料是工作績效的評分，這樣的資料已經是經過解讀（有主觀價值判斷）的資料而不是由（客觀的）觀察得來。例如，我們懷疑維拉會把凱爾評價為一個工作績效低的人，但我們無法得知她所根據的資料是什麼。或許，她一開始所根據的就是相對年齡。在這篇文章中，經理人員認為年齡大就意味著工作績效不佳，因此會讓他們的偏見影響到所做的結論。在評量一個人的工作績效時，未經證實的個人意見其價值還不值一塊錢。

3. 所用的資料犯了許多選擇上的錯誤：那些在 40 歲時離職且接受調查的是哪些人？工作績效好的人都離職了嗎？他們得到過升遷

嗎？這些人變得工作意願低落，或記憶力變差，或健康變壞了嗎？若是如此，為什麼？這個排序所透露的，屬於製造此排序之經理人員的訊息會多過原本要被量測的員工的訊息嗎？

4.　對於以上三重間接的資料所做的解讀即使都是正確的，能保證所開出來的藥方是正確的矯正措施嗎？此研究的基礎是根據平均值，而評斷一個人時所根據的不可以是一個團隊的平均值。這種帶偏見的想法，使得婦女幾個世紀以來都失去某些類型工作的工作機會，維拉建議對凱爾所做的就是最好的例證。如同 Woodward 在這篇文章裏說的：「重要的是要注意，這些資料都是評分的平均值，對於那些年齡較大的工程師且在他們退休前工作績效都很好的，本文並無意藉此來打擊他們。」維拉卻不顧這善意的警告，如同一般人在看到一張表面上讓人印象深刻的圖表後慣常會有的反應一樣。他們往往不細讀警語或標示，這是為什麼當某人想要證明而非駁斥某種說法時，「資料可信度的問題」就變得非常重要了。

這個故事還有一個重要的續集，對我而言，這是讓我感到非常不好意思的一堂課：我自覺非常驕傲，就問莉莉我精闢分析中的哪一部分說服了她，讓她要求維拉回去改變新的做法。「唔，」她說，「你說的都很精彩，但我心中早有定見。」

「那麼妳為什麼還找我來做這一切？」

「那是為了要教育我的經理人員。」

「妳是如何得出定見的呢？」

「這個不難。當我看到維拉處於一個非常情緒化的狀態時，我就知道她拿出來任何所謂的資料都一定是假的。」

如同維拉採取的行動所顯示的，也如同「薩提爾人際互動模型」所預言的，當情緒激動的時候，我們經常會喪失「對我們觀察的結果做出有效解讀」的能力。

6.3 如何解讀觀察的結果

雖然如何去解讀觀察的結果是一門藝術，會受到強烈情緒的影響，但任何人都可以學習如何讓它變得稍微系統化。在此簡單介紹解讀過程中的六大步驟：

1. 接收資料。利用「資料可信度的問題」來獲取直接的觀察結果，而不是盲目的個人解讀。

2. 對資料所代表的意義建構出假說。腦力激盪。運用「三種解讀的定律」。有時，你希望能從某個假說開始下手，然後回到步驟1，並用「資料可信度的問題」來蒐集資料，以便能在步驟2中形成新的假說。

3. 將假說的數量減為一個。選出最可能的假說。

4. 判斷這個假說是否重要。如果這個假說成立，它是否對某件重要的事有決定性的影響？你會用不同的方式來處理這個專案或情況嗎？

5. 加以驗證。進行測試以證明此假說是錯的。

6. 分析步驟5所產生的資料以決定假說是否成立。如果假說是錯的，回到步驟1，或步驟2，或步驟3。

6.4 對評量工作的投資太多也太快

要找出觀察結果所代表的意義時，最常見的錯誤是，為了怕漏掉某些意義，對「接收訊息」的過程太快投入太多的金錢。我所見過最浪費的一個例子，是有個經理決定要「對所有的東西都做評量，然後再看會得到什麼結果」。

在進行昂貴的評量方案之前，有許多便宜又簡單的評量法可先嘗試（雖然有許多專業的評量顧問會試圖說服你不這麼做）。我本人對於不當的使用評量值（如程式碼行數）經常會嗤之以鼻，但近來我漸漸接受Lind和Vairavan兩人的說法：

> 在我們的研究中有一個有趣且有用的觀察結果，欲找出複雜度（如程式碼的行數或一支程式的總行數）與開發所需人力之間的關聯性，一個在觀念上很簡單的評量值其功用絕不會輸給標準的軟體量測數字，甚至還會更好。[3]

有一個好方法可以避免評量過於複雜、花費過高的錯誤，那就是從簡單的開始入手。找一些扮演關鍵角色的經理人員一起來開一個腦力激盪會議，討論的主題是「從我們現有的評量數字中，我們能歸納出哪些意義？」我的一個客戶是F公司的資訊系統部門，進行了一次這樣的會議。除了進度落後圖之外，與會人員還想出一些既好又便宜的點子，我要多介紹一些這些點子的細節，以便說明對觀察結果做解讀時有哪些步驟：

6.4.1 第一回合：小型專案

此處說明F公司如何運用6.3節中所描述的由多重步驟所組成的過程：

1.　蒐集資料。F公司的經理人員知道，他們的問題出在專案的預估上，卻不知道為什麼會如此。在這個步驟裏，他們仔細去研究機構中已經存在的資料，其中包括規模大小不一的各種專案的原始預估值和實際完成值。

2.　形成各種假說。然後，經理人員用分布圖（參看圖6-3）的方式將這些資料繪製出來。在這個步驟裏，他們很容易即可看出，大型專案被低估，而小型專案則聚集在圖中的一個角落。

3.　將假說減少到一個。雖然F公司的經理人員已看出有許多專案被低估，他們仍然需要解讀這些資料以找出低估的真正原因。從各種假說中，他們認為合理的那一個的說法是，如果專案的規模確立，時程都可正確的預估出來，但是，專案規模本身的預估都太

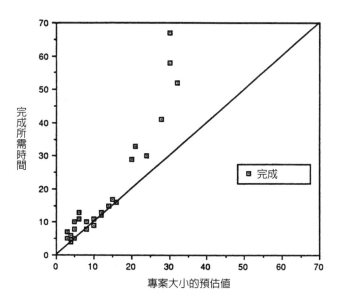

圖6-3　F公司專案完成所需時間（以週為單位）的分布圖，預估完成時間與
　　　實際完成時間的對應關係。

過樂觀。

4. 決定何者才是重點。經理人員認定時程訂得不好造成專案經費鉅額的支出；在看過繪製出來的圖表後，他們的結論是，小型專案的預估不需花費太多力氣讓它做到很正確，因為即使預估得不準確，所造成的經費超支也是微不足道。

　　為有助於看清整體大勢，經理人員調整完成時間的縮尺比例，使之成為超出或不足原始預估值的百分比（參看圖6-4）。調整縮尺讓我們更容易看出文化模式為何。F公司的文化（是模式2的公司）在中型專案的預估上表現非常好，但是對小型和大型專案就有低估的傾向。

　　他們看了圖6-4後發覺，所有的小型專案無一能夠準時出貨。

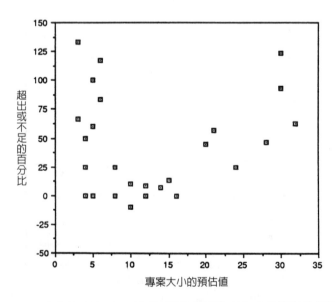

圖6-4　F公司專案的分布圖。此圖是經理人員將所有產品按照其規模大小的原始預估值加以常態化後所得到的時程超出或不足之百分比。

他們可以將此圖與數量龐大的顧客抱怨事件連接起來，因為小型專案進度上的延誤對顧客所造成的傷害並不亞於大型專案。（第七章中將會討論顧客滿意度的評量法。）如果專案大小的預估做得不好是問題的主因，那麼就值得從他們的經費中抽出相當的部分來對預估專案的過程做改善。

5. 進行測試。為檢驗「專案大小的預估做得不好」假說是否正確，經理人員繪製了圖6-5，這個分布圖顯示預估的專案大小與最終專案大小的對應關係。此圖清楚顯示這個假說是正確的，但只適用於小型專案。一旦確認此問題所造成的影響，經理人員即可明確指出小型專案的需求分析過程上的缺失之處，需要修正的比例要大於大型專案。

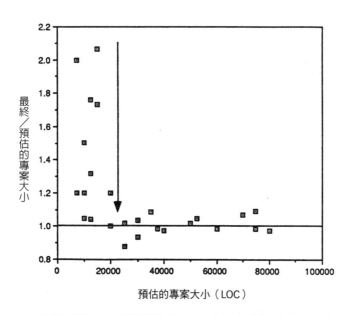

圖6-5　F公司的經理人員所繪製的分布圖，包含他們對專案大小的預估值與專案完成的規模的對應關係，圖中顯示小型專案的規模往往被低估。

6.4.2 第二回合：大型專案

現在來看大型專案，圖6-5顯示這類專案的大小大多數可正確預估。
蒐集到的資料顯示，F公司的大型專案都遵循的「規模大小與人力時
間曲線」，這是絕對非線性的曲線，如圖6-3中所清楚顯示的。最可能
的罪魁禍首是那一個與「規模大小與人力時間」有關的線性預估過
程。有些經理人員不以為然的說，這不可能是造成問題的原因，因為
這一個預估過程早在兩年前就經「確認」是有效的。

　　然後，經理人員檢查這個預估技術的「確認方式」。所用的資料
過於偏重小型專案（這類專案從其完成時的大小來看，對時間的預估
都正確）和中型規模的專案。用以「確認預估技術有效性」的專案大
約有55個，其中只有4個的規模大到足以顯示非線性的效果。

　　接著，他們以金錢的角度來重新計算預估技術的「正確度」。他
們發現，雖然有90%專案的預估誤差在20%之內，所有55個專案的
成本總金額的誤差大於30%。這樣的結果是由4個大型專案所造成，
其金額總數超過其餘50個專案的總和。因此一研究的結果，他們對預
估的技術做了修正。

6.4.3 統合觀察

對於F公司利用簡易的評量數字所得到的成果我甚感滿意，因此我向
好幾個客戶引用這個故事，因為他們想要發動所費不貲的評量方案。
然而，G公司的經理人員並不認同這樣的做法。他們打算花費$120,000
在一個量測工具上，這個工具需要花更多的錢來做資料的蒐集。我向
他們的經理華理士建議，可以先試試一些較為便宜的評量法。於是有
了如下的對話：

「這個故事還不錯，傑瑞，不過，在我們這兒行不通。」

「為什麼不行？」

「我們這裏找不到這樣的資料。幾個月前，我想要得到幾個專案大小的原始預估值，但這些資料已不復存在。」

「你確定它們不存在嗎？」

「這個嘛，我不確定。但是我的祕書花了三個禮拜的時間都找不到，然後她來問我是否還要繼續花力氣去找。」

「這些資料你們無法重建嗎？」

「如果我要這裏的人去做這樣的事，他們會發瘋的。」

「如果是這樣的話，華理士，你怎麼會認為他們會願意按照這個新工具的要求，將所有的資訊都記錄下來呢？而且他們不會又遺失這些資訊呢？」

「哦，資料都會存在他們的 PC 上，所以他們不會遺失資料。而且，這個工具是一個對使用者相當友善的程式，因此資料輸入的工作應當是件有趣的事。」

「哦，」我回答，並且決定不再繼續追問這個話題。

在十五個月及花了 $250,000 之後，這個新的評量方案落入停用的狀態，此時有四分之三的員工已大為反感。此方案失去威信是因為不斷有大量充滿敵意的抱怨聲：資料錯誤、磁碟毀損、檔案誤殺、變數名稱混亂等等。顯然，員工並不想跟這個 PC 程式做朋友。

華理士如果多想一想他自己所做「統合觀察」的意義，就可以替自己省下許多麻煩和金錢；這類「對觀察所做的觀察」的例子如：

　　　　「我們這裏找不到這樣的資料。」

或　　　「如果我要這裏的人去做這樣的事，他們會發瘋的。」

這類「統合觀察」讓我們得到的訊息通常會比觀察本身還要多。當華理士告訴我，他的祕書花了三週的時間仍找不到專案最初的預估資料，我就可以保證這個公司絕不是模式3的機構，不像華理士本人所想的那樣。像這樣的機構還不夠資格進行任何更精緻的評量方案，不論所用的軟體對使用者有多麼的「友善」。

在第12章中我將更深入來談「對觀察所做的觀察」。現在，我只想強調一點，即使你得不到你想要的資料，你總是能得到「貴機構在蒐集和保存資料一事上遇到哪些問題」的相關資料。這種資料通常會比你原本希望得到的資料更為重要，如果你拿到它的目的是想要找出它的意義。

6.5 陷阱

讓我們再回到前面的問題，「要極力證明自己的解讀有誤」為什麼很重要？我們眼中看到的往往只有那些對我們愛聽的假設有利的事證，對於其他的則都視而不見。我們以為我們所看到的不一定就是我們真正看到的。因此，我們時時必須對我們所看到的詳加檢查，以避免以下這些陷阱：

- 對於大家都接受的事實不去查證是否屬實。
- 無意間選擇看得順眼的資料。
- 有意地排除看不順眼的資料。
- 因為誤解，評量值可能是錯的。
- 因為造假，評量值可能是錯的。

讓我們來看看，對於不同的公司，在他們解讀進度落後圖上的資料

時，這些陷阱會產生怎樣的影響。

6.5.1　不查證是否屬實

美國總統林肯喜歡問人說：「如果你稱一隻尾巴為一條腿，那麼，一隻狗有幾條腿？」當人們回答：「五條腿」時，林肯會以勸誡的態度糾正他們說：「稱它為一條腿並不會讓它變成一條腿。」同樣的道理，稱某件事為完成的工作並不會讓它變成一件完成的工作。

　　假使我們研究的一家公司，是需求工作總是能準時完成、分析總是能準時完成、設計總是能準時完成、程式撰寫也總是能準時完成。在這個公司，唯有測試的進度落後圖很不好看。這樣的結果會不會是因為，需求、分析、設計、程式撰寫等工作首次且唯一的驗證機會就是測試？

　　每一個假說都必須經過驗證，專案中的每一項工作是否完成也是如此。驗證的方式可用「資料可信度的問題」來查證，例如，「你看到或聽到了什麼可以證明需求已完成？」或許你會得到這樣的回答：

賴瑞：「我們有一份五百頁的需求文件。」

阿莫：「賴瑞告訴我他們已完成。」

捲毛：「今天是九月十五日，是需求工作的截止日期。」

於是，進度落後圖有了一番新的意義。

6.5.2　無意間選擇看得順眼的資料

讓我們回頭來看看那一家「廣泛使用進度落後圖，但只限於已完成的專案」的公司。所有的進度落後圖看起來都很漂亮，開發工作似乎都在掌握之中。但是，等一等——這家公司的資料有嚴重的偏見。

　　巧的是，未完成的專案大多是失控的專案，情況與第5.3節中的B
公司雷同；就像「雞生蛋還是蛋生雞」的問題一樣，失控的專案大多
永遠無法完成。雖然這樣的專案只占這家公司專案總數的20%，但這
些未完成的專案使用了總經費的70%，但是它們卻從未出現在進度落
後圖的統計資料中。產品開發工作或許看起來受到掌控，但高達70%
的經費其實是浪費在無法交出任何成果的專案上。

　　為了保護自己，高階管理階層的辯解可能是：

賴瑞：「我們可以拿資料來證明，我們的專案八成以上是成功
　　　　的。」

阿莫：「為什麼我們要拿未成功專案的資料來繪圖？拿它們來與
　　　　完成的專案相比是沒有用的，因為我們還不知道它們的結
　　　　果會是什麼。」

捲毛：「你不了解，開發高品質軟體的花費有多大。」

6.5.3　有意地排除看不順眼的資料

當R公司的高階管理階層忙著引介進度落後圖的觀念時，其他的經理
人員卻恐懼這個評量法會用來替員工排等級，而非改善開發工作。這
樣的憂慮是合理的，但是，這些經理人員捨公開提出此一議題來討論
的正途，他們偷偷地只對篩選過的專案繪圖。結果是，開發工作表面
看來都受到控制，但最需要受到關注的專案卻完全看不到。對於這樣
的情況，經理人員為自己辯護的典型說詞是：

賴瑞：「我們只選擇性地繪製圖形，這樣可以省錢。」

阿莫：「我們沒時間每樣東西都看。公司裏有太多專案陷入危
　　　　機。」

　　捲毛：「讓我帶你下去找某個專案的人當面談談。他們會讓你看

　　　　到專案進展的狀況，這要比看任何圖表更為真切。」

6.5.4 *誤解*

在另一家公司，在進度落後圖中經理人員所提供的資料是內部的交貨
日期，而不是對外宣布的日期。造成的結果是，專案看起來比真實的
情況還要糟。這些所謂小幅度的進度落後中有許多其實代表的是針對
動態變化的情況所做的合理調整。這些日期雖有落後，但它們並不是
對外宣布的日期，因此不能算是承諾的日期，而只是專案規畫時的目
標。經理人員在內部規畫的時程與對外承諾的日期之間，很明智地加
上了一些空檔時間，以便能應付意外狀況的發生。他們利用這些內部
日期並未讓他們得到讚美，因為他們為顧及現實而加入了空檔時間。

6.5.5 *造假*

在R公司裏，經理人員覺得新的評量法會用來替員工分等級，就給負
責評量的人假的日期。當負責評量的人要與經理人員核對日期時，經
理人員就指責對方不信任自己。受到這樣的指控，負責評量的人因為
心生恐懼而接受造假的資料。沒有人教導他們，事事存疑是他們工作
執掌的一部分，不可以此來判定他們的品格。

　　我的同事Mike Dedolph說了下面這個故事，這可以說明另一個造
假的理由：

　　我參與開發的系統有內部自行產生的LOC計數器。如果有人問到

　　系統的大小為何，我們就用它來算出新的LOC數字。三個月後，

　　有人要我們再算一次LOC數字。新算出來的LOC數字比前次

少，因為第一個模組用到的一些公用程式和模組正在測試。我們不想解釋為什麼新的數字會如此，就把舊的數字加上一個捏造的比例後當作結果報告出去。這麼做的理由是：「哦，這個嘛，承包這個模組的人正在趕工撰寫程式中，當他交出下一個模組時，我們就會超過這個捏造的數字。」因為這是一家獨裁型的機構，與前一次的報告有一致性，要比數字的正確性還重要，既然整個系統還在開發當中，LOC 的數字必須顯示不斷在增加。[4]

Mike 說他本人並未參與此項詐欺行為，我相信他們認為這只是一個「善意的謊言」。但這個做法是不正常的。多數照章行事型（模式 2）機構裏的程式設計師經常會創造善意的謊言來滿足他們的經理期望凡事都是照章行事的心理，直到這樣的幻覺無法再維持下去。

　　這兩個故事都涉及做假資料來避免他人（居管理層高位）誤用資料。評量一所機構時有一個有趣的評量值，就是該機構的員工要花多少的力氣來做假資料以迴避管理階層的陋習或懷有惡意的經理人員。

6.6　心得與應用上的變化

1.　科學哲學家 Karl Popper 曾說：「科學的主要任務就是造假。」這句話當然也適用於軟體工程的評量工作，因為它偏科學的成分大於藝術。我們也可以這麼說：「商業這門科學就是造假，但造假的對象不是資料，而是所提出的假設。」對於所提出的假設如果太過確定，這是管理不善在量測上的一個證明，或是資料不良的一個徵兆。

2.　從反面來看，如果太過不確定，這也是管理不善在量測上的一個

證明。另一個哲學家兼作家Albert Camus曾說：「我們沒把握，
我們永遠無法有把握。如果我們有把握的話，我們就會得出某些
結論，如此一來，我們至少可以讓別人把我們的話當回事。」三
種解讀的定律如果擴大成三十種解讀的定律，會使別人不把我們
的話當回事。小心不要做過頭，花時間想出那麼多種的解讀會讓
你沒有時間去測試你的假設是否正確。

3. 此處提供一些評量內部複雜度的簡易做法，我覺得這些做法的用
   處並不亞於用於變化無常或照章行事型（模式1或2）機構的比
   較昂貴的做法：

   a. Nathan Lowell在量測程式碼的複雜度時所用的經驗法則是要
      了解[5]：其一，只要計算出程式碼中變數名稱、NOT、
      OR、AND、和IF等指令的總數；或是，其二，檢查「做決
      定的密度」：只要計算出每一行可執行程式碼中IF指令的個
      數。

   b. Okimoto與Weinberg有一個更簡單的評量，那就是計算出採
      行「應即修正」的頻率，這樣的修正會導致內部複雜度的升
      高[6]：計算有多少個變數名稱中有「TEMP」的字眼。

   c. 有一個很棒的快速評量法，即計算程式修改的次數：去看程
      式排列不整齊的程度。

   重點在於，評量法不必很複雜，如果你在量測時所找的對象是對
   的事物（如因果分析法所顯示），而非只去量測容易量測的事
   物，那麼這句話就更適用。

4. 指揮官Mike Dedolph提到，這番針對量測數字的討論讓他回想起
   一位老士官長在他第一次下部隊時對他說的一段話。這位士官長
   向他說明軍中對評量所採用的做法：

量測時用測微雙腳規，做記號時用粉筆，切割時用斧頭。

這是一句很好的標語，可以貼在你的牆上，提醒你在推動評量方案時會有哪些陷阱。

5.　本書的審稿人也是我的同僚 Payson Hall 指出，R 公司的某些問題是因所得到的資料能提供的可能利用方法而造成。美國的憲法上明訂，每十年要做一次國情普查，而普查得到的資料不得用於任何其他目的上，例如課稅。減少或消除對資料濫用的恐懼，通常可使資料易於取得且增加其正確性。

以國情普查為例，法律保證資料只會用於立法時的目的。若缺乏來自最高層級對防止資料被濫用的堅定且積極支持，濫用的情況必然會發生。這正是你如果得不到管理最高層級的支持，你將無法維持把穩方向型（模式3）機構的主要原因。

6.7　摘要

✓　「薩提爾人際互動模型」告訴我們，得到資料後，我內在的下一步驟是賦予它意義，並解讀我接收進來的訊息。我的解讀是根據我的經驗，這個經驗或許與其他人的經驗不同，因此，對於同一個評量值，你我可能會有不同的解讀。

✓　要記得「三種解讀的定律」告訴我們，我接收到訊息後，如果我不能想出至少三種不同的解讀，那表示我對於訊息的可能含意還想得不夠透徹。

✓　解讀並不是觀察。為區隔兩者，要問「資料可信度的問題」：你看到或聽到的是什麼，使你做出這樣的結論？

✓　這是一個在做解讀時較為系統化的過程：

　　1.　接收資料。利用「資料可信度的問題」。

　　2.　對資料所代表的意義建構出假說。

　　3.　將假說的數量減為一個。選出最可能的假說。

　　4.　判斷這個假說是否重要。

　　5.　加以驗證。進行測試以證明假說是錯的。

　　6.　分析前一步驟所產生的資料以決定假說是否不成立。如果假說是錯的，回到步驟1，或步驟2，或步驟3。

✓　在從事花費較大的評量方案之前，有許多既便宜又簡單的評量法你可先行嘗試。從簡單的評量開始，並遵照「解讀過程」來進行。

✓　「統合觀察」就是對觀察所做的觀察；「統合觀察」提供給我們的訊息通常比觀察的本身還要多。即使你無法得到你想要的資料，你總是能得到「貴機構在蒐集和保存資料一事上遇到哪些問題」的相關資料。

•　要極力證明假說是錯的，這件事很重要，因為有以下的陷阱：

　　•　某些事並不如表面上所看到的那樣，一定要加以查證。

　　•　無意間你會選擇自己看得順眼的資料。

　　•　有意地你會排除自己看不順眼的資料。

　　•　因為誤解，評量值有可能是錯的。

　　•　因為造假，評量值有可能是錯的。

6.8　練習

1.　需要不斷地練習才能學會如何分辨出觀察與解讀的不同。此處提

供一個好的練習方式，可找一個同伴一起來做：

a. 要你的同伴做一項日常的家務活動，如縫鈕釦、下棋、玩單人撲克牌戲、或畫畫。

b. 觀察你的同伴，並寫下其所使用之過程的描述，要避免加入主觀的解讀。

c. 向你的同伴說明你的觀察結果。同伴的任務是每當你所做的是個人解讀而非客觀觀察時就提醒你。例如，你可能會說：「你把紅心皇后放在黑桃國王之上，為的是露出底下的那張牌。」你的同伴或許會點出，「為的是」是你個人的解讀。這可能是對的也可能是錯的，但這不是可直接觀察到的。

d. 角色互換，並重複這個練習。對於你自己，及對於分辨出觀察與解讀的不同之處，將你所學習到的一切記載下來。

2. 接收訊息時不但會將「對方發送的」部分訊息消除掉，經常還會加上原本沒有的訊息。如果我正期盼你能送出某種訊息時，此一情況更容易發生。實際上，一開始我就已有自己的「解讀」，之後我所看到或聽到的都只有能符合我所期待的訊息，再添加一些我所想像出來的東西，以便讓兩者能更加符合。試回想一個狀況，那時因你期盼對方會有某種反應，以致改變了你對實際「發送的」訊息的接收。你如何發現你犯了這樣的錯誤？你如何改正它？

3. 要學習如何分辨「發送的訊息」與「對發送的訊息所做的解讀」之間的差別，下面這個與同伴一起做的練習非常有效：

a. 同伴A向同伴B說一段話，如：「我覺得快要下雨了。」或是：「你穿的鞋子看起來比我的舒服些。」

b. 然後，同伴B問的問題以「你的意思是……」開始。例如：

「你的意思是你的鞋子不舒服嗎？」

c. 同伴 A 以是或不是來回答。不可用其他的字。

d. 同伴 B 再問下一個問題，還是以「你的意思是……」開始。

e. 繼續此過程，直到 A 覺得 B 真正了解自己所發送的訊息。

f. 兩人角色互換，重複這個練習。

g. 討論做這個練習時的感覺。

這不只是一個練習，有時對解決真實生活中人際互動所造成的混淆也非常有效。

4. 找三個或更多的人來玩下面這個遊戲：

a. 一個人當鬼，向其他人說一句話，如：「祝你有個愉快的一天！」

b. 大家用三分鐘的時間寫下一份清單，列出這句話可能的意思。

c. 時間到之後，每個人輪流大聲唸出自己的清單。

d. 做出最多解讀的人就是下一輪遊戲的鬼。

變化1：讓大家笑的次數最多的人可以當鬼。

變化2：除了用一句話之外，可以找一家中餐館，看看大家從幸運籤餅中的籤條能夠做出多少種解讀。通常，人們把這樣的籤條當作重要的資訊來源，表面上看來這樣很荒謬。但是，如果我們要求別人幫我們解讀籤條，那麼我們其實是請他們幫我們產生資訊，這是對我們自己做觀察的一個好方法。（如果你不喜歡吃中式食物或不容易找到一家中餐館，可用每天報紙上都有的占星圖。）

5. 設計一套花費少的方法，利用現有的資料來判斷你的機構的需求過程是好是壞。

6. 繪製一張大的進度落後圖供你的機構做參考（例如，進度落後對應於產品大小的模式為何）。

7. 對於適用於你所用之程式語言環境的軟體內部複雜度，請為此開發出一套經驗法則。為驗證這套法則是否適用於較為複雜的評量法，請擬定一個計畫；並執行你的計畫。

8. 為躲避愚蠢的管理方式或有報復心理的經理人員，程式設計師會花費多大的力氣來做假資料？對此你要如何量測？

7
對品質的直接觀察

我認為全世界市場的胃納量差不多是五台電腦。

—— *Thomas J. Watson, Sr.*

IBM 創辦人, 1943

每一個人在自己的家裏都有一台電腦,這是絕無可能的事。

—— *Ken Olsen*

DEC 創辦人, 1977

就像人類創造出來的電腦還有其他事物一樣,軟體免不了會讓我們對它存在的價值做一番預測。但是,正如上面那兩段話所顯示的,當我們要對某樣東西未來的價值做預測時,一個專家的猜測其正確程度充其量也只和任何一個普通人一樣[1]。在此提供幾個我對軟體預估的好例子,實在有資格加入前面的引用句的行列:

FORTRAN 絕不會成為流行。

—— 傑拉爾德・溫伯格, 1956

179

FORTRAN 絕不會一直存在。

—— *傑拉爾德‧溫伯格, 1966*

簡而言之，要生產出高品質的軟體，不能靠著預測來達成，而是必須去了解，要生產出一個高品質的產品（如珍珠、自行車、或書）必須具備哪些條件，這些條件所根據的是事實，而非個人的看法。我們必須知道的一個事實（如果我們相信控制論模型成立的話）是：

目前，這個產品的品質狀況如何？

要回答這個問題的方法有兩種：直接回答法，直接去量測產品的品質；或是間接回答法，先去量測其他的東西，然後從品質的角度來解讀量測值所代表的意義。舉例而言，我的文字處理軟體可以利用佛萊許易讀性指標（Flesch Readability Index）的功能來計算我這本書中句子和用字的平均長度。如果這個數字介於 10 和 11 之間（這表示高中二年級和三年級的程度），我可以以此認定這本書的品質很好。這種間接的方法很明顯有幾個陷阱：

- 可能較偏向於品質，而不是可讀性（例如對本書的內容而言）。
- 可能有比佛萊許指標還要好的易讀性評量法。
- 指標值 9 或 12 或許代表比 10 或 11 的品質還要更好。

既然間接評量法有這些陷阱，解決之道是在繞一大圈遠路利用間接評量法之前，先嘗試直接評量法。在本章中，我們會探討直接評量法。

7.1 品質 vs. 蘋果派

在嘗試寫一本有品質的書時,我學到的是,那需要花很大的功夫,而要生產高品質的軟體當然也是如此。為避免所花的力氣都白費了,在為新書選主題之前,我先要確定這樣的主題是否賣得出去。

7.1.1 調查一下對品質所持的態度

我在開始寫一本有關品質的書之前,調查了38個人的意見,了解他們對品質的看法。我向每一個人問:

> 你對品質的看法如何?
> a.　我對品質投贊成票。
> b.　我對品質既不贊成也不反對。
> c.　我對品質投反對票。

為了能給我的資料賦予意義,我需要一個對照組。我還問他們:

> 你對蘋果派的看法如何?
> a.　我對蘋果派投贊成票。
> b.　我對蘋果派既不贊成也不反對。
> a.　我對蘋果派投反對票。

圖7-1是我調查的結果。顯然,有些人對蘋果派不太在乎,但是,沒有一個人會說:「其實,我不太在乎品質。」如此看來,寫這樣的書應該是個不錯的主意。

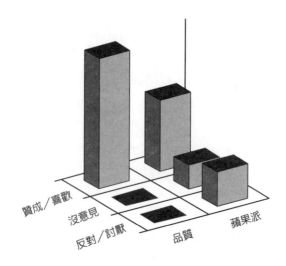

圖 7-1　我調查的對象如何看待蘋果派和品質。

7.1.2 人們口中的品質是什麼意思

為找出這次調查結果的意義，我將利用在第六章中為解讀觀察的結果
而制訂的解讀過程（有六個步驟）。首先，我想出幾種假說來驗證圖
7-1 所代表的意義：

1. 這是適合談品質的一年。
2. 這是不適合談蘋果派的一年。
3. 「品質」是一個定義模糊的名詞，以致沒有人敢反對它。

我選擇用第三個假說，並開始對它進行測試。

　　一般而言，一個評量值不應孤立地來解讀它，這是為什麼我用蘋
果派來做為對照組。我還用了別的方法來檢驗我的假說。我要求每一
個受訪者寫出他的答案（在 25 字以內）：「品質」的意思是什麼？

　　此時，所得到的結果意思非常不明確。在 38 個受訪者中，我得到

31種對品質不同的定義，而另外的7個人說品質是無法定義的！（但他們大多能給「蘋果派」很好的定義。）我的結論是，我在調查品質時所用的問題相當於是：

你對「你所喜歡的」有何看法？

a. 我對我喜歡的投贊成票。

b. 我對我喜歡的既不贊成也不反對。

c. 我對我喜歡的投反對票。

換句話說，這次調查的意義是，每個人對品質都有相同的定義，這個定義就是：

品質就是隨我喜歡。

7.1.3 所謂的品質是什麼意思？

品質有了這樣的基本定義（「我所喜歡的」）之後，我發現一件奇怪的事，原本的那些定義都完全沒有提到人。就好像品質是早已存在於大自然之中，與人類的各種行動、意見、或意圖都沒有關係。

說得更明白一點，所有的定義沒有一個明確地提到與人的關係。然而，如果我仔細去看這些定義，我就發現與人有很大的關係，就像《綠野仙蹤》裏奧茲國的那位偉大的巫師，「總是躲在帳幕的後面」。

比方說，有一個定義是這麼說的：「一個東西若有品質，它就是同類中最好的。」對我來說，這個定義暗指存有一個排名的過程，而這個排名的過程又暗指有一個人在做排名的事。即使排名的順序是由一台電腦完成，也一定要有人先設計出排名的規則，然後寫成程式再存入電腦中。

還有一個定義說，「品質是一個不可或缺的元素」。「不可或缺」暗指有一個人或一群人非要有那個元素不可。第三個定義又說，「品質的意思是指具備許多好的特質。」但是「好」並不存在於大自然之中，除非有一個人來當裁判。

這個蘋果派的試驗我做過許多次，每次我指出在他們的定義中存有人的因素，大家就拼命反對我的看法。通常他們是引用品質專家的話來反駁，如克勞斯比說的「品質就是符合需求」[2]。然後我問這些需求又是從哪來的？是誰提出這些需求的？而這場爭辯就繼續下去。

7.2 品質的相對性

每次我教品質的課，我總是在課程一開始時就會引發這場人對品質的戰爭。為什麼我這麼愛與人爭辯呢？因為我們若是不把根本的問題解決，它就會像膿瘡一樣在整堂課上一直潰爛，讓品質的探討毫無進展。最後，我讓他們了解我對品質真正的定義：

> 從對品質的各種有些微差異的定義中，我們可清楚看到品質的政治面與感情面。在早期階段來談需求這個概念有些太過天真，因而毫無用處，因為它完全沒有提到到底是誰的需求才是我們最需要在意的。比較可行的定義會是：
>
> **品質是指對某人的價值。**
>
> 我說的「價值」的意思是，人人為了讓自己的需求被滿足，願意付出多少代價或願意做什麼事。[3]

為什麼這樣的定義會為某些人帶來那麼多的困擾呢？世上有些人最強

烈的欲望就是能找到完美，也就是找出一條正確的道路。這樣的人大多選擇與電腦為伍，特別是選擇與軟體為伍。他們不喜歡「品質是相對的，會因人、因場合、因時間而改變」這樣的觀念，但實際上就是如此。

　　完美主義者通常會宣稱自己是忠於真理。這樣的話，他們應該想到英國詩人Alexander Pope的一個觀察：

　　有一個真理是很清楚的：不論它是怎麼說的，都是對的。

品質是相對的，因此採用相對的定義是對的。

7.2.1　一個實例

回想一下第6章中F公司的故事。圖6-4向經理人員傳達的訊息是該公司的專案不論規模大小通常都會延遲交貨，但是，有些經理人員認為延誤交期對小型專案無妨。現在就來說明為什麼事實與他們想的不一樣。

　　F公司利用他們從我的同事高斯（Don Gause）[4]的研討會中學到的問卷調查方法去評量顧客滿意度，得到了一些數字。調查的結果中有一項是用1到7的數字來替專案的好壞做排序。經理人員拿到這些排序的數字後，將之化成七大類並用一個巧妙的方法（根據Tufte的觀念[5]）繪製出如圖7-2的圖形。這七種臉型每一個都代表原始圖形中專案的顧客滿意度的得分狀況。這些面部表情只要瞄過一眼就可解讀出來（最燦爛的笑臉是最高滿意度等級，而黑色的骷髏頭加兩根骨頭則是最低的滿意度），這樣就畫出一張很有趣的圖。

　　讓所有資訊部門經理大感驚訝的是，顧客對於大型專案沒有那麼不滿意，即使這些專案在時程上的延誤超過原訂時間的25%到125%。

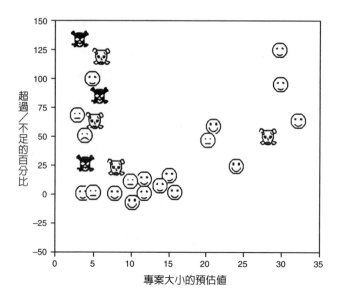

圖7-2　顧客滿意度所製成的圖表。顧客對每一個專案的滿意度是第三個維
　　　　度，表現的方式是在圖6-4的分布圖中加入面部的表情。

有一個專案得到骷髏頭和兩根骨頭，那是因為能否準時交貨攸關到顧
客的生意。其他專案的顧客在使用新軟體前需要有許多的準備工作，
又因為顧客本身在守住時程上遇到許多問題，其實他們反而（大體上）
很高興軟體有延誤。

　　資訊部門的經理人員看到圖7-2感到不可思議。我視這種感到不
可思議的反應為一個重大的「統合觀察」，但我不知道它背後的含
意。是我們調查的方法不對嗎？是顧客在問卷上欺騙資訊部門的經理
嗎？有人利用「三種解讀的定律」後猛然發現，或許是因為資訊部門
經理認為的品質用的是內部的定義，這與顧客所用的定義不同。

　　為測試這個假設的正確性，我們針對參與每一專案的軟體開發人
員與經理人員進行他們是否滿意的調查。他們滿意度的平均值仿圖7-2

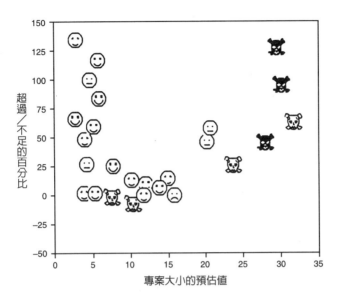

圖 7-3　開發人員滿意度所製成的圖表。開發人員對每一個專案的滿意度是第
　　　　三個維度，表現的方式是在圖 7-2 的分布圖中加入一組不同的面部表
　　　　情。要注意開發人員滿意度的圖形與顧客滿意度的圖形之間的差異。

的形式來顯示，產生了圖 7-3。

　　比較這兩張分布圖中的面部表情後，我們可清楚看出，顧客和開
發人員對於何謂專案品質所採用的標準是不一樣的。顧客所關切的是
對於他們的商機會有怎樣的影響，而開發人員最在意的是對於自己工
作的成果是否滿意。對開發人員來說，專案做得愈久表示要花好幾個
月的時間進行系統測試和修正的工作，對此他們早已感到厭倦。對顧
客來說，在專案時程延後的這幾個月期間，正好是他們忙碌的準備
期。

　　規模較小的專案在時程上雖然有同樣的延誤，開發人員不會因花
幾週的時間在導正系統上而感到厭倦。然而，對顧客來說，這張圖所

代表的意義就完全不同。小型系統大多需要很快就能派上用場，才能夠分析商場上瞬息萬變的情況。有好幾個例子（請看那些黑色的骷髏頭和兩根骨頭），當軟體完成可用來分析商情時，做生意的機會已完全消失；造成的結果是，這樣的顧客是最不滿意的。

7.3　一個品質失控的產業

看到 F 公司難以趕上時程，在軟體業裏沒有人會感到奇怪。根據 SEI 所做的各種調查[6] 來看，F 公司的表現其實比多數的公司還要更好。今日許多軟體機構都窮於應付品質上的問題，以致無法有效處理軟體開發和維護的正職。開發出來的軟體價格昂貴又交期延誤以致顧客不再需要這樣的軟體，此外，多數軟體公司還呈現工作量過大之機構典型症狀：欠缺察覺問題的意識、缺乏自知的能力、以及獨特的行為模式和情緒。但是，許多經理人員無法認清工作量過大和品質問題之間的關係。

　　許多經理人員也無法認清自己所採取的行動與所得到的結果之間的關係。他們所採取行動的最好結果是沒有效用，但多數情況是，這些行動其實對生產力會造成傷害。或許他們知道該如何開發軟體，但是對於我們每一個人必須經常問自己的一個重要問題，他們卻不知道答案：

為什麼我們不能照著我們已知該如何做的方式去做？

造成我們不照著我們已知該如何做的方式去做的根本原因是，我們看到問題的數量繁多就不知該從何下手。要走出這種困境的第一步是先要了解：

每一個軟體上的問題都是品質的問題。

從「軟體第零法則」的角度來看，它就變成：

如果軟體不需實際派上用場，那麼無論需求是什麼你都能符合。

化為較普遍的形式，它就變成「品質第零法則」：

如果你不在乎品質，那麼無論需求是什麼你都能符合。

實際上，所謂品質就是生產出對某些人有價值的東西：符合他們的需求。如果你不需符合他們的需求，或是品質不重要，那麼你在生產軟體時就可以愛有多少功能、愛訂什麼價格、愛以多快的速度開發都無妨。而你的開發人員都可以自認為那是一個偉大的軟體。簡言之：

如果你無須控制品質，則其他的東西都很好控制。

換句話說，品質是我們會遇到最直接的軟體評量。欲量測品質唯一直接的方法，就是找出他說的話才算數的那個人，正如下面這個故事所顯示的：

有一家公司的執行長正準備去參加一場週末研討會，他先向他的終端使用者電腦器材部門（End User Computing, 簡稱 EUC）的經理詢問，她是否有一台筆記型電腦可以借他帶去。

這位經理告訴他，所有的筆記型電腦這個週末都被借走。唯一剩下的一台 PC 則需要送去維修。

這位執行長說：「這台雖不能使用也沒有關係。我要的只是在週末參加研討會時身邊有一台 PC。」

EUC 經理聽得一頭霧水，但因他是公司的大頭，她也只好同意。

執行長拿起這台PC，抱怨PC有點重。（它的重量雖只有6磅，但已超過這些大老闆們習慣的重量。）

　　為了這個要求，EUC經理才知道這台PC對執行長而言只是一件裝飾品！她解決執行長的「問題」的方法是把電池和硬碟都拿掉，於是重量減到只有4磅。執行長非常滿意地帶著這台「電腦」離去。

　　還有什麼方法更能闡明「軟體第零法則」精義的嗎？所有的軟體都不會真槍實彈的用上，因此EUC經理可以放寬硬體上的重量限制。當然，EUC經理不認為這是「品質」，所以她才會告訴我這個故事。但是，她的顧客很滿意，而且他是執行長這麼重要的人物。因此，對於品質的看法，誰說的才算數呢？

7.4 誰的想法和感覺才算數？

評量品質的唯一標準就是人的滿意度。但是，如果品質永遠只關乎人的感覺，那麼誰的感覺才算數呢？這是一個高度政治性的問題：品質的定義要由誰來控制？

7.4.1 誰說了算——IBM觀點

當談到資訊產業的政治手段時，IBM的經驗值得一聽。IBM的董事長John Akers在談到品質時是這麼說的：

> 從另一個角度來看品質：品質就是卓越，卓越就是市場驅動。它們是一體的也是同一件事……這幾個名詞我們可以交替使用……
>
> 　　對於我們所選定的市場，我們必須全力投入成為市場的領導者。我們無意為全天下的人提供所有的東西。在目前這種高度競

　　爭的世界，我們必須有所選擇。一旦我們選定了市場，我們必須

　　為得到且維持領先地位投入所需的一切資源。[7]

「市場驅動」隱含的意思是，Akers知道品質是由IBM的顧客來定義。
雖然話中的第一段是普遍適用的（所謂的「品質就是卓越」），但
Akers「市場驅動」原則中有一條的意思是，IBM在定義品質時有一
部分是從做生意的觀點來決定哪些人是IBM所重視的。這讓IBM能夠
控制如何替品質下定義，至少從IBM董事長的眼光來看是如此。

　　在Akers主政之前和由他主政的期間，因IBM慣常將某些市場排
除，認為那是不值得IBM注意的市場，使得IBM受到很大的損失。
Thomas J. Watson, Sr.曾預測全世界的市場只有五台電腦，這幾乎讓
IBM完全退出電腦市場。IBM很幸運，它的主要競爭對手在IBM迎
頭趕上之前也完全不看好電腦市場。與此相反，DEC就沒有這麼幸
運。遵照Ken Olsen對家用電腦所做的預估，DEC幾乎把自己永遠鎖
在個人電腦產業的門外。正如Lord Acton說的，這就是「權力使人腐
化」，而會被權力徹底腐化的，就是我們從觀察結果看出其中意涵的
能力。不幸的是，Olsen與Watson兩人解讀「對電腦市場所做觀察」
的能力，因他們處於最強大公司中最有權力的領導者的這個位置而被
腐化了。

7.4.2 *軟體開發人員的觀點*

有時，軟體開發人員可以控制對品質的定義。變化無常型（模式1）
機構會離譜到認為「它還堪用！」是對品質唯一可能的定義。其他人
也因為過度害怕與開發人員槓上，因此無論開發人員認為品質是什
麼，他們都視同法律。通常模式1開發人員的傲慢就像某些IBM行銷

人員的傲慢一樣：「如果你無法從我們這兒拿到的東西，你也無法從任何人那兒拿到。」最後，他們從顧客所得到的反應通常也是一樣：「意想不到的事發生了！」

在IBM顧客的事例中，意想不到的事情是顧客開始考慮新竄起競爭者所提供的硬體。有時IBM仍保有優勢，但競爭者已把腳伸進門裏。在變化無常型機構的事例中，意想不到的事通常是以突然冒出一位「軟體獨裁者」意圖強行引進照章行事型工作紀律的形式出現。有時開發人員還是獲勝（如果重返模式1可以視為是一種勝利的話），但多數時刻比較敢於表達意見的開發人員會被掃地出門。

如果機構需要用的軟體是由內部的人自行開發或由專門的軟體單位集中外包出去，簡單來說該軟體機構認為自己有專屬的市場，在這樣的機構裏特別容易發生罔顧顧客意見的問題。在競爭的環境下，若是罔顧顧客的意見最終會讓該機構沒有生意可做；但是在專屬的環境下，這樣的行為會永遠存在。

7.4.3 對品質公允的評量

對於品質評量和品質改善，我想要將我的立場總結成一句格言：

真正的品質改善都是從「知道你的顧客想要的是什麼」開始。

就拿我的同行Jim Batterson來說，他警告我這樣的說法容易引起誤解：

> 你把品質定義為只要從顧客的觀點來考量，這讓我不得不稍稍皺起眉頭。雖然你後來在書中解釋了我的疑慮，你我兩人都知道，軟體的品質中有一部分使用者雖看不到，卻會顯示在日後錯誤的

數量和維護成本上。曾經有一段時間我委婉地拒絕按照使用者所要求的方式來建造軟體系統，因為這樣的設計無法滿足我個人在品質和專業上要求的標準。

我太常見到，系統有設計上根本的缺陷，而負責建造的分析師所給的藉口是「是使用者要求這麼做的」。我的看法是，決定業務需求時使用者是參考的來源之一，卻不是唯一的來源，然而，分析師在決定業務上的需求時，尤其是在運用好的設計技巧時，有責任還要考慮到使用者以外的人事物。[8]

我贊同Jim的意見。格言固然好用，但容易讓人因文化上的成見而誤解其意。這句格言是說，真正的品質改善都是從「知道你的顧客想要的是什麼」開始，而不是在此結束。它的意思是，如果你不知道你的顧客要什麼，那麼你就完全無法保證你所採行的「品質改善」步驟是能夠真正達到品質改善的步驟。

此外，這句格言強調你必須知道你的顧客想要的是什麼，而不是顧客認為自己有了什麼會更好，也不是你認為顧客應該有什麼才對。拿Jim的例子來說，你的顧客或許不樂見維護的成本太高，但是他們可能並不了解，要解決技術上的關鍵問題會讓維護成本增加。幫助顧客了解這些技術上的關鍵問題是誰的責任？非專業分析師、程式設計師、設計人員莫屬。

假設在你告知顧客你的專業意見後，他仍然說：「這個我不管。我只要你能給我一個快速的解決方案，有些缺陷也無妨。」此時你要表現你的專業精神，就像一個工程師、醫生、或其他專業人員所該表現的一樣。如果你認為，顧客在獲得充分告知後，他真正想要的東西是你用專業亦無法達成的，請禮貌地退出這個專案，就好像一個醫生

被要求去進行一個既危險又不必要的手術時應該有的反應。如果你自認是專業人士，而顧客在你把你所認知的專業想法與他溝通後，並不想照你的專業意見來做，那麼你是無法與他繼續共事的。

7.4.4 品質的第一評量

那些自稱為照章行事型（模式2）的經理人員對於用這樣專業的做法來找出品質的定義不是十分滿意，他們希望顧客和軟體工程師的方向能夠一致，不論兩者的個人信念是什麼。這類的軟體獨裁者想要做的第一件事是得到與數量有關的評量值，因為他們完全不知道要如何量測出品質。

　　一旦他們發現即使量測出垃圾的數量也無法成就任何事，他們開始把注意力放在量測錯誤上，並宣稱那就是與品質有關的量測值。這是一個變化無常型的機構想要變成照章行事型文化時的一種不成熟的動作。為使一個企業達成真正的轉型，必須要做的是對顧客滿意度做直接的觀察。

　　對顧客滿意度做直接的觀察不是件容易的事，卻有其必要。真正的品質改善都是從「知道你的顧客想要什麼」開始，或是從「知道你的顧客需要或期待什麼」開始。這是第八章的主題要討論如何去量測顧客滿意度的主因。

7.5 心得與應用上的變化

1. 當計算成本會計的方法改變，品質也會跟著改變。之所以如此的原因是，品質是一種人的感受上的價值，而成本會計法會改變這人的感受上的價值。在一家郵購公司裏，當回答顧客的查詢不再

被視為「經常開支」，而開始直接記入每筆交易的費用上時，一個快速且即時連線的查詢系統的感受價值就大大增加。有時候，必須改變所用的成本會計法以便讓大家有動機去「想要做對的事」。

2. 一個系統換到新的環境後，品質也會改變。我第一次看到 Apple 公司的 Lisa®（Macintosh®的前身）時，我正在拜訪一家位於荷蘭的客戶。他們買了六套 Lisa，試用看看是否可以推廣到整個研究性質的實驗室。很不幸，Lisa 被寫死成只能列印在美國標準規格的信紙上，歐洲標準規格的信紙（大於 11 英吋）就不能印。在某些美國人眼中 Lisa 是一種高品質的電腦。很少有歐洲人這麼認為。六台機器全部被退貨，以後就再也沒見過。

3. 利用改變形象的方式，你也可以改變品質。這讓廣告有表現的機會，欺騙的手法也是。如果旁觀者的心中沒有品質的觀念，就不會出現 vaporware（軟體產品八字還沒一撇卻宣布即將上市）這樣嘲諷的名詞了。

4. 一家公司選擇哪些顧客為目標市場，哪些顧客可以放棄，這是完全正當且合理的。然而，如果他們做了錯誤的選擇，顯然會讓自己的業務受損。他們可能擁有高品質的產品但公司卻倒了，因為他們雖真的擁有一個能讓某些人覺得是品質很好的產品，但這樣的人卻無緣親身感受。若是如此，它還能算是真正高品質的產品嗎？這個問題有點像是有一棵樹在森林裏倒下去，當場卻沒有人，因此無人聽到它倒下去的聲音，不過實際上有許多公司經常是這麼倒下去的。公司的出資者和員工會說：「可是我們的產品品質確實很好」，可是說這些話的目的，只是讓自己在產品銷售失敗後能夠覺得好過一些。

5.　我的同行 Dawn Guido 和 Mike Dedolph 說：「完美主義是我們的專案過度設計的一個主要原因。雖然你可以用邏輯的方式讓完美主義者相信你對品質的定義是對的，但是在感情上他還是不相信。知道這個道理仍然不能幫助我如何應付與我們共事的那些完美主義者（包括我們自己）。」我同意這個說法。我會以此為主題寫一本書，只要我找到正確的答案。

不過說正經的，本系列叢書第三卷會對這個問題做更深入的討論。與此同時，Mike 從他的武術老師 Stuart Lauper 身上學到了一個很好的典範：「你可以為自己的進步感到高興，但是永遠要適度地覺得不滿意，才能讓你的技巧持續改善。」如果有程式設計師或經理人員要向你謀職，用這個方法來評量他們，可以得到一個很好的評量值。

7.6　摘要

✓　要生產高品質的軟體，你必須現在就知道這個產品的品質狀況嗎？回答這個問題有兩種不同的做法：直接式和間接式。

✓　對許多人而言，「品質」是非常模糊的名詞，以致沒有人敢反對它。到最後，每個人對品質都有相同的定義，這個定義有點像這樣：「品質就是隨我喜歡。」

✓　品質是相對的：品質是為某人帶來多少的價值。價值是人們為了讓自己的需求得到滿足而願意付出的代價。完美主義者最強烈的慾望是找到一個正確的方法，因此對於品質的這種相對定義法是不會滿意的。不過，完美主義者對任何事都不會滿意，因此，我們可以不用理會他們。

✓ 今日，許多軟體機構都被太多的品質問題壓得喘不過氣來，以致他們無法有效地應付日常軟體開發的工作。然而，有許多經理人員尚無法認清這種工作量過大與品質問題之間有何關係。

✓ 有些經理人員也無法認清他們所採取的行動與所得到的結果之間有何關係。

✓ 每一個軟體上的問題都是品質問題。「品質第零法則」告訴我們，如果你不在乎品質，任何需求你都能符合。如果你不需控制品質，任何東西你都能控制。

✓ 品質是我們所能找到的軟體評量中最直接的一種評量，對品質做直接量測唯一的方式是找出誰的想法才算數，照他的想法來定義品質，然後進行量測。因此，我們要問的終極政治問題是：由誰來控制對品質的定義？

✓ 權力使人腐化，被權力腐化得最嚴重的是「找出觀察結果所代表的意義」的能力。如果定義品質的控制權是在軟體開發人員手上的話，短期內他們或許可以表現得很好，但到最後他們會把自己的顧客都驅趕到顧客能找到的第一個競爭對手那裏去。

✓ 「找不到錯誤」這類的評量值不等同於品質的直接評量值。真正要改善品質一定要從「知道顧客想要的是什麼」開始。這是對品質唯一的直接量測。

7.7 練習

1. 功能點的擁護者宣稱，功能點的好處很多，其中的一個是它可以從使用者（所認可的功能）的觀點對應用程式的大小進行量測。提出你贊同此一觀點的各種論述。也提出可駁斥此一觀點的一些

論述。[9]

2.　品質也取決於「何時你把顧客納入考量」。在哪一段時期顧客的評價被納入考量。

3.　如果我們採用不當的過程來選擇定義品質的人選，會降低「對品質的直接量測值」的正確性。例如，產品的初期使用者不足以代表晚期的使用者。或是，初期的非使用者不足以代表晚期的非使用者。或是，開發人員的屬下員工也不應被視為具有代表性。你如何去選擇「有代表性」的使用者？[10]

8
如何量測成本與價值

一位來自德州的軟體工程經理第一次到紐約市，在百老匯大街上一家小吃店吃早餐。他問服務生，紐約人一般早餐都吃什麼。「燻鮭魚加圈餅，」服務生回答。「很好，」德州佬說，「我就點燻鮭魚加圈餅。」一陣狼吞虎嚥後，德州佬召來服務生。「東西真好吃，」他說，「我想一樣再點一份。」服務生照他的意思做了，德州佬又是幾口就吞下肚。在連續上了四次餐點後，服務生走過來，手上拿著帳單。「還有什麼需要嗎？」他問道。「還有一件事，」德州佬接下帳單說，「在我回德州前，我想要知道，哪一個是燻鮭魚？哪一個是圈餅？」

——佚名

在《Quality Is Free》[1]一書中克勞斯比提到，改善品質的動機一定是從研究「品質成本」開始。（我喜歡的用詞是「品質的價值」，兩者是同一觀念。）在我的顧問生涯中，我遇到的經理人通常是熱中於降低軟體成本或減少開發時間的人，而很少看到一位熱中於改善價值的經理人。他們可以說出許多理由證明降低成本或加快時程

所帶來的價值有多少，但是說到改善品質後的價值，他們似乎從未想過該如何去量測。或許他們知道何者是燻鮭魚，何者是圈餅，但是他們分不清何者是成本，何者是價值？

8.1 分不清成本與價值

Bill Henry 有一篇很棒的文章是談成本計算的系統，文章一開始很清楚地談到了價值：

> 為什麼公司的管理階層和使用者對資訊系統一直抱怨不斷？
>
> 　理由很簡單。資訊系統部門的經理人員未能就該部門的整體價值一事向使用者和管理階層做有效的溝通。其結果是，資訊系統部門對公司的營收和對整體營業目標有多少的貢獻，公司的最高管理階層可說是一無所知，或所知甚少。[2]

讀到這裏，我心中充滿了期待。至少我能夠讀到一篇為資訊系統專業人員而寫的談論其產品之價值的文章。我熱切地繼續讀到該文的第三段：

> 為解決這個問題，營業額領先的公司會建立一套全面性的 IS 成本計算系統。成本計算的最基本功能可以讓管理階層知道，為生產一個「小玩意」或最終產品會有多少開銷的準確數字。

就在這一個句子，作者把「價值」換成了「成本」，此後價值這個詞再也不出現。雖然這篇文章對於想要了解成本計算系統是什麼的人有許多有用的資訊，但是價值一詞除了在標題和頭兩段中出現過外，通篇都沒有討論。這充分證明王爾德（Osacr Wilde）的評論：「如今，

說到成本大家什麼都知道，說到價值則一無所知。」

　　到了緊要關頭，經常就顯現出文化底層的假設。一個機構遇到壓力要證明自己有存在的意義時，必須決定要強調的是成本的這一面，還是價值的那一面。對成本做計算（去量測專案的成本、KLOC、或功能點）是在戰火下失去勇氣的表徵，也是對自己所做的事缺乏信心的表徵。對價值做計算（去量測顧客滿意度或營運的價值）是機構保持前瞻性眼光的表徵，也是機構裏的人對自己的價值有信心的表徵。

　　正如DeMarco說的：「你計算什麼，大家就會努力什麼。」對成本做計算會導致成本的降低。對價值做計算會導致價值的增加。成本的降低會受到年度預算所限。價值的增加則是無限的。

8.2　價值是什麼

如果你是從事軟體的專業人員，你經常會聽到有人抱怨說：「軟體的價格（成本）太高。」聽到這樣的評語的前一萬次，我總是用問問題的方式來回答：「你是跟什麼來比較呢？」

　　到了最後，我厭倦了再玩這樣的遊戲，因為我得不到明顯的效果。如今，我修正我的問題，改問：「你的意思是軟體的價值不如你的預期嗎？」

8.2.1　感受到的價值

此處所談的價值是指感受到的價值。因此，為了解何謂「價值」，我們必須知道感受者是何人，也就是在開發系統時我們要考慮其意見的那一群人是誰。這也包括我們希望所開發的系統會為其帶來負面價值的那些人，比方說，我們的敵人或競爭對手。

　　為闡述「感受到的價值」這一觀念，我要說一個故事：在六千萬獎金州樂透彩的得主公布的翌日，一個程式設計師在閱讀他程式的dump資料時發現，其中一個十六進位的機器指令剛好就是樂透彩得獎號碼的數字順序。他說了：「我的程式可以值一半的獎金，三千萬元，但是我完全不知道有這回事。」

　　當然，他的想法是錯的。在昨天，這個可以贏得樂透彩的號碼值六千萬元，但是這個號碼在程式裏無人察覺。今天，它被人察覺了，可是它的價值是零。在樂透彩公布之前或之後它的品質都是零，但是原因卻大不相同。

　　在許多情況下，你可以問「它的價值有多少」這樣的問題來測出品質。在樂透彩公布前人們願意為可以得獎的號碼付出一大筆錢，但是，在樂透獎公布前沒有人有辦法察覺哪一張彩券會中獎。這是樂透彩讓人著迷的地方。

8.2.2　價值的崩潰

品質問題並不是那麼難回答。有時，一個軟體專案就是會做不下去，生產出一些毫無價值可言的東西。在一個機構裏造成這種品質崩潰的原因有許多，而各個原因彼此間的關係糾葛，很難說哪一個原因是品質崩潰問題的元凶。換句話說，一個系統是多項事物的結合，從這個觀點來看，品質崩潰是一個系統問題，任何單一事物的改變都會對其他事物造成影響。這意味著，任何未經深思熟慮的問題解決方案都將只會讓問題更加惡化[3]，例如在專案中大量加入新人。

　　然而，在所有品質崩潰的案例背後只有一個簡單的事實，那就是對軟體界而言，我們試圖利用達到更高精準度的手段來提升價值，但這樣的精準度超過我們以往所能達到的。對許多軟體系統而言，編譯

後程式碼的位元數會超過十億（有的甚至更多），其中任何一個位元都有出錯的可能。而一個位元如果出錯（又錯在最不該出錯的地方）就足以讓系統的價值全失，即使最大方的顧客也難以接受。以此觀點來看，我們可以說一個位元或許有數百萬或數十億元的價值，如果這個位元沒有出錯的話。

此外，軟體業是一個年輕、尚未成熟的行業。多數的軟體系統的做法是全新的，需要人們改變觀念，重新認知一個系統該怎麼做才對。這意味著如果我們在生產高品質軟體系統這件事上做到真正的成功，那麼使用者一定會要求增加其功能和最大容量。這樣的要求會增加開發工作的規模和複雜性。在開發早期系統時能夠生產高品質產品的開發流程，用以開發規模更大、複雜性更高的後續系統時卻會變得無法勝任。因此，軟體的價值即使不會崩潰，也會逐漸退化。

8.2.3 品質、熱動力學與人類天性

人都會犯錯；軟體工程的目的就是要戰勝錯誤。軟體工程領域的許多研究都投注在及早消除錯誤上，這是大有好處的。但是這個努力的方向卻完全無法預防錯誤再度發生；如此一來，違反了我們所知道的兩大重要法則：熱動力學法則和人類天性法則。「熱動力學第二法則」是這麼說的：

要降低熵（增加資訊），你必須增加能量。

用口語來表達，這句話的意思是：

天下沒有白吃的午餐。

換句話說，為了得到品質，你必須有所付出；想要得到更高的品質，

你必須付出的也更多。克勞斯比的書名雖是「品質免費」（Quality Is Free），但他的意思並不是說你不必為了品質而有所付出。克勞斯比真正的意思是，你為品質所付出的，將會回報你更多。

8.2.4　人類天性第一法則

克勞斯比的觀念很能打動經理人員的心，因為它符合「人類天性第一法則」：

> 人們永遠都不願相信「熱動力學第二法則」會適用在他們自己的身上。

如果克勞斯比把書名訂成「品質會有回報：除非你願意對它做投資」，會讓我在與軟體工程師打交道時工作變得容易一些。雖然這個書名不夠醒目，卻能更完整地傳達品質故事中所蘊含的訊息。如果你想得到品質，你就必須付出。戴明曾經計算過，在營運良好的「西屋電子」（Western Electric）工廠裏[4]，品質成本占了製造成本的17%。假設「西屋電子」的經理人員並不笨的話，做了那麼多的投入應該要得到更大的回報，則其品質的價值一定可以比17%的數字更高。

很不幸，付出較高的金額並不保證可以吃到一頓好的午餐，吃到的也許只是一頓昂貴的午餐。在品質上的投資還不只是金錢和辛勞。要有穩定的品質，經理人員必須學習新的思考方式。用簡單的線性思考不足以戰勝「熱動力學第二法則」。經理人員必須變成系統化的思考者，才能了解品質的動力學是怎麼回事。

8.3 對品質做觀察時，需求所扮演的角色

克勞斯比把品質定義成：符合需求。如果我們說這話時是很小心地要符合真正的需求，而不是只想去符合某一份書面的需求，那麼這個說法是對的。在對品質做量測時，真正的需求扮演關鍵的角色。

8.3.1 品質的直接評量值

系統化思考告訴我們，為得到品質，我們必須在需求改變時，或在我們察覺需求有改變時，對之加以監控。然後，我們必須對開發過程做調整，調整的基礎是根據需要什麼和生產出什麼之間的差異。這正是控制者所該做的，如同在圖2-6的控制論圖形中所描述的那樣。

　　換句話說，需求提供了對品質做直接量測時應有的標準。同時，在試圖要對品質做直接量測時，它則會提供我們一個基礎來檢驗感受之需求的真確性。

8.3.2 品質的間接評量值

衍生需求（secondary requirements）指的是顧客看不到，但與顧客需求有關的那些需求。效應圖就是用來找出這些衍生需求，所根據的是顧客的原始需求與衍生需求間的關係。透過衍生需求得到的品質評量值屬於間接評量值，因為這需要有額外的步驟來找出需求與品質之間的關連性。當然，如果有額外步驟的話，就會增加出錯的可能性。

　　例如，「內部複雜度很低」這不是顧客能直接經歷到的，因為顧客只能從外部來看軟體。如果內部複雜度很高，顧客會經歷到的是功能失常較多、因修正功能失常而造成的時程延誤較長、修正工作所需人力較多、以及系統的性能會隨著時間而日趨下降。這些事項有的屬

於直接需求，有的屬於額外的衍生需求，衍生需求則必須與原始需求有關連（圖8-1）。

如果兩者之間找不出有何關連，衍生需求就完全稱不上是一種需求。在此提供一個真實的例子，這是從我的一個客戶那兒聽來的，他的公司主要是設計工業用機器。他們利用掛接在FORTRAN編譯器上的一個工具，對內部複雜度進行例行性的量測，以做為量測方案的一部分。如果測得的複雜度太高，編譯器就會拒絕產生機器碼。客戶的程式設計小組提出抱怨，說他們要花費很多的時間以避開這個防堵機制，但是，經理人員回答的理由是，這個機制是「對他們的工作有好處」。經理人員為了證明自己的想法是對的，他們拿出一張圖表給程式設計師看，這張圖表類似於圖8-1。

程式設計師指出，他們的工作大多是在為機械工程師設計「隨用即丟」（throwaway）的程式。如果這樣的程式永遠都沒有加以維護的必要，那麼，程式的可維護性就不是一項需要考慮的需求條件。同樣

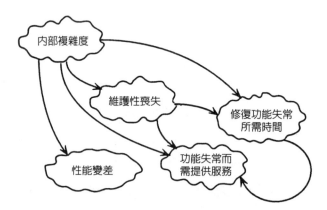

圖8-1 此效應圖可找出衍生需求（如低內部複雜度）與原始需求（如系統性能與功能失常而需提供服務）之間的關連性，以及與其他衍生需求（如易維護性和修復功能失常所需時間）間的關連性。

的，服務中心永遠都不需要為功能失常提供服務。如果一個程式在用過一次以後立即會被丟棄，那麼，程式的性能是否會隨著時間的增加而變差，也就不是一項需要考慮的需求條件。

到頭來，欲消除其間的不一致可經由訂立一套程序，以決定哪些程式應予以丟棄。這些程式不必通過複雜度的檢驗（若顧客堅持亦可照辦），相對的，顧客必須簽署一份文件，同意該程式在一定的期限後會做實體的銷毀。然後，經理人員要訂立一套程序，以強制執行這些程式的作廢動作，因為他們不再天真到相信，你說某個程式是廢棄程式就可以保證那個程式真的是棄而不用了。

我軍事顧問朋友 Dawn Guido 和 Mike Dedolph 向我證實，軍方是任意採用標準最典型的溫床。雖然他們所採用的標準都是深思熟慮後的產物，但是在說明為何要用某一標準時，卻讓人覺得其理論的依據不合理，或完全沒有說明。這種亂用標準的作風使得在解讀標準時充斥過多的政治考量，例如：

a. 為了可以免於遵循不當的標準而討價還價

b. 標準時而遵循時而不遵循，所造成的損害需有修復人力的投入

c. 遵循的標準會妨礙工作的進展

要讓標準發揮功效，自經理人員以降的每一個人都必須了解：

a. 他們的工作對於機構的目標（使命）的達成有何貢獻

b. 他們的軟體產品對於使命的達成有何貢獻

c. 所用的標準對於產品的品質有何貢獻

d. 所用的標準對於使命的達成有何貢獻

從一個機構如何選用標準，你可以得到一個很準確的評量來判斷其文

化模式。防範未然型（模式4）的經理人員願意為了訓練員工了解以
上的問題而付出代價。把穩方向型（模式3）的經理人員在有人提出
這類問題時願意試圖回答。照章行事型（模式2）的經理人員通常規
定標準是唯一的，但卻不管標準是否被遵循。變化無常型（模式1）
的經理人員，即使有標準也四處打探如何可以避開標準、彌補損失、
盲目或惡意遵循，不論如何總是要抱怨半天。

　　對標準發出不滿的聲音，是因為那些必須遵守標準的人不理解標
準與標準的價值之間存在怎樣的因果關係。兩者間的關係愈不直接，
不滿的聲音愈大。因此，若是有一套方法可找出兩者間的關係並評估
其價值，會有很大幫助。在本章往後的章節中，我將會介紹兩種這樣
的方法：影響細節之案例研究法（detailed impact case method）與單
一最大利益法（single greatest benefit method）。這兩個方法都不能用
在我們所說的標準身上，例如，不能用來決定標準之價值的範圍。但
是，兩者可用於品質（也就是價值）至關重要的場合。

8.4　影響細節之案例研究法

影響細節之案例研究法，是針對某一改變會對價值造成怎樣的影響所
做的詳細研究。它的基本觀念是利用效應圖來找出需求。通常，影響
細節之案例研究只針對單一的改變來進行，以確保能對小規模的影響
做出準確的觀察。當然，可以做很多次的研究，每次只針對一個改變
做調查。

8.4.1　基本做法

此法是從腦力激盪開始，把可能因此項改變而受到影響的每一個人都

列在清單上。第二步，是用腦力激盪找出你能想到的所有因此項改變
而造成的可能影響（在你的工作上或其他人的工作上）。例如，考慮
下列的效應：你要做的是什麼、你何時去做、你要買的是什麼、你要
賣的是什麼、你與誰談過或沒有談過、你的感覺如何、你要得到的結
果是什麼或不是什麼。其實，以上你所做的就是製作效應圖的技巧，
雖然參與者不需對此方法受過完整的訓練。[5]

8.4.2　主要的觀念

有一個例子可以說明如何檢視細節以決定價值為何。為降低調查成
本，我們會犧牲一些統計效度上的正確性。

　　影響細節之案例研究法最適用的場合是，所使用的工具或方法上
的改變會產生重大的影響，造成影響的原因是它們是用於大型專案，
或它們產生的影響雖不大但會影響到很多人，且每個人受惠的程度相
當。此法亦適用於文化上的改變，理由同上。

　　不論何時，若某人提及他要改變與他人互動的方式，你必須追查
到底，找到受影響的那個人與他面談，問清楚新的互動方式效果如
何。例如，你針對所有有更動的文件按照其生命週期一路追查下去。
對某人看來微不足道的小事，對別人卻可能造成巨大的影響。

　　與你做腦力激盪的人即使只有一個，也要有幾次的腦力激盪會議
再加上許多的想像力才能列出所有效應的可能清單。你所使用的案例
即使只有一個，你還是需要找出受影響的那些人來與他們面談或一起
做腦力激盪。唯有如此，你所列的詳細清單才能包含所有可能的影
響。這份清單在往後類似的研究中可以再利用。

　　一旦整理出所有影響的清單，你必須在每一影響之後附上其產生
的價值。這得花許多的腦筋。如果你能找出哪些項目具有最高的效

益，從那裏下手的話，可大大減少你的工作量。當整理出來的結果多到足以令人信服，即可停止，不必弄到非常完美的地步。

8.4.3 可能遇到的困難

這類的工作需要投入大量的心力，不但要找人面談，還要追查出所有可能的影響。與其他方法不同處在於，這件工作牽連的層面有多大無法在一開始時即有準確的估計，因為你不能預知影響的範圍有多廣。另一方面，如果你發現到有新的影響，你已讓需求過程獲得改善。

最大的回報是你對整件事了解得更透徹。在著手這類的研究之前，先問問自己，是否有更簡單的方法能得到同樣的效果。問問你的資金贊助人，這些更簡單的方法中是否有哪一個能夠一樣的令人信服。

做總結報告時還有陷阱。你手上有這麼多的資料，如果全部都做詳細的說明，多數的最高主管都沒興趣聽完。你必須將背景資料備而不用，只將最重要的影響以不到一頁的方式來說明，如圖8-2和8-3中的報告範例所示。

8.4.4 報告範例

報告範例1和報告範例2顯示如何用對比的方法來呈現影響的細節。報告1（圖8-2）是根據一台雷射印表機試行安裝的詳細研究後所做的事後分析報告。它預測任何工作單位在安裝雷射印表機後都能讓費用持續降低。

報告2（圖8-3）利用的方法是將某一重大謠言的處理成本詳列出來，並依此來預估謠言化解方案的效益。圖中的數字是假設與機構中少數抽樣的經理人員和職員面談，而該機構約有3,500人。

報告1是一份利益分析報告，顯示的是一個極端有形的改變所帶

來的無形利益。報告2是一份成本分析報告，顯示的是任何無形的改變（可減少謠言的流傳）所帶來的有形利益。這兩份報告合在一起可看出對案例之影響細節做研究的範圍和威力，可讓我們清楚看到一個以改變為目標的專案所帶來的價值。

8.5 單一最大利益法

影響細節之案例研究法要用於所有的情況或許有實踐上的困難。單一最大利益法的做法是，找出價值的最低值，同時可讓執行的成本和時間達到可實踐的水準。單一最大利益法的基本問題是：

你認為這個改變能夠帶來的單一最大利益是什麼？

8.5.1 重要觀念

如果你能夠把焦點專注於少數利益最大的事項上，就可發揮這個方法的最大效益。經由只選擇有利益的事項，並從中選出有最大利益的事項，我們可以保證分析的結果是偏保守的。換句話說，如果取樣稍具代表性，所估得的利益會比較偏低。這是為什麼如果你預期利益值很大時這個方法會是最適合的。

　　多數人都很容易找出最大的利益事項。如果你找不到，那麼能得到的利益也沒那麼重要。因為每個受訪者只會提供一個利益事項且所提供的一定是利益較大的，所以你值得花許多時間來追查出代表其價值的金額，並用有說服力的方式向管理階層報告。

雷射印表機取代點矩陣印表機後的影響評估

雖然在安裝雷射印表機後我們可找出數十種的效應，但從節省成本和增加價值的角度來看，下列才是其中的重要效應：

文書人員（每人每週小時數）
減少為影印文件而使用影印機的次數	2.0
減少與影印機店間的互動【備註1】	1.5
減少影印機設定與維護的時間	1.0
（4.5小時／週×3人×$30／小時　標準成本【備註2】×52週）	**$21,060**

專業人員【備註3】（每人每週小時數）
較少的開發循環即可完成產品	1.0
（1.0小時／週×7人×$80／小時　標準成本×52週）	**$29,120**

費用（每年的金額）
因列印品質提高而減少列印的頁數【備註4】	$6,000
免用公司信紙或特殊格式的紙張	$800
減少美工設計費用	$1,800
增加雷射印表機的耗材【備註5】	($200)
（因上述花費減少而節省下來的年度淨金額）	**$8,400**

比較偏無形的事項（受訪者認為很重要）【備註6】
　（用其他方法能得到同樣效果時，預估每年所需之金額）【備註7】
較安靜的工作環境	
為打字機和撞擊式印表機架設隔音板	$300
較佳的公司形象	
增加祕書和專業人員所花的時間、列印成本	$8,000
品質更好的幻燈片和投影片	
增加祕書和專業人員所花的時間、美工設計的成本	$4,000
更大的辦公室空間（不需打字機，需存放的列印材料變少）	
每平方英尺的標準成本	$2,000
（總金額）	**$14,300**

結論
在一個包含7名專業人員和3名文書人員的工作小組中安裝一台雷射印表機，我們預估一年可得到的價值是：
低【備註8】（假設對專業人員不產生影響）	**$30,000**
高【備註9】（包括許多不易察覺的影響）	**$100,000**
最可能的結果【備註10】	**$60,000**

預估雷射印表機在此工作環境下的壽命是3年。

圖8-2　影響細節的案例研究1：新引進雷射印表機的影響分析。

影響細節案例研究之備註

備註1：　在做效益分析時，工作被打斷經常是最重要的一個因素，但常常被當事人低估其破壞力。對知識（或白領階級）工作者所做的研究顯示，每一次工作被打斷會浪費15分鐘的工作時間，這個時間還不包括處理使工作被打斷的那件事。

備註2：　大型機構大多有一套計算標準成本的方法。如果可行請盡量利用現有的方法，而不要自己另外弄一套。這樣不但省時，也會更有說服力。

備註3：　可讓專業人員節省的金錢時間一定要與可讓文書人員節省的金錢時間分開來看。專業人員不但所用的費率不同，而且他們的工作往往難以用數量來衡量，這會使你分析的結果容易遭受質疑。把勞力類型的工作分開處理，可減少這類的質疑。

備註4：　最大的效益經常出現在你不預期會出現的地方。在這個案例中，經過仔細的面談後發現，用雷射印表機列印的報告頁數有減少的趨勢。列印的品質更清晰讓我們可以使用較小的字體，這份報告即為一例。分析發現平均可減少25%的頁數，加上後續影印、列印、儲存、及郵寄的成本都可降低。

備註5：　發現有負面的影響時一定要包含進來。在這個案例中，雖然其效應比其他部分要小得多，仍然要把它列出來，以顯示你有考慮到負面的效應，這麼做會讓報告變得更有說服力。負面效應亦可用以檢驗你是否客觀。如果你完全沒有發現任何的負面效應，表示你檢查得不夠仔細。回頭再檢查看看，在你給管理階層的報告中至少要有一個負面效應。

備註6：　不用列入無形的事項，除非有可信賴的人認為是重要的事項。無形的事項通常較不重要，不值得為它做政治角力。如果你認為是重要的事項，但其他人都不認為如此，你可以在面談時直接提出你的疑問。傾聽，而不要強迫推銷你的觀念。

備註7：　這是評量一個無形事項最保守的一種方法。用這個方法來做成本分析，可以對你正在分析的改變可帶來多少價值，訂出一個上下限。為可能的利益訂價值時，所得的金額可以很大，但這樣很容易引起爭論。

備註8：　低的預估值只考慮「無可爭議」的數字，不論「無可爭議」對你的出資者意義為何。

備註9：　高的預估值則包括所有「你有合理的解釋，不是憑空幻想」的效應。如果你需要有高的預估值才能讓你的說法成立，那麼你可能言過其實了。

備註10：　這裏的意思是，你不必用到你認為不夠充分的理由即可證明你的說法成立。換句話說，這個說法是你最贊同的一個。

謠言的成本分析或早期消除謠言可節省之金額分析

背景

管理階層和其他重要人士表達對謠言四處流傳的焦慮。為讓謠言在出現的早期即加以遏阻，有人提出了好幾種方法。這份報告預估公司對一個典型的謠言需付出的代價。我們選定加以檢視的謠言是在今年七八月間開始流傳，謠言的版本雖然有好幾種，但基本的說法是：

> 管理階層決定要將R4大樓加以擴建，用地是目前的停車場。擴建之後，非管理職的員工將失去停車權，想要停車的人要自行付費。最近的大型停車場在三條街之外，月租費是$45，且一般員工沒有進出的使用權。經理人員可保有他們的停車權。

以下是根據與抽樣的七位經理和十六位專案人員面談後，預估為此謠言所付出的代價：

管理階層的時間（一位經理所花的總時數）

與屬下討論謠言內容	12.2
管理階層開會討論如何處理謠言	4.5
員工大會討論謠言	1.7
（18.4小時／經理×460經理）	**8,464小時**
（8,464小時×$90／小時　標準成本）	**$761,760**

專業人員的時間

與同事討論謠言內容（平均值＝6.3小時／討論）	2.1
與管理階層開會討論謠言內容	0.2
員工大會討論謠言	0.4
（2.7小時／員工×3,060員工）	**8,262小時**
（8,262小時×$60／小時　標準成本）	**$495,720**

印刷費（單位：美元）

發布3份通知單的成本	$4,500
準備3份通知單的成本	$1,500
（印刷費總額）	**$6,000**
預估處理這個完全不實的謠言所需的總時數	**16,726**

（這個數字超過8個人年。相較之下，整個A計畫花費的人力約是7個人年）

預估處理這個謠言所需的總成本	**$1,263,480**

圖8-3　影響細節的案例研究2：謠言的成本分析或早期消除謠言可節省之金額分析。

8.5.2　可能的困難

可能遇到的困難是，人們無法說出何者是最大的利益事項。不要一直在這個部分打轉。只要請他們選出利益最大的那一個。

有些人則想不出任何有利益的事項。幫助他們的方法是，提供其他人找出的利益事項的實例，以激發他們思考的方向，但是也不要一直在這個部分打轉。你要找的是有較大利益的事項，如果真的有的話是很容易就回想起來的。如果有些受訪者無法提供任何利益事項，也沒有關係，因為從其他人所提供的較大利益事項可做為彌補。

如果所有的人都想不出任何較大利益事項，或許是因為求改變的目標訂得不切實際。請考慮採用可以偵測小幅改善的方法，例如在第9章所介紹的主觀影響法。

8.5.3　實例

單一最大利益法在實務上有許多地方可以應用，例如，下面介紹的這個例子雖然相當戲劇化，但絕非不常見的案例：

公司新引進了一套規格書審查的辦法，目的主要是要解決修正軟體錯誤的成本過高的問題，尤其是當錯誤遲至軟體開發週期的晚期或軟體交貨後才發現。原本的計畫是與開發人員一同逐條研究前14次審查會所產生的「問題清單」。在約定討論時間時，分析師發現其中的一個產品已停止開發工作。追查歷史資料後，他發現，該產品的規格書審查會找到的嚴重問題過多，以致管理階層決定讓專案終止。分析師接著轉而估計這樣可以省下多少錢，於是得到這份報告，報告的標題是：規格書審查的案例研究（參看圖8-4）。

這份報告的提出在改變機構文化的工作上是一個里程碑。在此之

規格書審查的案例研究

背景

斑馬專案的規格書審查結果是一份有超過150個嚴重問題的清單。管理階層看完這份清單後才知道，這個產品的先天設計不良。他們取消了這個專案，並啟動愛麗斯專案以為替代。

因終止專案而省下的開發成本

直接人力，6個人年	$420,000
專案管理	$ 82,000
硬體設備	$ 60,000
開發成本節省總額	**$562,000**

因終止專案而省下的行銷成本

產品使用手冊	$ 55,000
訓練課程開發	$ 25,000
銷售文宣	$ 30,000
行銷成本節省總額	**$110,000**

這些數字的前提是，該產品是在行銷上市的前一刻才喊停。在此專案之前，本公司歷年來的模式都是要等到第一次的交貨日才會終止專案。拖延終止專案的日期當然會產生額外的成本，其中包括了現場服務訓練、支援的準備工作、顧客信心和市場形象的喪失。

以替代產品延期上市所需的成本

本公司的行銷模型顯示，延期一年上市會讓我們的市占率從28%跌至21%。延期兩年上市將跌至12%，而延期三年以上則會讓我們永遠退出市場。斑馬產品的原始市場預估值是$45,000,000的年營收總額，有30%的淨利潤率。因此，市占率減少1%會損失$135,000的利潤。於是延期一年的代價是$945,000；延期兩年是$2,160,000；延期三年是$3,780,000。

斑馬專案原訂的開發時程是1.5年。根據公司的模型，替代產品要在管理階層得到有問題的信息後才會開始開發，因此保守估計有一年的延誤。根據公司歷年來的表現，新產品被管理階層終止開發前其時程至少有六個月的延誤，導致總共是兩年的延誤。然而，一般而言，我們的專案中因訂定規格遇到困難而有改變率偏高問題者，這類專案似乎都在專案終止前用掉原始預估開發時間的兩倍，在這個例子是3年。

結論

僅從這一個規格書審查工作，我們可得到的利益範圍是$1,600,000到$4,500,000。結果或許不是偏大值，但是就算利益落在最小值，也抵得上2,000次審查會議的成本，即使審查的結果是一無所獲。

圖8-4　單一最大利益法的報告範例。

前，該機構沒有明確的專案終止程序。的確，終止一個專案被認為是少見的特例，也是非常不好的一件事。在討論完這份報告後，經理人員才驚覺，他們所負責的專案中有超過三分之一的最終命運是半途終止。為此，他們發展出一套程序，把規模較大的專案拆成五個明確的小專案，各部分的經費約占預估總成本的1%，2%，5%，20%，和100%。在每個專案要結束前，管理階層重新計算每個專案的成本和所產生的價值，然後利用這些資料來決定該專案是否要繼續做下去。

還有一個例子是根據我與丹妮多年前所做的一個研究[6]。這個研究是由一個客戶的經理所提出，他懷疑提供給專案技術負責人的訓練是否值得，而且他認為訓練的成果如何難以評估。

我們的研究是利用面談的方式找出訓練的單一最大利益，面談的對象是100個人，他們在半年前接受過這樣的訓練。我們從一個人只蒐集一個利益事項，彙整成一張表，其中每一項都是受訪者仍清楚記得的，並以能夠說服經理的方式來記載其價值。用這個方法，我們確保預估的價值是落在範圍的下限，因為許多受訪者還可以寫出更多利益事項。我們整理出來的表格如下：

人數	利益事項的價值	投資的報酬總額
1	$1,000,000+	$1,000,000
2	500,000	1,000,000
7	100,000	700,000
15	50,000	750,000
20	10,000	200,000
20	5,000	100,000
10	1,000	10,000
25	0	0
投資的報酬總額		$3,760,000
成本總額		$ 200,000
報酬與成本的比率		18.8:1

這個研究說服了經理願意為三千個技術人員展開技術領導能力的培訓方案。這個研究也讓我們相信，當有人要求我們為我們的工作訂出價值時，我們不再會有辯護或防衛的心態。遇到這類的要求，我們只把它當作是有人想要得到有關品質方面的資訊。一個軟體工程經理如果想要變成把穩方向型（模式3）文化，就必須採取這樣的立場。

8.6 心得與應用上的變化

1. 價值不可能總是從金錢的觀點來決定，因為人們秉持的某些價值是無法直接轉換成金錢的。程式設計師的價值體系組成的因素可包括：因程式寫得很有技巧而博得同僚的讚美、顧客不會付錢他也會做的某件事、或顧客願意付錢請他不要做的某件事。經理人員會以強調某件事可以值多少錢的方式來鼓勵程式設計師接受顧客的價值體系，但這些鼓勵的話卻如馬耳東風。如果程式設計師就是無法在這種以金錢來衡量的價值體系下做事，你即使提供獎金給達成某種要求的員工，仍然可能行不通。換個角度來看，假使你答應程式設計師說，他若是能達成要求就有機會去開發一個會用到最有挑戰性技術的新軟體系統，那麼他幾乎什麼事都願意去做。[7]

2. 對許多顧客而言，價值不高的一小段軟體卻可能有很高的整體品質，即使寫那段軟體的人從他的價值系統來看並不認為那段軟體的品質有多好。

3. 品質就是價值，不多也不少。品質就是對所有的人在任何時候可帶來的整體價值。因此，如果你失去了使用者，你也失去了價值。時間不會成為一個品質問題，除非你從時間與價值之間取捨

的角度來看事情。

4. 我的同事Jim Batterson把「熱動力學第二法則」應用到軟體的維護工作上，以說明軟體在沒有修正活動下，會有隨著時間而品質衰敗的傾向。Lehman和Belady[8]以及其他人都觀察到，軟體連續的改變往往會影響為數愈來愈多的軟體模組，反映出設計凝聚力上的衰敗。

8.7 摘要

✓ 改善品質的動力一定是來自對品質可帶來多少價值的研究，但是經理人員似乎總是把成本與價值混為一談。

✓ 當一個機構面臨生存的壓力時，必須決定要注重的是成本還是價值。一個機構是否已從模式2成功轉換到模式3，最有力的指標是看它是否從觀察成本轉變成觀察價值。

✓ 正如DeMarco說的：「努力的方向會隨著你要計算的是什麼而改變。」對成本做計算會導致成本的降低。對價值做計算會導致價值的增加。成本的降低會受年度預算所限。價值的增加則是無限的。

✓ 當有人說：軟體的價格（成本）太高，他暗藏的意思是：（對我來說）軟體不值那個價錢。價值一定是感受到的價值。因此，我們必須知道感受者是何人。

✓ 當軟體專案做不下去時，其品質問題何在是很容易回答的。在所有品質崩潰的案例背後只有一個簡單的事實，那就是對軟體界而言，我們試圖利用達到更高精準度的手段來提升價值，但這樣的精準度超過我們以往所能達到的。

✓　軟體業是一個年輕、尚未成熟的行業。在開發早期系統時能夠生產高品質產品的開發流程，用以開發規模更大、複雜性更高的後續系統時卻會變得無法勝任。因此，軟體的價值即使不會崩潰，也會逐漸退化。

✓　「熱動力學第二法則」告訴我們，為了得到品質，你必須有所付出；想要得到更高的品質，你必須付出的也更多。

✓　「人類天性第一法則」告訴我們，人們永遠都不願相信「熱動力學第二法則」適用在他們自己的身上。

✓　在品質上的投資還不只是金錢和辛勞。要有穩定的品質，我們必須學習新的思考方式。

✓　系統化思考告訴我們，為得到品質，我們必須在需求改變時，或在我們察覺需求有改變時，對之加以監控。然後，我們必須對開發過程做調整，調整的基礎是根據需要什麼和生產出什麼之間的差異。這件事是經理人該做的事。

✓　透過衍生需求得到的品質評量值屬於間接評量值，因為這需要有額外的步驟來找出需求與品質之間的關連性，而有額外的步驟就會增加出錯的可能。有可能做出錯誤解讀的意思是，評量值的間接程度若是越高，就要更小心地管理它。

✓　對標準發出不滿的聲音，是因為那些必須遵守標準的人不理解標準與標準的價值之間存有怎樣的因果關係。影響細節之案例研究法與單一最大利益法可以讓我們找出兩者間的關係並量測其品質。

✓　影響細節之案例研究法是針對某一改變會對價值造成怎樣的影響所做的詳細研究。它的基本觀念是透過效應圖來追蹤所有的需求。

✓　單一最大利益法的做法是，找出價值的最低值，同時可讓執行的成本和時間達到可實踐的水準。單一最大利益法的基本問題是：你認為這個改變能夠帶來的單一最大利益是什麼？

8.8　練習

1.　下次如果你聽到有人說「軟體的價格（成本）太高」，請嘗試問問他真正的意思是什麼。你可以反問：「如果軟體的成本降低這麼多，我們可以多賣出幾份？」繪製一張成本和價值的關係圖，然後找出一個平衡點，在該點有最大的淨價值。這是軟體應有的生產費用。

2.　從你的機構中找出一個最受批評的工作標準。以此工作標準為主題進行影響細節的案例研究，找出原因為什麼大家認為它製造了許多麻煩卻無法帶來相對的價值。

3.　許多機構習慣性會在需求尚未確定前即宣布交貨日期。這傳達了什麼訊息？對於員工的士氣會有什麼影響？

4.　在你開發下一個產品時，不要宣布產品的交貨日期，而是宣布產品的品質水準，並將之做成標語，例如：時間不到我們不會把酒賣出去。如果你宣布「除非銷售部門說公司的現金流通不足，否則我們不會把酒賣出去」，這樣的宣布對酒的銷售會有怎樣的影響？或是，「直到總經理開始要滿足那些創投資本家的那一天，我們才會讓軟體出貨」，這樣會如何？有時做這樣的宣布有其必要，但是會帶來什麼影響？

5.　我的同事 Dawn Guido 和 Mike Dedolph 提到，工作標準的效用和可獲特許免用的機率之間似乎是負相關。你能想出是哪些原因造

成這樣的結果？

6.   另一位同事Jim Batterson說：「對於品質是免費的我的看法是，一個人在培養出品質的習慣和思考嚴密的習慣後，他就能在第一時間把事情做對，如此生產力將大幅提升。品質哪有什麼成本？」機構要培養出習慣（也就是文化）在不同的環境下的工作成果都有「品質」，例如「品質的習慣和思考嚴密的習慣」，請用腦力激盪的方式找出培養這樣的習慣要付出的成本有哪些。

第三部
找出含意

人是唯一會臉紅的動物。或者,人有必要如此。[1]

——馬克‧吐溫

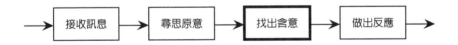

根據「薩提爾人際互動模型」,觀察的第三個步驟是「找出含意」。所謂含意是指話中有話,但不是從最廣泛的含意這個角度去看,而是從我們個人的角度去看。因此,「找出含意」這個步驟的關鍵字是關聯:提供一個濾網,把真實世界的複雜度降低到我們的大腦可以處理的程度。

9
如何評量情緒上的含意

對他人懷有攻擊性或敵意的想法或感覺，並不是一件壞事。當你認知到自己有這樣的感覺，你就不用再假裝你不是那樣的人，你可以開始學習接受這樣的心情。然而，壞就壞在你讓這樣的情緒來主宰你整個的人。當你放任自己對他人施加攻擊和敵意，自然會招致攻擊和敵意的回報。最後的結果是衝突升高，這是所有真正的武學大師所極力避免的。憤怒不必然會有行動。但你帶著憤怒採取行動，就會失去自制的能力。[1]

——*Joe Hyams* 引自 *Jim Lau* 的話

現在是來談一個比較危險的話題的時候了。我有點害怕會失去一些讀者。從另一方面來看，我覺得我有充分理由應該覺得害怕，因為我知道我所說的危險是真實存在的。每次我對一大群聽眾談論高品質軟體時，大約有一成的聽眾會失去興趣，而當我說到「薩提爾人際互動模型」的第三階段時，有一兩個人還真的當場走人。顯然，這些人對於像「情緒性反應」這樣的主題有相當強烈的情緒性反應。

　　本章對你是一個測試。注意你接收到怎樣的訊息；注意你認為該訊息的原意是什麼；然後注意你有什麼情緒上的反應。或許你發現自己感到具攻擊性或有敵意，只要你不隨著情緒做反應，我都覺得沒有關係。或許你會感到害怕，這也沒有關係，因為我要承認我也會感到害怕。或許你會感到高興（並非所有的情緒都是負面的），若是如此我也會跟你一起感到高興。甚至你會感覺無聊或事不關己，這是對我長篇大論的說教最常見的情緒反應，這也是我最怕見到的。

　　不論是怎樣的反應，你都會有某種情緒上的反應，因為這是我們人類對我們所接收的訊息賦予一個意義後所做的反應。因此讓我們來到「薩提爾人際互動模型」的下一個階段：擷取訊息中的含意（圖9-1）。

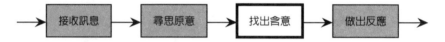

圖 9-1　「薩提爾人際互動模型」的第三個步驟是擷取訊息中的含意。

9.1　一個擷取含意的模型

讓我們仔細檢查一下我是如何從你「發送」的訊息來決定其中的含意是什麼。我們的身體對來自輸入端的訊息，只需要幾分之一秒的內部處理時間即可完成接收和詮釋的工作。在這麼短的時間裏，我的大腦已經從你所「發出的訊息」跨出了兩大步。處理過後，我現在注意的焦點轉到我「收到的訊息」（而非你「發送的訊息」）的個人詮釋上。此外，這只是幾百種可能解釋中的一個，但是我將利用這一個解釋來開啟整個過程的下一部分，這個過程可決定「你的」行為在我看來有何意義（亦即，我的詮釋是什麼）。

9.1.1 對感覺的一些想法

人際互動走到了這一步,當事人的感覺開始成為主角;也正是人際互動走到這一步時,我們大多數人會開始迷路。如果你無法分辨想法與感覺之間的差別,做為觀察者或經理的你將永遠無法走得很遠。因此,讓我們花一點時間來釐清兩者間的差異。

　我可以理直氣壯地說「我想我吃了有毒的食物」,而不是說「我想我的肚子痛」。兩者有何差別?差別在於這兩件事我知道的方法不同。我知道我吃了有毒的食物,因為我蒐集了許多的事實,其中包括我的肚子會痛,所以做出「起因是食物中毒」的結論。我知道我的肚子在痛,因為疼痛就在那兒,也因為我能感覺到疼痛。

　我的醫生為了讓我改變「我吃了有毒食物」的想法,或許會拿出一些證據,例如 X 光照片,來證明我得了膽結石。但是,即使有了這些新證據以及從之而來的新想法,我還是會痛。或許她會設法讓我不去注意疼痛,或是用藥物來幫我止痛,或是用膽囊開刀的恐懼來蓋過疼痛。有許多的想法一旦我找到好的理由就會消失掉,但是,疼痛並不會像這樣就消失。

　各種的感覺(例如疼痛、幸福、受傷、歡樂、悲傷、好感、反感、無動於衷、噁心、羞辱、慚愧、困窘、無聊、好奇、憤怒、興奮、困惑、恐懼、愛等等)都可套用此一相同的模式。我透過直接的方式知道我有怎樣的感覺,而不必經由推理的過程才得知。

9.1.2 想法會引發感覺,反之亦然

有人對你說「我想我戀愛了」或「我想我感到厭惡」,我們不可被這樣的表達方式給弄糊塗了。這只是語言表達上的問題,更準確的表達

方式是去掉「我想」這兩個字，而只要說「我戀愛了」或「我感到厭惡」，因為想法與此事無關。這是一種感覺。

不要誤會我的意思。雖然我的感覺不是透過推理的過程而得到的，但是想法會引發出感覺。如果我認為某個專案快要延誤了，我可能會感到憤怒、高興、害怕、困惑、好奇、或任何一種感覺。

接著，感覺可能會引發出想法。如果我為你的專案快要延誤而感到高興（或許是因為唯有如此才能掩飾我自己的專案也延誤了），我可能會想到千萬不可幫助你的專案加快進度。如果我為你的專案快要延誤而感到害怕（或許是因為如此一來我自己的專案也會受拖累而延誤），我可能會想到要把我的資源撥一些給你。

我們都知道，一個想法會激發出另一個想法，這叫做「推理」（reasoning）的過程。我們不知道為什麼想法可以激發起感覺且感覺可以激發出想法——這個過程並沒有一個名稱。然而，唯有這個過程才足以說明「最容易讓人混淆的人際互動關係中內部處理過程」的特徵。

9.1.3 感覺上的反應

讓我們回到你我之間的互動關係，在第二章中已做過介紹。互動的開始是當你說「讓我們打電話給會計部門」。我「接收到」這個訊息的一部分、全部、或完全沒有收到，然後我做出自己的「解讀」（這樣的詮釋只是諸多可能的詮釋中的一個）。

現在我大腦內部的反應是我對我的「解讀」所產生的感覺（請看圖9-2）。假設我的「解讀」是：

（解讀1）「你和我之前意見不一致，因此我們找一個外來的權威來檢查我們的做法。」

我大腦內部跳出來感覺上的反應可能是：

（感覺 1）「我覺得害怕，因為我想你是試圖要讓我在老闆面前出醜。」

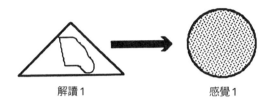

解讀 1　　　　　　　　　　感覺 1

圖 9-2　我從我的解讀產生一種感覺。

9.1.4 感覺是隨性且神祕的，但是很真實

這個感覺並不是我用理性的方式得來的，它如何出現是心理學的一大
未解之謎。一旦我選定了某個解讀（解讀 1），隨之而來的感覺似乎在
我知道是怎麼回事之前就已出現。感覺是自動產生的，但這並不表示
在相同的情況下所有的人都會有相同的感覺。這只能表示我這獨特的
感覺的出現似乎由不得我做選擇。

　　至少我可以選擇是否要察覺我的感覺，並且找出它與其他感覺之
間的差異。如果我知道自己到底是感到憤怒、受到傷害、興奮、還是
害怕，可以有助於正確地掌握事態。這樣的話可以幫助我利用觀察的
結果去做對的事。

　　接著換你上場。不論你說話的原始意圖為何，對於你的話我的感
覺幾乎是什麼都可能，如果你能記得這個原則，並以此來解讀我的反
應，你會覺得容易些。例如，在這段對話的脈絡下，對於我為什麼會
有害怕的感覺，可能讓你完全摸不著頭緒。如果（你認為）有人想要
讓你在老闆面前出醜，你本人可能會感到憤怒。或許，你會感到悲

傷。或許，你會感到高興，因為事情終於有個了結。

　　即使你的感覺是害怕，讓你害怕的原因也有千百種。例如，你感到害怕的原因可能是你的交際費帳單遲了三個月沒報，你不想和會計部門打交道，直到你有空能補上那些帳單。如果你看出我感到害怕，你還是無法推論出我的交際費帳單還沒弄好。

　　實際上，我恐懼的感覺可能跟你、老闆、或會計部門都沒有直接的關係。可能只是因為你的提議讓我想起，我接到通知國稅局要來查我的所得稅申報書，而我害怕他們會拒絕我買遊艇花費的所得扣除項目。但是，因為我的感覺與你所說的話之間的關係可能是隨性的，單憑這一點，你就不可以忽視這個事實：我有個感覺「正在反應運作中」。

9.2　觀察言行不一之處

現在讓我們看看感覺與品質之間的關係。人們所重視的價值就是品質。有時人們口裏說他們重視某樣價值，但是卻與他們行為上的表現不符：

- 一位經理說她重視你的意見，但是，當你告訴她你對新系統在設計上的想法時，她卻還是照著她的預算繼續執行。
- 一位顧客說系統運作時沒有錯誤，是衡量品質唯一的方法而且不能有任何折扣，然後，為了讓系統能在2月1日前開始運作，顧客堅持要跳過一半的系統測試。
- 一位開發人員說他只想生產出最好的程式碼，然後，編出一百個藉口來說明為什麼他的程式碼不需要接受技術審查。

當人們的行動與他們說自己所重視的價值在邏輯的結果上明顯不相

符，我們稱他們的行為是「言行不一」（incongruent）。言行不一的行
為是品質的頭號敵人，因為這樣的行為會遮蔽了人們真正重視的價
值。為達到品質的一致性，你必須能夠了解隱藏在言行不一的行為背
後的真正價值是什麼。每當你為言行不一的行為感到困惑時，必須去
尋找那被隱藏著的感覺。

9.2.1　言行不一在工程上的後果

回想我們在第5章中利用「進度落後圖」和「進度落後與超前宣布對
應圖」來檢驗數家公司的文化模式。在檢驗的過程中，我們看見在圖
中所承諾的與該公司交付的結果之間存在許多重大的言行不一之處。
這些言行不一之處讓我們看見有哪些隱藏的情緒會成為我們追求品質
之路的障礙。

　　以B公司為例，員工對經理人員心存畏懼，因此，不論品質狀況
的真相如何，他們每次進度落後的要求從未超過3或4週。經理人員
本身對自己的公司感到驕傲，但對於從外界學習任何新的東西出現過
於狂妄的現象。結果是，他們的軟體開發過程並沒有變得更好，雖然
他們的競爭者不斷在改進。

　　成為鮮明的對比，C公司的工程師瞧不起公司裏的經理人員。結
果是，圖5-16的暴起圖顯示，不論經理人員的時程怎麼排，他們都輕
鬆答應，之後，卻完全不管時程，照著自己的步調來做事。

　　在這兩種文化中，對未來所做的承諾在開發人員日常的工作中可
說是毫無意義，雖然是由不同的情緒上的原因所造成。在B公司裏，
唯一重要的視野是能夠看出「如果我們提出進度落後超過三週的要
求，經理當下會有怎樣的反應」。在C公司裏，唯一重要的視野是能
夠「不管經理要的是什麼，我們能完全照著我們當下的需要去做」。

但是，如果你找開發人員面談，他們會說自己為了專案既定的目標願意全力以赴，包括時程上的目標。

9.2.2 *棘齒線*

在其他的軟體文化中，未來的結果在腦中的圖像的確會影響到目前的行動。一個讓人揮之不去的圖像就是專案誤了交期並在專案經費上造成無法挽回的損失。這樣的日期我們稱之為棘齒線（ratchet line），所謂的棘齒是指一種「只容許單一方向轉動」的裝置。如果你在棘齒線之前宣布專案進度落後了，所造成專案經費上的損失還不大；但是，如果你越過了專案經費的棘齒線仍不宣布進度落後，那麼專案的經費會暴增而且所花的錢也都白白浪費掉了。因為有棘齒線的效應，使得你無法回頭把你損失的錢收回來。在此提供幾個棘齒線的實例：

* 在產品凍結日的那一天，印刷品都要送印表機列印。在這個日子之後如果系統規格還有任何修訂，印好的文件都將成為廢紙。

* 在廣告媒體上刊登廣告需要較長的前置作業時間。預訂了廣告的版面，卻延誤了棘齒線，後果是，刊登的廣告上承諾要推出的產品最後無法交貨，造成很大的難堪。

* 對新聞界宣布產品要推出新版本，其效應與刊登廣告版面相同。如果用新的新聞稿來推翻舊的新聞稿，不但要賠上公司的信譽，最終還會造成銷售量的損失。

* 公司為了想要保持市場占有率，宣布要推出一個重要產品卻沒有如時推出，該公司可能有法律上的責任。這種「吊市場胃口」的做法很難為其辯解，即使管理階層在做出宣布的那

一刻並不知道產品的時程已落後。

- 如果訓練的實施與實際應用有長時間的落差，訓練計畫會失去其適切性。一旦人們開始接受與某個系統有關的技術方面的訓練，而該系統的交付日期有長時間的延誤，那麼所有訓練上的花費大部分都被浪費掉了。

- 硬體訂單需要很長的前置作業時間，如果取消訂單應有罰款。如果一所機構收到的硬體不是立即可用，花在租賃上的錢都形同浪費，或資金被綁住無法挪做其他方面的投資。

- 就軟體銷售來看，開始為一個新版軟體製造大量拷貝代表有資金投入，如果新版本需修改，這些資金是無法回收的。更慘的是在開始將這些拷貝送到顧客手上的那一天，因為此後若要補救所犯的錯誤都需要包括有形的成本（郵寄和接聽服務電話的成本）和無形的成本（損失信譽）。

- 向公司的總經理保證要在某一個日子交貨，這對當事人的職業生涯而言是製造了一個棘齒線，因為總經理不喜歡在董事會前面因無法依自己的承諾如期交貨而失了面子。

圖9-3顯示的是一個典型的暴起圖，其中以虛線的方式多加了一條棘齒線。這條棘齒線與基準線固定保持五十天的距離，這表示專案超前宣布進度落後的時間如果少於五十天的話，將會在專案經費上造成無可挽回的損失。圖中顯示，此專案以方向朝上的方式三次越過棘齒線。

對D公司而言這是一條典型的暴起圖，而該公司想要用添購軟體工具的方式來節省花費並改善品質。雖然經理人員說他們對專案用了多少經費很注意，但是，像圖9-3這樣的暴起圖卻顯示他們習慣性地會越過棘齒線，因此每個專案都會浪費大筆金錢。這種言行不一的行

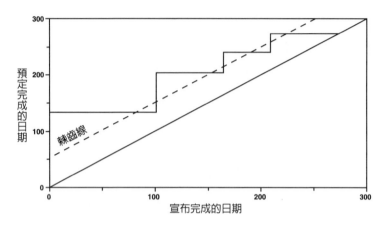

圖9-3　D公司的暴起圖，以虛線來代表那條重要的棘齒線，位置訂在宣布完
　　　成日期之前五十天。D公司的專案一旦越過了這條線卻不知道進度已
　　　落後，該機構會產生無法回復的花費；然而，D公司在宣布專案進度
　　　落後前會習慣性地越過這條棘齒線。

為代表了什麼意義？此處是對D公司的文化所做的一些假設：

D1. 開發人員對公司的其他部門完全不理會。

D2. 在棘齒日的那一天，經理人員對開發人員過於懼怕，不敢詢問有
　　　關在已宣布的產品完成日如期交貨的機率的問題，深怕妨害到他
　　　們的工作。

D3. 公司的其他部門對開發人員也是心存畏懼。

所有的這些情緒狀態在一個表現不佳的變化無常型（模式1）機構中
堪稱典型。對D公司來說，這些狀態都證實為真。所得到的結果是，
公司業務上的需要無法控制軟體的開發工作，而顧客和經理人員都要
看開發人員的臉色。

　　這樣的結論是從開發人員對成本漠不關心的態度上看出來的；但

是，一旦經理人員了解隱藏在下面的底層情緒，他們很容易可以驗證出開發人員不論對價值或對品質也都是一副漠不關心的態度。至少他們現在知道對於 D 公司要從哪裏開始下手：不是從添購軟體工具開始，而是從改變員工的工作態度開始。

9.2.3 機會線

當一個專案在不知不覺中錯過了對外承諾的日期，機構就失去了創造某項有價值事物的機會。如果專案在臨到這個日期之前能夠宣布自己的進度落後，那麼還可保有這些機會。但是，專案只有在臨到這個日子時才發現自己無法維持承諾，那麼機會將一去不回。我們稱這種對外承諾的日期為機會線。在此舉一些例子：

- 商品展被排定在某個日子。如果軟體無法在商品展上達到可展示的程度，該機構會失去向一萬個可能買主展示的機會，而在同一天裏這些買主會跑去看競爭廠商的展示。
- 軟體真正的使用可能是為了一個固定日期的事件，例如選舉、奧運比賽、或太空船發射。如果軟體到時還達不到可正常使用的程度，整個開發軟體的目的就永遠失去意義。
- 軟體的銷售市場有季節性，因此，時程上僅耽誤一兩週也可能喪失整年的銷售機會。
- 在一家硬體公司裏，一筆大型硬體的訂單可能依賴的是一個小量的軟體在某個日期之前是否能夠做展示。
- 交付日期可能附帶有違約的罰則。
- 一家軟體公司可能必須讓他們的產品有一個可供展示的版本，以便與一家硬體公司發布新產品時一起做聯合產品發表

會，至少不能輸給他們的競爭對手。

● 在一個特定的日子要展現自己是否有參與某個大型合約的競
標能力，如果有充足的前置作業時間則勝算更大。

E公司是一家為個人電腦開發軟體的公司，該公司正遭遇無法趕上時
程的問題。圖9-4所示是從E公司的資料製作出來的典型暴起圖，圖
中畫了兩條機會線。E公司的計畫是在Comdex電腦展上推出一個新
的軟體產品做為主打，如果該產品達到可供展示的程度的話。一家硬
體製造商同意將在聯合硬體發表會上將此軟體與其新機器綁在一起
賣，如果此軟體達到可供展示的程度的話。從暴起圖可看出，E公司
的專案兩條機會線都錯過了。該公司其他專案也錯過類似的機會線。
為什麼會這樣？

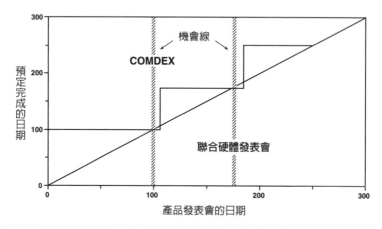

圖9-4　E公司的暴起圖，圖中用虛線來代表兩條機會線。COMDEX是一個
　　　　電腦展，E公司必須在展場上展示產品的功能。聯合硬體發表會的日
　　　　子是電腦製造商讓新的電腦機種公開亮相，E公司打算讓自己的軟體
　　　　在新的硬體上展示。E公司在宣布專案進度落後前，會習慣性地越過
　　　　這些機會線。

此處提供一些假設，這些假設經E公司的員工證實這正是該公司的文化：

E1. 開發人員無法有效控制軟體的開發工作，並且不好意思承認有這件事。

E2. 開發人員懼怕行銷人員，因此，當進度大幅落後時不敢事先向他們提出警告，直到已經越過了機會線才不得不承認。

E3. 經理人員懼怕開發人員，不敢檢查他們的工作進展。

E4. 經理人員無法有效控制軟體的開發工作，並且不知道自己是如此。

E5. 行銷人員對如何影響經理人員和開發人員充滿無力感。

當像這樣的機構接近機會線時，進度上有落後變成一件「不敢去想」的事。當人們在情緒上受到壓力時，他們會完全停止思考。

9.3 主觀影響分析法

A、B、C、D、E這五家公司的顧客對他們所提供的軟體品質的評價相當一致，都是不良。對這些顧客而言，軟體開發工作是令人（不愉快的）大吃一驚的來源。他們原本都有很高的期望，但最後卻發現，對方所承諾的和所交出來的結果不能相符。

所承諾的和所交出來的結果不能相符，多數是因為顧客與開發人員有不同的價值系統。有些開發人員（錯誤地）認為他們知道顧客重視的價值是什麼。有些開發人員明白自己不知道，但也不知道該如何找到答案。他們央求請來的顧問來替他們解答他們所碰到的問題：「我們的顧客真正想要的是什麼？」

　　主觀影響分析法（subjective impact method）是回答這個問題的一種過程，此過程是從「對顧客至關重要的是什麼」的角度來進行觀察。此法的成功憑藉的是能夠放棄「品質這個東西可以用客觀的方法來加以評量」的假象。此法確實非常成功。

9.3.1　基本問題

每一個分析法第一個要問的問題都應該是：誰是分析結果報告的聽取人（audience）？換句話說，在決定品質的時候，誰的價值判斷才算數？

　　主觀影響分析法利用報告聽取人的評判標準來評鑑新的事物。不要假設你知道該問的基本問題是什麼，除非你自己也是報告的聽取人之一。你必須從報告聽取人身上找出哪些問題才是基本問題，同時也要找出哪些人所給的答案才可信。你弄清楚這兩件事之後，你才能夠找到對的人問出對的問題，下面我將說明如何去做。

9.3.2　主要的觀念

主觀影響分析法的第一個主要的觀念是利用你的報告聽取人所重視的分類項目當作訪談的問題（當然，假定你已知道報告的聽取人是誰）。你是透過主位取向的訪談（emic interviewing）來得到這些分類項目，我將在第14章詳細說明此法。簡單來說，主位取向的訪談在提問時是從受訪者認為重要的角度出發，而不是主談者認為重要的角度。要做到這一點所靠的不是一份事先準備好的問卷，而是詢問受訪者：

　　如果我想要找出這個專案的價值為何，我應該問別人什麼樣的問題？

此法的第二個主要觀念是找報告聽取人會相信的人來進行訪談。首

先，請你的報告聽取人告訴你哪些人的看法他願意相信。如果你尚未徵詢報告聽取人的意見之前即進行訪談，那麼你的報告對他絕對沒有說服力。你只要問他：

如果有人告訴你他們覺得這個改變值得去做，請問誰這麼說你會相信？

第三個主要觀念是用直接問題去問所找出的這些人他們心目中的價值是什麼。因為報告聽取人已經說過他們會相信這些人所說的話，你就不需要去證明你報告上的說法是對的。如果受訪者說：「這個改變會讓我的生產力增加7%」，那麼你只需把這個事實寫在報告上就具有說服力了。

　　最後，把訪談所得的資料整理成簡潔有力的格式，如同之前的討論。不要被訪談後得到的大量資料給沖昏了頭。報告內容要以問題直接、不偏離主題為原則，並能在一頁之內說明完畢。

9.3.3 可能遇到的困難

報告聽取人可能會告訴你，受訪者自己也不知道他們在說些什麼。如果真是這樣，即使你事先即得到報告聽取人的承諾說會相信那些人所說的話，你也碰上了報告聽取人言行不一的問題。除非你們彼此間建立了信任關係，否則任何的評價方法都幫不上忙。

　　可能會有的第二個困難是，受訪者不願提供正面的答案。如果他們告訴你，這樣的改變對他們沒有什麼幫助，或許這個改變是沒有用的。要預防這樣的問題，你可以讓報告聽取人提供一份人名的清單，列出有改變經驗的那些人。這麼做的話，你的專案將不致由所謂的專家來評斷，而這些專家對你的專案的了解比你還少，只是湊巧他們比

較受到老闆的青睞。

第三，如果你要評鑑其成效的某個改變已經開始進行（例如，一個試驗性的先導專案），你或許無法找到足夠人放在名單上，因為沒有那麼多的人有改變的經驗。情況若是如此，你在選擇產品的早期使用者時並未做出正確的行銷工作。最好是在你決定誰將是你這次改變的早期使用者之前，能夠先從你的報告聽取人那兒得到這樣的名單，然後利用這份名單來指引你做計畫的方向。

9.3.4 實例1

要了解如何把主觀影響分析法用於分析一個新的軟體工具有何用途，並且假設你的報告聽取人給了你以下的分類項目：

A. 生產力

B. 金錢

然後，你可以利用下面的問題來繼續與選出的受訪者進行訪談：

A. 有了這樣的改變之後，你的生產力增加了多少？請給一個百分比的範圍或是一個數字。

B. 要將改變恢復原狀（亦即，改回到之前的狀態），我們必須給你什麼做為彌補？如果你被迫要回到原狀，你會怎麼做？例如，你會為自己或為專案要求更多的錢？你會辭職嗎？你需要增加人手、開發工具、或更大的電腦容量嗎？

問題A是處理生產力方面的問題，生產力可以很容易地依照受影響人數的多寡而做調整。問題B可以讓你將主觀的感覺轉換成金錢的數額。如果換掉某人要花多少錢？如果再增加一個兼職的人要花多少錢？如

果換一個不同的工具要花多少錢？換更大的電腦容量要花多少錢？

　　圖9-5的範例報告中顯示，你會得到什麼，以及你應如何向別人做報告。報告後的附註是要說明在這類的報告中有哪些特點和陷阱。

To:　　Annie Olde Sponsor，執行副總
From:　Mannie Trix, 技術轉移小組
主題：　對 Diazonon Debugger (DD) 的評鑑【備註1】

如你在我們9/9的會議上所要求的【備註2】，我從你所建議的10個人中找來8人與他們完成訪談，這10人是「你會相信他們對DD的意見」的人。受訪人的名單如下，並附上他們提供的意見。沒有接受訪談的兩個人是【備註3】

　　Marvelle Gershorn （在尼泊爾出差）

　　Jules Davos （當爸爸請陪產假）

訪談後為確保訪談結果的正確性，我將 Sally Cox 和 Arnie Talent 排除，因為他們沒有使用DD的直接經驗（因為他們沒有花太多時間在除錯的工作上）【備註4】。我問其餘的六個人：「因為使用DD讓你們除錯工作的生產力增加了多少？」他們的回答如下（有完整的資料可供參考）【備註5】：

George G. Gordon	25%
Winifred Washington	20%
Henry Fiddler	20%
Ralph Roister	8–12%
Connie Burns	7%
Farnsworth Riddle	–10%【備註6】

訪談結果顯示，Farnsworth Riddle 因使用DD而造成生產力下降，因為他所用的作業系統與其他人不同，DD 並未為該作業系統做正確的設計。我們已將 Farnsworth 從系統中拿掉，並通知廠商，因他們的軟體無法做到當初所承諾的功能，我們希望他們能夠改進產品功能，或是將價格降低【備註7】。

　　剩下的五位程式設計師都有使用這個工具，在使用DD之前他們每週平均花在除錯工作的時數是10小時。平均減少的工作時數約1.8小時。依照我們聘僱程式設計師的費率每小時80元來計算，每位程式設計師每週節省的費用總額是144元。採購此工具的金額是30,000元，因此我們回收的採購成本約為200個程式設計師－週【備註8】。我們大約50個程式設計師應使用此工具，因此，想要回收所有的採購成本，以50人都使用此工具來計算，大約使用4週即可回本【備註9】。

圖9-5　主觀影響分析法的範例報告1。

範例報告之備註

備註1： 盡量避免使用專業術語，並在首字母縮略字（acronym）第一次出現時要加以說明。

備註2： 因為 Annie O. Sponsor 是這份報告的接收人，並且受訪者的名單經她認可，因此這份報告是應她的要求而做成。在第一句話就提醒她這一點，所以這份報告很清楚地不是一份主動提出的報告。

備註3： 不要漏掉任何人不加說明。如果有人被遺漏，Annie O. Sponsor 一定會親自找那個人談一談，看看你的研究是否有偏見。她不但會因為要花這樣的時間而感到氣惱，而且一旦她得到的回答即使只有一個是負面的，你也完蛋了。

備註4： 一樣，每一個人都要加以說明，但不要聽信謠傳，或是憑空想像的意見。

備註5： 把蒐集到的資料都保存為背景資料，但要確定你的結論你都能找到支持的佐證。

備註6： 不要經不起誘惑故意剔除負面的案例。負面案例可讓你的論據更有說服力，特別是你能夠加以解釋，但是不要試圖隨便用話搪塞過去。

備註7： 公司最高主管喜歡聽到採取了哪些行動把情勢矯正過來。你若是能夠顯示你在利用自己調查的結果並且為 Annie O. Sponsor 樹立模範，那就更好了。

備註8： 公司最高主管喜歡在最後一行看到的是最後的結果。你可以給更多的解釋，像是有何利益，但是這個問題最好是留給 Annie 自己提出，如果你能夠證明做此改變是絕對值得的。不要做得太過火。

備註9： 在這類的分析報告裏，你會想要包括其他一次性的成本，例如訓練的金額和浪費多少時間。如果持續可節省為數不小的金額，定額的一次性成本往往從長期來看可被吸收。公司最高主管了解這個道理，因此你會想要省略其他金額小的，只留下數目最大的那一個一次性成本，讓報告能夠簡化些。即便如此，如果被問起，你必須準備好預估值並用口頭報告。

有位讀者看完這份報告的評語是：「這些數字都是主觀的，因此沒有什麼價值。還有，對於能夠節省時間有何重要，報告交代的不很清楚。理由是否正當應該從節省下來的時間可以完成什麼事的角度來看。」

看完報告後對你自己說這些數字沒有說服力是很容易的，但是你是否被說服了並非這裏的重點。Annie Olde Sponsor 是必須被說服的人，而且她已經檢選了一組人，這些人的意見是她所信賴的。如果她

被說服了，那麼專案就有望進行。當然，如果你沒有被說服，或許你會不想參與此案，但是你可以利用其他的方法來說服你自己。每一個人都有一套自己的方法來為一件工作賦予一些意義。

9.3.5 實例2

同一個系統可能有幾個不同的顧客，因此，同一份品質評估報告可能有幾個不同的報告聽取人。要盡量避免這份報告讓人有自吹自擂的感覺。如果有必要，請其他機構來驗證報告的正確性，並向他們報告一遍。例如，假設CEO給了你如下的分類項目：

C.　減少產品出貨所需的時間

D.　程式設計師的快樂感（因此可提升士氣）

接著，你會開始去找選出的受訪者用下面的問題來進行訪談：

C.　利用這個產品的結果，可以讓你交付完成的程式碼所需的時間加快多少？請給一個時間的範圍，或是一個數字。

D.　請給「如果你有了這個工具，你會多快樂」一個評分，分數的範圍從-10（如果我一定要用它，我會非常生氣）到+10（如果我能夠使用它，即使薪水變少我也樂於工作）。零表示完全與這個產品無關。

請看圖9-6的第二個範例報告，可以看出報告聽取人鎖定的分類項目對於你會問什麼問題以及你將如何做報告會產生多大的影響。你還會再相信品質可以用客觀的方法加以量測嗎？

To:　　　Sam Other Sponsor，CEO（Chief Emotional Officer，最高情緒官）
From:　　Mannie Trix，技術轉移小組
主題：　對 Diazonon Debugger (DD) 的評鑑

如你在我們 9/9 的會議上所要求的，我從你所建議的 10 個人中找來 8 人與他們完成訪談，這 10 人是「你會相信他們對 DD 的意見」的人。受訪人的名單如下，並附上他們提供的意見。沒有接受訪談的兩個人是：

Marvelle Gershorn　（在尼泊爾出差）

Jules Davos　（當爸爸請陪產假）

我向每個人問了 2 個問題：

1.　利用這個產品的結果，可以讓你交付完成的程式碼所需的時間加快多少？請給一個時間的範圍，或是一個數字（條件是為生產 1,000 行做過單元測試的程式碼需要多少天，例如 3/25 的意思是通常需 25 天的工作可節省 3 天）。

2.　請給「如果你有了這個工具，你會多快樂」一個評分，分數的範圍從 -10（如果我一定要用它，我會非常生氣）到 +10（如果我能夠使用它，即使薪水變少我也樂於工作）。零代表完全與這個產品無關。前次對其他工具進行調查所得到的平均評分是 5.5。

他們的回答如下（有完整的資料可供參考）：

姓名	節省天數／所需天數	快樂程度
George G. Gordon	2/20	7
Winifred Washington	1/18	6
Henry Fiddler	1/30	9
Ralph Roister	4/28	9
Connie Burns	1/14	5
Farnsworth Riddle	−1/22	−8
Sally Cox （不願使用）	0	0
Arnie Talent（不願使用）	0	0

訪談結果顯示，Farnsworth Riddle 因使用 DD 而造成生產力下降，因為他所用的作業系統與其他人不同，DD 並未為該作業系統做正確的設計。我們已將 Farnsworth 從系統中拿掉，並通知廠商，因他們的軟體無法做到當初所承諾的功能，我們希望他們能夠改進產品功能，或是將價格降低。

從回答的內容可看出，對可使用 DD 的人而言，單元開發的時間可減少 5% 到 25%。通常我們花在單元開發的時間占專案時間的 20%，因此，此提案可減少總時數的 1% 到 5%，對一個需時六個月的專案來說，可減少 1 到 5 天。我們不知道一個模組在做過單元測試後是否讓它的程式錯誤變少，如果程式錯誤變少可進一步節省系統測試所需的時間。

圖 9-6　主觀影響分析法的範例報告 2。

9.4 感覺才是事實

我在本章開始時所提供的那個測試，現在可以完成了。對於情緒性反應的這個主題，你是不是會有強烈的情緒性反應呢？你認為本章所談的內容全都太過「感情用事」嗎？當我說這些感情用事的東西是很重要的，而且我說的是對的，你的反應是不以為然、有敵意、還是害怕？

　　我不認為我所說的這些是感情用事。我花了許多的時間在感情用事的人身邊，我相信我知道我在說什麼。感情用事的特徵不是對情緒重視，而是其行為反應好像是情緒比什麼都重要。依我來看，它的危險性不亞於與它相反的觀點：情緒一點也不重要，這樣的觀點我稱之為「麻木不仁」。

　　感情用事對軟體工程界來說代表一種危險，因為它排除來自理性系統的資訊，而這樣的資訊可供我們掌握方向之用。

　　假使你搭某人的車，那人說：「我不相信會有人去開紅色的車子，所以我拒絕看到紅色的車子。」有這樣的人開車，你會感到安全嗎？如果人們會自動忽略某些事實，這樣的人怎麼能宣稱自己是理性的人？而且，我們人類確實會對接收到的資料所賦予的意義做出情緒性的反應。

　　我在這一章裏所傳達的，我相信都既不是感情用事，也不是麻木不仁，而是「實踐上合理的」。感覺是存在的。感覺是一種事實。有些感覺是好的，有些不那麼好，但是，所有的感覺可能都有關連性。你能夠拿到更多的事實，你就能把軟體工程的開發過程控制得更好。

　　忽略人情緒的一面就好像忽略紅色的車子一般。忽略人理性的一面就好像忽略綠色的車子。對汽車的駕駛而言，兩者都不是好的想

法。如果你無法忍受要把情緒當作事實來處理，那麼你自己的感覺會成為你通往成功的道路上的阻礙。此外，如果那不是感情用事，那麼什麼才是呢？

9.5　心得與應用上的變化

1. 軟體的管理階層有時會去分享顧客所持的價值。例如，負責為其他開發人員打造軟體工具的開發人員對於顧客所在意的品質的確會有很好的想法。但是，你仍然不可泛泛地假設顧客的價值大家都知道，因此，要用評量法來檢驗。

2. 經理人員有時受到壓力後會在情緒上變得無法量測完工的機率。為防止跨過棘齒線後蒙受損失，我有時會用100元來打賭，專案無法在截止的時間前完成。如果這個賭注是在其他經理人員的面前提出，拒絕打賭就會顯露出那位經理缺乏信心。如果賭注被接受了，會怎麼樣呢？我也不知道，因為還沒有經理接受過。人們似乎熱中於拿他們機構的一百萬元來冒險，而不願意冒險輸掉自己的那100元。

3. 有時，對一個時程較長的專案來說，要記住哪些事是重要的不太容易。如果你的顧客是一個在你自己的機構中有影響力的最高主管，請那位最高主管給你一封信，並將此信張貼出來，信中要提到：

   - 這些是對我很重要的評判標準。
   - 任何人想要避開這些標準，需先找我討論。

4. 有時，你問顧客說：「誰的意見值得你信任？」回答是：「只有我自己。」若是如此，不妨把專案當作原型產品來開發，你把系

統的新版本拿給顧客時，一次增加一點新功能，以供檢查和評估。但是，有一個警告：有時一個對任何人都不信任的人其實也不信任自己。

5. 我的同事 Phil Fuhrer 指出，管理階層有時製造出假的機會線，並握在手上當作驅趕開發部門的鞭子。在這樣的環境下，一旦開始看穿這個把戲，機會線就成了棘齒線。

9.6 摘要

✓ 觀察的第三個步驟是去找出含意，並提供一個濾網，把真實世界的複雜度降低到我們的大腦可以處理的程度。

✓ 我們人類對接收到的資料我們會先賦予它一個原意，然後以帶有某些情緒的反應對所賦予的原意做出回應。這是我們如何從原意得出其含意的過程。

✓ 當我們把感覺帶入評量的過程中，大多數人開始感到迷惑。想法和感覺的不同在於我們用不同的方法來理解事情。想法是一個過程，而感覺則往往是直接、勝過一切、且有意識的。

✓ 雖然透過推理的過程我們無法知道我們是否存有一種感覺，但想法能夠引發感覺。接著，感覺也能引發其他的想法。這兩個過程充分說明「最容易讓人混淆的人際互動關係中內部處理過程」的特徵。

✓ 要察覺一個感覺的存在，並且找出它與其他感覺之間的差異，可以幫助我們利用觀察的結果去做對的事，因為最終決定任何一個評量值代表了什麼含意的是我們的感覺，而且唯有我們的感覺才能決定含意。

✓ 有時人們口裏說他們重視某樣價值，但是卻與他們行為上的表現不符。當人們的行動與他們說自己所重視的價值在邏輯的結果上明顯不相符，我們稱他們的行為是「言行不一」（incongruent）。言行不一的行為是品質的頭號敵人，因為這樣的行為會遮蔽了人們真正重視的價值。

✓ 決定感覺的，（同理，決定含意的，）通常是未來的結果在腦中的圖像。棘齒線指的是一個交貨日期，如果錯過了會在專案經費上造成無法挽回的損失。習慣性跨越棘齒線則清楚顯示出這是信仰的價值與行為之間言行不一的一個實例。

✓ 另一個在腦中對未來鮮明的圖像是「錯過了交貨日期並失去創造某項有價值事物的機會」的圖像。這樣的日期就是機會線。

✓ 當一個言行不一的機構接近機會線時，進度上有落後變成是一件「不敢去想」的事。當人們在情緒上受到這樣的壓力時，人們會完全停止思考

✓ 主觀影響分析法是一個過程，此過程在回答「對顧客最重要的是什麼」這個問題。此法若要成功就得放棄「品質這個東西可以用客觀的方法來加以評量」的假象。

✓ 主觀影響分析法利用報告聽取人的評判標準來評鑑新的事物。此法從報告聽取人身上找出最重要的問題是什麼，以及誰的回答可以相信，因此訪談時可以用對的問題去問對的人。

9.7 練習

1. 有時公司會忘記自己的主要業務是什麼。一家航空公司或許一開始是從飛機設計業起家，然後跨足到飛機製造業，因為他們在設

計上的成功造成有接不完的訂單，然後，又跨足到飛機零件業，因為許多他們所賣的飛機都上了年紀。這些改變發生的同時，他們在資訊系統上的決策所反映的或許是他們從前的業務，而不是目前的業務。

你的公司是屬於哪種行業？你採取哪些步驟來掌握公司的業務重心不時改變的狀況？你的做法正不正確，你要如何量測？保持軟體能反映今天的業務，而不是昨天的業務，你是怎麼做的？

2. 我的同事Jim Highsmith說：「我必須好好想一想，我是否相信是我們的感覺在控制這整場的秀。不知何故，我認為我對某件事雖有強烈的感覺，但是卻能夠做出正確的決定，那就是我決定為了機構更大的『利益』而去違抗那種感覺。」在Jim所描述的這個狀況裏，他所有的強烈感覺不是只有一個，而是兩個。一個與他想要的是什麼有關，另一個則與「更大利益」的重要性有關。我們與這兩個相矛盾的感覺在內心角力，從中我們演出了一場偉大的戲，也做出業務上艱難的決定。請討論看看，在一個既定的狀況下，若是你對於哪一件事才是最重要的有上述矛盾的感覺的話，你將如何來應付這樣的情況？

3. 你的機構遇到謠言是如何處理的？這與憑空想像的意見（亦即，一個人沒有實際經驗可做為判斷的基礎，他所提供的想法稱為憑空想像的意見）有什麼關係呢？為改善公司文化中與不同資訊來源的可靠性有關的部分，你會做什麼？

10

如何在失敗發生前
就加以評量

一個人只要專心經營他的事業，眾人不會去算他喝了幾杯。當他失
敗了，眾人就會去注意他喝了多少，即使他喝的只是一杯沙士。

—— *Corra May Harris*

在邏輯上，對價值做直接的評量應該是一個機構開始做自我審視
時的首要工作，但是，通常實際的情況不是這樣。取而代之
的，對大多數機構來說，促使它著手自我檢查的是因為遇到了失敗，
或許是一個鯨魚般的大失敗，或許是成千個蚊子般惱人的小失敗。

把注意力放在失敗上或許看來是不合邏輯的（或許對許多的情況
都是不合邏輯的），但是，這麼做很能切合我們把品質當作主觀價值
的理解。使用電腦時有許多煩人的問題，其中失敗（系統的功能失常）
是到目前為止讓最多人感到最煩心的一件事。一個人若從未做過影響
細節的案例研究，或是單一最大利益的研究，當他的電腦出現失敗
（功能失常的現象）時，他仍然知道他不喜歡這樣的事發生。因此，

對於那些不會讓顧客遇到失敗的軟體機構，顧客是不會吝於給予讚美和感激的。

　　當然，失敗的定義會隨著時間而改變，正如人的期望時時會改變一樣。一旦顧客習慣了某個程度的服務水準，若一時無法達到那個水準就會變成一種失敗。有些顧客已習慣於期待軟體有一連串的突破，因此你若只能達到小小的進步，也會被視為一種失敗。所以，要管理失敗的第一個步驟是去管理顧客的期望，同時，這也是管理品質的第一個步驟。

10.1 評估失敗的成本

在軟體工程界裏，有些完美主義者花費太多的心力在應付失敗上，而不那麼講求完美的我們，在分析我們為「無失敗的作業」所訂的價值是否合理時卻又不夠理性。然而，當我們真的小心地去量測失敗成本時，我們通常會發現，若能生產出更可靠的軟體，就可大大地提高價值。在本章節中，我們將提供一些可以說服你的例子。

10.1.1 歷史案例 1：一個國家銀行

X 國的國家銀行為這個國家的所有銀行提供貸款。每一筆貸款的確認方式是利用電報來顯示貸款金額、還款條件、以及利率。這封電報成為這筆貸款的合法貸款文件。負責準備及發出這類電報的 COBOL 程式已經運作快十五年了，一直都沒有出過錯誤。然而，有一個人發現，流水號這個欄位的位數快不夠用了，而且一兩個月之後流水號就會開始重複。因為每筆貸款的合法辨認方式是電報上的這個流水號，因此絕對不能有重複的情形發生。

　　管理階層下令，流水號的欄位必須擴大。程式設計經理把這個任務分配給開發小組的技術負責人，此人再把工作交給一位程式設計師，說道：「把流水號欄位的位數增加兩位。」程式設計師做了這個微不足道的改變，跑了幾次測試，並在隔天讓系統上線運作。一切都運作正常。

　　過了一段時間，一位財務分析師發現，貸款應收金額的預估值和實際值有些微的不合。一番深入探討後發現，擴充後的流水號會把利率欄位中低階的位數蓋掉，造成每個利率的最後兩位數被切掉。雖然 7.3845％ 和 7.3800％ 之間的誤差很小，但是如果你貸放的是幾千億元，誤差會迅速累積成一個很大的數目。這麼一來，累積的總金額會超過十億元，而這個金額是國家銀行永遠也無法彌補過來的。

10.1.2 歷史案例 2：一家公用事業

一家公用事業公司為因應費率改變（這是「費率增加」的婉轉說法）要更改它的記帳系統。這項工作牽涉到的是需要更改現行記帳系統中的幾個數值常數。

　　管理階層下令，相關常數必須加以修改。程式設計經理把這個任務分配給開發小組的技術負責人，此人再把工作交給一位程式設計師，說道：「把程式中的這些常數更換掉。」程式設計師做了這個微不足道的改變，跑了幾次測試，並在隔天讓系統上線運作。一切都運作正常。

　　過了一段時間，主計處辦公室發現，應收金額的預估值和實際值有些微的不合。一番深入探討後發現，有一個常數最低階的兩位數字在鍵入「75」後其順序被調換成「57」，造成許多筆帳單都少了一點點金額。顧客的帳單有幾百萬份，該公司發現這筆小小的差額加總起

來達X元，這樣的金額是公用事業永遠也無法彌補過來的。

　　我說「X元」的原因是，我從四位不同的客戶那兒聽到同一個故事，每一個人的X值都不一樣。估計損失的範圍是低到4千2百萬，高到11億。已知此事在我客戶之中發生過四次，並且我的客戶中屬於公用事業者極少，我確信實際發生的次數一定會多得多。

10.1.3 歷史案例3：州政府樂透彩

這個故事我是從報紙上看到的，因此，我可以告訴你這是紐約州的樂透彩。幾年前，為了某個高尚的目的，要籌募額外的資金，因此紐約州議會授權發行一種特別的樂透彩。因為這個特別樂透與正常樂透略有不同，列印樂透彩券的程式需要修改。幸運的是，這個工作只需更改現行程式某個數字中的一位數。

　　管理階層下令要做這樣的改變。程式設計經理把這個任務分配給開發小組的技術負責人，此人再把工作交給一位程式設計師，說道：「把這一位數改成5。」程式設計師做了這個微不足道的改變，跑了幾次測試，並在隔天讓系統上線運作。一切都運作正常。

　　幾週之後，彩券銷售站都熱賣，有一位彩迷買了兩張彩券，發現兩張的號碼相同。在這個樂透彩裏不可以出現相同的號碼，他把買到的彩券拿到紐約《每日新聞》，該報把彩迷的照片和那兩張彩券放在頭版。大眾對樂透彩的信心大失，官方說這個錯誤是「微不足道的」，但仍無法挽回大眾的信心。為了平息大眾的抗議，所有的樂透彩停止發賣，等待一個藍帶調查委員會（這終究還是政府組織）的報告。總之，花了11個月才讓這次事件解決，樂透彩得以重新發行。那時，樂透彩每個月可為州政府帶來4百萬到5百萬的淨利，因此營收的總損失估計達4千4百萬到5千5百萬之間。

10.1.4 歷史案例 4：股票經紀人的財務報告

這個故事我是從一位大型股票經紀公司的顧客那兒聽來的。有一個月，在有 1,500,000 個帳戶的總結部分無緣無故地印了一行數字「$100,000.00」，沒有人知道為什麼這個數字會出現在那兒。該公司25% 的客戶都打電話來詢問，差不多占用掉會計人員 50,000 小時的時間，或等同於至少一百萬元的員工時間。顧客花費的時間更是不計其數，對顧客信心所造成的影響也難以計算。此次失敗的總成本估計至少是兩百萬元，而這個失敗是由 COBOL 程式中一個最簡單的已知錯誤所造成：沒有把列印區域中的一個空白行清除乾淨。

10.1.5 歷史案例 5：購物公司的廣告

我從兩個來源聽到這個故事：從一個郵購公司的顧客那兒，也從內部消息那兒，因為我是該公司的顧問。某個月，在每一張帳單上印了一個新的電話號碼供顧客查詢。不幸的是，這個號碼中有一位數印錯了，印出來的是當地一位醫生的電話號碼，而不是郵購公司的。這位醫生的電話一直忙線了一個禮拜，直到他讓這條電話斷線。許多病人因此而受苦（雖然我不知道是否有人因為無法聯絡到醫生而喪命）。此次失敗的總成本很難計算，除了這位醫生控告這家郵購公司，並贏得大筆的和解費，這個部分可以算得出來。和解的一個條件是，該醫生不可透露金額，但是，我猜測一定相當大。這個失敗是由 COBOL程式中一個更簡單的錯誤所造成：在抄寫某個常數時號碼抄錯了。

10.2　巨大損失的共通模式

我要就此打住，因為讀完所有的案例後，你一定會了解為什麼（如果你還不感到厭倦的話）。不過，我要向你保證，對捲入風暴的機構的最高管理階層來說，這些故事可一點也不會讓他們感到厭倦。我不會繼續從我的檔案找出一大堆類似的案例，讓我們把現有的每個案例當作參考點來考量，並嘗試從中擷取出一些共通的意義。

　　我深入研究這些案例後，得到如下的共通模式：

1.　有一個現行的系統在運作中，大家都說它可靠，而且是業務運作的關鍵。
2.　有人要求對系統做快速的改變，要求通常是來自機構的最高層。
3.　此次改變被貼上「微不足道」的標籤。
4.　沒有人注意到，第三點說明的是此一改變的困難度，而不是做了改變或做錯改變的後果。
5.　進行改變時完全沒有執行一般軟體工程的防護措施（不論有多簡單），而且這些措施在機構中已行之有年。
6.　改變之後就直接加入正常運作。
7.　改變的影響幅度很小，因此沒有人立刻發現有問題。
8.　小幅度的影響乘上大量的使用後，產生了巨大的後果。

每次當我有機會來追蹤管理階層在蒙受損失之後所採取的行動時，我都發現，共通模式仍然持續。在失敗被發現之後：

9.　管理階層的第一個反應是降低損失的幅度，而不是消除失敗的根源，因此，不良的後果會持續一段不該那麼長的時間。

10. 當損失的幅度大到無法否認時，實際動手改程式的那位程式設計師被開除了，為的是他完全照著小主管的話去做事。

11. 小主管被降級成程式設計師，或許是因為他展現出對這個職務的技術層面有充分的了解。

12. 把工作分派給小主管的這位經理旁調去做幕僚，可能是從事訂定與軟體工程實務做法有關的工作。

13. 高階經理人員的位子不變。畢竟，他們能夠做什麼呢？

10.2.1　預防失敗的第一定律

你一旦了解「巨大損失的共通模式」是什麼後，每當你聽到有人說出如下的話來，你就知道該怎麼辦：

- 「這是一個微不足道的改變。」
- 「怎麼可能會出錯？」
- 「這樣的改變不會對任何地方有影響」

當你聽到一個人表達出來的意思是「這件事太小了，不值得去觀察」，你一定要仔細看看。這就是「預防失敗的第一定律」：

沒有哪件事會因為太小而不值得觀察。

10.2.2　預防失敗的第二定律

重大失敗的故事一定是最佳的新聞題材，但就我的觀察，這些故事不能如實反映全貌。如果我們把注意力只放在軟體工程界的重大失敗，我們會把所有管理良善的機構給遺漏了。但是，管理良好公司的故事是這麼的乏味！這類公司發生過的事沒有一件是值得報導的。或幾乎

沒有一件。幸運的是，偶爾我們會看到一個溫馨感人的故事，像是在 Financial World 上所報導 NBD Bancorp 公司的 Charles T. Fisher III，他是該雜誌所選出 1980 年代最佳 CEO 的得獎人之一：

> 當 Comerica 型電腦在印給顧客的財務報表上開始出現錯誤時，Fisher 採用「保證無作業疏失的檢查法」，宣布能在 NBD 的顧客財務月報上找出一個錯誤的人即可領到 $10 的獎金。不到兩個月，NBD 增加了 15,000 個新顧客，並且在新增客戶帳戶中的金額超過 3 千 2 百萬元。[1]

這個故事沒有告訴我們，當資訊系統部門的員工知道他們的 CEO（Charles T. Fisher III）為他們的工作訂出了價值後，在部門內部發生了什麼事。我人雖不在現場，但是我也可以猜到，能在事先找出一個失敗的效果值 $10 的現金。

NBD 的這個故事給我們的啟示是，其他的機構都不知道如何為他們每次的失敗找出一個意義來，即使到最後他們看到了失敗的後果，他們還是不知道這次失敗的意義是什麼。這就好像他們去上學，付了高額的學費，卻沒有學到最寶貴的一課「財務管理的第一原理」，也可稱為「預防失敗的第二定律」：

> 有 X 元的損失，這一定是財務責任超過 X 元的那位執行主管的責任。

讓公司可能蒙受高達十億元的風險，該負責的人就是公司最高階的主管，其他公司是否能夠理解這一點？一個程式設計師甚至連打一個長途電話的權力都沒有，怎麼可能要他為十億元的損失來負責。因為有發生十億元損失的可能性，該公司的資訊系統是否能夠平穩的運作，

這是CEO層級的人的責任。

　　當然，我不會期望Charles T. Fisher III 或是任何其他的CEO會親自下海去修改COBOL程式中某個數字的一個位數。但是，我期望所有的CEO在了解公司作業的運作能夠沒有錯誤的價值有多重要之後，他們會採取正確的CEO行動。一旦可以做到此要求，這個訊息將會逐漸往下傳達到真正做事的層級，同時也要伴隨可讓事情成功所需要的各種資源。

10.2.3　從別人身上學習

這類故事的另一個啟示是，到了你對失敗進行觀察的那一刻，已經比你所預期的時間要晚上許多。如果運氣好的話，你的CEO看到的報告只是你對前述歷史案例所做研究的潛在風險分析，而不是從你辦公室所發出的災難報告。最好能夠在失敗從你的辦公室流出去之前，即找出預防失敗的方法。

　　下面這個問題可測試你在軟體工程方面的知識：

- 有什麼最實用的方法可以最早、最便宜、最容易地偵測出失敗？

這個答案可能是你從來不曾想到的：

- 可以最早、最便宜、最容易、又最實用地偵測出失敗的方法就是去研究一下別人的機構是怎麼做的。

我從事資訊系統業超過四十年的經驗中，遇到過許多無法解開的謎團。例如，我們知道該怎麼做，但為什麼我們不照做？或是，為什麼我們不能從自己所犯的錯誤中學習？但是，其中最大的一個謎團是，

為什麼我們不能從別人所犯的錯誤中學習？

在每週的新聞中，我們都會看到類似前面所引用的案例，嚴重影響到一般民眾看待電腦的態度。但是，這些案例對軟體工程界專業人員的工作態度卻絲毫沒有影響。是因為損失的金額太過龐大，使得軟體人最保險的心理反應只是：「這種事不可能發生在我的部門（因為，如果發生了的話，我會飯碗不保，而我丟工作就完了，所以我不要去想這種事）。」

10.3 了解失敗源頭背後的含意

為了預防失敗，我們必須找出造成失敗的條件有哪些，並對之加以觀察。在尋找孕育失敗的條件時，我發現如果能把握「失敗是從下面的8個F而來」的原則，將會大有助益。這8個F是：弱點（frailty）、愚蠢（folly）、執迷不悟（fatuousness）、好玩（fun）、欺騙（fraud）、狂熱（fanaticism）、功能失常（failure）、和運氣（fate）。以下是對失敗的每一源頭所做的簡短討論，同時也包括在對源頭進行觀察時應如何解讀其背後的含意。

但是，在進入主題之前，先要提出一個警告：你可以把這些失敗的源頭看成是對人類進行判決，或者，你可以看成只是對人類進行描述。例如，當一個完美主義者說：「人不是完美的」，這一種責難背後隱藏的意思是：人應該是完美的。老實說，我不認為我會喜歡身邊有個完美的人，雖然我不會知道答案，因為我從來沒有遇見過一個完美的人。因此，當我說：「人不是完美的」，我真正的意思有兩個：

- 人不是完美的，這讓我大大鬆了一口氣，因為我是不完美的。

- 人不是完美的，當我想要建立一套資訊系統時，這個事實會讓我非常煩惱。但是，如果我在建立一套資訊系統時沒有考慮到這個奇妙的不完美，這會讓我的煩惱更多。

在你閱讀以下章節時，如果能做出我在寫這些章節時所做的事，可能會有助於你的閱讀。對每一個源頭，我都會問我自己：「在何時我有做過同樣的事？」問了我自己之後，我就能找出許多的例子，在當時我犯了錯誤、做了蠢事、捅了執迷不悟的樓子、為了好玩把系統給弄死了、做出欺騙人的事（雖然這不是違法或不道德的事，我希望是如此）、表現出狂熱的行為、或是遇到問題就怪運氣不好。有一次，我還真的遇到硬體發生故障，而我的資料都沒有做好備份。如果你本人沒有做過這些事（或是記不得、或是不好意思承認），則我要建議你不要來碰管理他人的工作，除非你在現實的世界裏打滾的時間能夠更久一點。

10.3.1 *弱點*

弱點的意思是人不是完美的。他們做不到設計所要求的，不論那是一個程式設計，或是一個過程設計。弱點是軟體失敗的終極源頭。「熱動力學第二法則」告訴我們沒有任何事會是完美的。因此，你觀察到某人犯了一個錯誤，這根本不能算是一個觀察。理論學家早已做出這樣的預測。

　　這個結果也被心理學家量測出來。讓我們回想歷史案例 5，郵購公司帳單上的電話號碼印錯了。在抄寫一組電話號碼時，程式設計師把一個數字給抄錯了。最簡單的心理研究即證明，一般人在抄寫十個位數的號碼時，一定會出錯。這是人人都知道的事。你沒有抄錯過電

話號碼？

　　對一個錯誤所做的直接觀察，本身並無意義，但是對「人們作何準備來面對錯誤的發生」的統合觀察就很有意義。能設計出一個程序以規範程式如何修改、承認自然界的事實、與確保程序本身被執行，這是管理階層的職責。因此，就這個歷史案例而言，有意義的觀察是「該郵購公司的經理人員沒有建立這樣的程序，並頒布實施」。

　　舉變化無常型和照章行事型（模式1和2）機構中的實例來看，為了預防失敗而引起員工的反彈，大多數都是因為公司哀求或威脅員工不能犯錯。這就和想要打造出一台可以恆動的機器一般，毫無成功的機會。你明知不可能的事，卻想盡辦法去做，這就是執迷不悟。稍後我會有更多討論。

　　錯誤發生後，對「人們會作何反應」的統合觀察，也是很有意義的。在模式1和模式2的機構中，多數的反應都是把力氣花在找出怪罪的對象，然後對「嫌疑犯」施以懲罰。這樣的反應有幾個缺點：

- 它營造出來的工作環境會使得員工把錯誤隱藏起來，而不是加以公開。
- 它把力氣都浪費在尋找嫌疑犯上，這些力氣本來可以有更好的用處。
- 它會分散大家的注意力，不去看管理階層的責任，而他們的責任應該是要建立並執行「能及早抓出失敗，並預防悲慘後果」的程序。

當然，第三點是許多經理人員偏好這種失敗處理方式的主因。正如一句中國諺語所說的：

當你用一隻手指指向別人的時候，要注意其他的三隻手指指向哪裏。

10.3.2 愚蠢

弱點是做你想要做的事卻做不到。愚蠢是做你想要做的事，但想要做的卻是錯的事。人們不只會犯錯，還會做蠢事。例如，把COBOL程式裏記帳用的數字常數以hard-code的方式來處理，與公用事業帳單的案例做法相同，這麼做並沒有什麼錯誤。這支程式的運作都很完美。這個做法雖不是錯誤，但卻是無知，因為它會在以後造成錯誤。

　　愚蠢的基礎是無知，不是笨。愚蠢可以矯正，弱點則否。例如，假裝沒有弱點（亦即，自己是完美的）是愚蠢。不論是物理學的理論或真實世界的經驗都可讓你學會沒有人是完美的。

　　同樣的道理，教你設計程式的課程讓你學會數值常數不要用hard-code的方式來處理。或者，你可以在當徒弟時從師父那兒學到這個實務的做法，或是在參加程式審查時從看到別人好的程式撰寫技巧而學到。但是，建立完整的訓練、師徒制、和技術審查等計畫，並提供落實計畫所需的支援，這些是管理階層的職責。如果這些事都沒有做，或沒有有效的執行，那麼，你對「管理階層的失敗」所做的統合觀察就能得到很有意義的結果。

10.3.3 執迷不悟

比愚蠢還要糟糕的是，想要管理好一個愚蠢的人卻不提供他根除愚蠢所需的訓練和經驗。我們稱這樣的行為叫「執迷不悟」。（愚蠢至極〔utter stupidity〕」會是更貼切的形容，但這個字不是以F開頭。）執

迷不悟是指不肯學習。執迷不悟的人（這包括在各種不同場合中的我們每一個人）會做出蠢事，一直做下去，一次又一次的做。

舉個例子，羅頓是一個程式設計師，他想出方法如何規避型態管制系統，讓一個即將上市的軟體系統的「白金」版能夠加速完成。這個加速的辦法讓他的工作狀況獲得改善，但是有個副作用，造成公司數十萬元的損失。

型態管制上的漏洞補了起來；但是到了下個版本，羅頓又想出新的辦法打敗系統。他讓白金版的程式碼快速完成，又一次造成六位數的副作用。

再一次，新的漏洞被補好了。然後，到了第三版，羅頓又打敗系統，雖然這一次的損失只有四萬五千元。

這個故事的寓意很明顯。執迷不悟的人會很努力地工作以打敗任何「傻瓜破不了」的系統。確實，世上沒有「傻瓜破不了的系統」這樣的東西，因為世界上有些傻瓜可是非常聰明的。在一個軟體工程機構中，除了把執迷不悟的人送到其他的行業去，否則沒有什麼防護措施可以抵擋執迷不悟的人。

從這些典型的狀況中，你看出什麼意義了嗎？假若羅頓的經理韓特對你抱怨說：「如果羅頓沒有偷偷摸摸地規避掉我們的型態管制系統，就不會發生這種事。我不知道該拿羅頓怎麼辦。他不走正道做出不該做的事，打敗我們系統所有的防護措施。而且類似的事他至少做了三次。」

這個故事最重要的部分是什麼？當然，羅頓必須被調離現職，但這只是第二重要的部分。韓特雖找出執迷不悟的員工，卻沒有採取任何行動，他可說是加倍執迷不悟的人。韓特應該像回收的廢棄物一樣，從管理的職務調到一個不致因他愚蠢至極的行為而造成這麼大風

險的行業去。如果遲遲不調整韓特的職務，等到他對另外三位員工都這樣的執迷不悟，那麼你又作何感想呢？

10.3.4 好玩

羅頓的故事也帶出「好玩」這個主題。有些讀者會起而為可憐的羅頓辯護說：「他打敗型態管制系統只不過是為了讓工作多點樂趣罷了。」我當然不反對工作要有樂趣，而且如果羅頓想要有樂趣，那也是他有權得到的。但是，羅頓的經理應該問的問題是：「我們從事的是什麼行業？」如果他們從事的行業是可以用幾百萬元的代價來取悅員工，那麼羅頓就可以留下。否則，他就必須到別的地方去惡搞以求得他自己的樂趣。

在實際的狀況裏，羅頓並不是想要找樂子，至少這不是他主要的動機。其實，他在最後一刻把「修正好的程式」放入系統，也是想為專案盡一分力。立意雖好，但卻執迷不悟，羅頓這樣的人與只是想要有一段歡樂時光的人相比，還比較不危險。韓特本可預測羅頓打算做的事是想要幫忙，但是：

沒有人能預測得到別人認為好玩的事是什麼。

下面的這些事項是我所蒐集到有些人做出來的「好玩」的事，每一件事所造成的損失都超過他們的年薪：

- 寫了一個程式會讓電腦主機console上所有的燈號一直不停地閃上20秒，然後讓作業系統自動關機。
- 寫了一個病毒程式，讓每一個受感染的程式在螢幕上顯現Alfred E. Neuman（譯註：美國50年代一本諷刺性雜誌Mad

中的漫畫吉祥人物）的頭像，他並且說道：「什麼，我會憂慮？」

- 麥金塔應用程式中游標變成小手圖案時，把指示方向的食指改成了中指。測試人員沒有發現這個不雅的手勢，但幾千個顧客都看到了。

- 拿印表機的緩衝器來惡搞，到了十二月，在寄給幾千位顧客的帳單上以及所有的報告上都印出「聖誕快樂」的字樣。這樣的問候語是好的，但不巧把應付款總額給蓋掉了，以致每個顧客都必須打電話來查明要支付的金額是多少。

這樣的清單是列不完也難以預期其內容，這正是為什麼好玩的心理是所有失敗的源頭中最危險的一個。預防之道只有兩個：開放且透明的系統；以及讓單單工作本身就有足夠的趣味在裏面。這是為什麼好玩的心理主要會成為照章行事型（模式 2）機構的一大問題，這類的機構很少能滿足兩大預防之道中的任一項。

10.3.5 欺騙

雖然，為了好玩所付出的代價更大，軟體工程的經理人員還是比較害怕欺騙。欺騙是指有人用非法的方式從一個系統中獲取個人的利益。雖然我的意思不是要小看欺騙，認為它在失敗的源頭中所帶來的損失最小，但和好玩或執迷不悟比較起來，它所造成的問題比較容易解決。這是因為人們做這件事時所追求的東西是很清楚的。從一個系統中找樂子的方法有千百種，但值得一偷的東西卻沒有多少。

我的建議是，軟體工程經理要好好閱讀以資訊系統詐騙為主題的文章，並採取一切可能的預防措施來防堵它。這個主題在許多書籍或

文章都有充分的討論，因此我不在此贅述。

　　不過，我必須坦白說出我自己的一些小小的詐騙行為。為了鼓勵經理人員引進技術審查的制度，我經常會強調員工可能帶來的（非常真實但絕少可能發生的）威脅和欺騙行為。通常，唯有當我用失敗、愚蠢、執迷不悟、或好玩所帶來的（非常真實且嚴重的）威脅都無法激發出他們照我的話去做的動機時，我才會採用上面的方法。

10.3.6　狂熱

人們試圖把一個系統摧毀或瓦解，卻不是為了個人的直接利益，這是極為少見的。有時，他們是為了公司、產業、或國家對他們做了真實或想像的對不起他們的事，因而想要進行報復。如果狂熱份子已下定決心，像這樣的狂熱主義是很難加以阻止的，主要原因是，就像好玩一樣，你永遠不知道什麼會讓別人認為那是一種冒犯，且需要加以報復。

　　狂熱，與欺騙一樣，是引起管理階層注意的一種方式。然而，有適當防範的話，狂熱主義和狂熱份子表達的各種說法所帶來的威脅是可以降低的，甚至比弱點所帶來的威脅還要低上許多。對於在你的機構中要如何找出或觀察潛在的恐怖份子，我沒有什麼特別的建議，只有一點要注意：為防範弱點而採取的行動中多數也可以減少恐怖份子所造成的威脅和影響。

10.3.7　功能失常（硬體的功能失常）

在一個系統中，硬體若是不能照著當初設計的目的而執行工作，就會造成功能失常的現象。這類問題大部分可以用軟體來克服，但這已超出本書的範圍。三十五年前，當程式設計師抱怨硬體的功能失常時，

有50%的機率他們的話是對的。今天的情況就不是這樣了。因此，如果你聽到有人抱怨是硬體造成他所寫的軟體出問題，這句話是一個很重要的資訊。對於一個新手來說，要找出它所表達的意思是什麼，你可以從以下的清單選擇答案：

1. 其實硬體沒有什麼大不了的功能失常，但是你的程式設計師需要找個藉口。當有藉口出現時，要開始找出想要隱瞞的是什麼。

2. 硬體真的有功能失常，但問題都在一般的預期範圍內。然而，或許你的程式設計師沒有採取正確的防範措施，比方說，把他們的程式原始碼和測試腳本做備份。

3. 硬體真的有功能失常，而你沒有做好你與硬體供應商關係的管理工作。

4. 功能失常雖可歸因於硬體，但其實是由人為的錯誤所造成，比方說，使用者做出出乎意料的動作。這些其實都是開發系統的失敗。

10.3.8　運氣

運氣不好是多數表現不佳的經理愛用的藉口。這不是事實。當你聽到一個經理老愛說「運氣不好」，請把「運氣」兩個字換成「經理」。如同軍隊裏的一句話：

> 沒有不好的士兵，只有不好的軍官。

10.4　心得與應用上的變化

1. 經常有人問我，一個機構想要讓員工開始做技術審查，第一次最

好從什麼地方開始。我給他們的建議是，從審查電腦連線的即時修改開始，理由是「預防失敗的第一定律」。即使他們別的什麼都不做，單單對電腦連線的即時修改進行審查就可收到極大的利益，此外還有許多其他間接的好處。如果他們認為自己沒有時間可用在審查電腦連線的即時修改上，同時也認為電腦連線的即時修改是一件微不足道的小事，那麼這在邏輯上是說不通的。但是，他們當然可以用不合邏輯的方式為他們想做的事來辯解。

2. 有一個方法可預測失敗率，就是善用「超出預期的複雜度是培養錯誤的溫床」這個觀察結果。此法可有效利用複雜度的量測值來帶動大家採用軟體工程上正確的實務做法。你可以繪製出「複雜度對應於目前實際的失敗率」或「複雜度對應於失敗成本」的分布圖，然後利用圖中的趨勢來替某一設計或程式做失敗發生機率的預測。

3. 失敗通常對價值有負分的作用。失敗會造成負分的地方有：

   a. 修正程式中導致失敗的缺陷時，此修正工作所需的成本

   b. 修正因失敗而造成顧客端出現的問題時，此修正工作所需的成本（由顧客承擔者）

   c. 每一位顧客會失掉接到新生意的機會

   d. 失掉顧客

   e. 試圖挽回顧客好感，此項工作所需的成本

以上成本的金額高低通常與其排列順序相反，（a）項最少，而（e）項最多。然而，在成本會計的分類表上會隱瞞這個事實。

　　資訊系統（IS）機構最明顯的成本通常是用於修正工作上的成本。的確，IS機構一般都不知道有這類的間接成本，除非CEO要求他們要支付這類成本。當然，如果IS也能分享顧客從「沒有

失敗的系統」而得到的利益（但IS通常不知道這一點），這個要
求才算公平。

4.　Jim Highsmith 在為本書做審查時提醒我，應該要將失敗的專案和
因正當理由而半途終止的專案加以區隔。半途終止並不等於失
敗。從某些角度來看，可以把專案想成是用花錢來取得資訊的一
種工作。到了某個時刻，若已蒐集到足夠的資訊可以做出正確的
決策，那麼當再花費更多成本也得不到更大的利益時，就不值得
繼續下去，此時專案應該終止。專案成員或許會視這樣的結果為
一個失敗，而其實這麼做才能達到生產力的目標，只要他們能夠
甩開失敗的感覺，並且從專案已付出的代價裏學到教訓。

10.5　摘要

✓　多數機構促使它著手自我檢查工作的是遇到了失敗。使用電腦時
有許多煩人的問題，其中失敗（系統的功能失常）是到目前為止
讓最多人感到最煩心的一件事。當我們真的小心地去量測失敗成
本時，我們通常會發現，若能生產出更可靠的軟體，就可大大地
提高價值。

✓　有許多的案例可供引用來證明，巨大損失都是由軟體的失敗所造
成。這些巨大損失的例子遵循一個共通的模式。對一個作業正常
的系統做了快速且「微不足道」的改變，卻沒有採取任何一般軟
體工程的防護措施。這項改變就直接讓它放進正常作業中。小規
模的失敗因使用的次數多而有加乘的效果，產生大規模的不良後
果。

✓　遇到這樣的失敗，管理階層的反應也遵循一定的模式。首先，將

損失淡化處理，然後，開除程式設計師，把程式設計師的小主管降級，把經理調到幕僚的位子，而高階經理人員都沒有事。

✓　根據「預防失敗的第一定律」：沒有哪件事會因為太小而不值得觀察。當你聽到一個人表達出來的意思是「這件事太小了，不值得去觀察」，你一定要仔細看看。

✓　「財務管理的第一原理」，也可稱為「預防失敗的第二定律」：有X元的損失，這一定是財務責任超過X元的那位執行主管的責任。因此，對軟體失敗進行控管是公司最高階主管的責任。

✓　到你對失敗進行觀察的那一刻，已經比你所預期的時間要晚上許多。最好能夠找到預防失敗的方法，但是要從我們自己的失敗中學習是最難的一件事。嘗試從別人的失敗中學習。

✓　失敗是從下面的8個F而來：弱點（frailty）、愚蠢（folly）、執迷不悟（fatuousness）、好玩（fun）、欺騙（fraud）、狂熱（fanaticism）、功能失常（failure）、和運氣（fate）。

✓　對一個錯誤所做的直接觀察，本身並無意義，但是對「人們作何準備來面對錯誤的發生」的統合觀察就很有意義。能設計出一個程序以規範如何預防失敗、承認自然界的事實、並確保程序本身被執行，這是管理階層的職責。

✓　哀求或威脅員工不能犯錯，然後，如果還是犯錯，就嚴加指責，這是模式1和模式2機構的特徵。這套做法是無效的。

✓　建立完整的訓練、師徒制、和技術審查等計畫，並提供落實計畫所需的支援，這些是管理階層的職責。如果這些事都沒有做，或沒有有效的執行，那麼，你對「管理階層的失敗」所做的統合觀察就能得到很有意義的結果。

✓　經理人員也要為他們所雇用和留用的人負責。經理人員知道誰是

執迷不悟的員工，卻不做任何處置，這是加倍執迷不悟的行為。

✓ 人們會如何去惡搞系統的清單是列不完也難以預期的，這正是為什麼好玩的心理是所有失敗的源頭中最危險的一個。預防之道只有兩個：開放且透明的系統；以及讓單單工作本身就有足夠的趣味在裏面。

✓ 欺騙和狂熱所帶來的威脅，使經理人員有動機想要引進技術審查和其他各種預防失敗的做法。

✓ 硬體失敗常發生，但是經理人員把他們遇到的問題都怪罪到硬體失敗身上的話，這可以顯示出與他們管理能力有關的重要訊息。

✓ 不好的經理相信運氣不好的說法。當你聽到一個經理老愛說「運氣不好」，請把「運氣」兩個字換成「經理」。

10.6 練習

1. 如果你願意付出代價，「低失敗率」的目標在你想要的任何機構層級都可以達到。然而，如果你沒有一套計算價值的方法，你就不會願意付出代價。有些機構在生產高度穩定的系統這件事上已卓有成效，眾所周知的軟體系統如太空追蹤網路；電話交換機；線上控制系統，例如，化學工廠或鐵路轉轍的控制系統。從這些應用領域中選出一個，並對軟體可靠性在這個領域中帶來多少價值，做一個粗略的估計。

2. 對軟體可靠性在你自己的機構中帶來多少價值做一個粗略的估計。貴機構的軟體文化與你估計的結果一致嗎？你認為最大潛在的風險是什麼？

3. 軟體品質專家Watts Humphrey曾經把「瘋狂」定義成「用同樣的

方法做同樣的事卻期望會有不同的結果」。你能在貴機構中找到「瘋狂行為」的例子嗎？你能想出在什麼情況下，用同樣的方法做同樣的事，可以產生不同的結果？在什麼時候，這個做法會變得不只合理，而且是聰明的？為什麼這個做法的結果會使得改善過程的工作變得困難重重？

11
準確的聆聽

我們思考的水準如果讓我們陷入目前的困境，則想要憑藉同樣的思考水準讓我們脫困無異緣木求魚。

——艾伯特·愛因斯坦

軟體是一個講求準確的行業。當不準確潛入軟體工作之中，失敗和危機也就不遠了。

造成不準確的原因之一是人們錯誤的推理方式，這些人無法聽到自己在說什麼。藉由學習如何用準確的方式來聆聽，聆聽自己也聆聽他人所說的話，人們可以觀察到許多愚蠢的行為，這些行為助長了機構文化中存在於各個部門的愚蠢。

你可以學習某些普通的聆聽技巧，以便將問題牢牢抓住，不讓它從你手中溜走，成為你工作下游的人的負擔。對軟體工程師而言，沒有什麼觀察技巧會比準確的聆聽更重要的了。改善你「聽出人們真正要說的是什麼」的技巧後，對於人際溝通的效率、需求訂定的工作、分析、設計、顧問、以及各種技術性文件的審查工作等，都可獲得改善。

以下所提供的聆聽技巧，以及供練習用的一些案例研究，絕對不是涵蓋一切的。反之，這樣的討論只是試圖刺激你想要知道得更多，以便你會開始用一生的時間來改善你的聆聽技巧。[1]

11.1 聆聽時要避免扭曲

聆聽時要注意的第一個範疇是語言學家所稱的「扭曲」。另一個好的名稱是「錯誤的連接」，或者是「未經證實的（無法證實的）連接」。在這個範疇裏，我將加入兩個主要的調味料：因果關係的扭曲和讀心術。

11.1.1 *聽出因果關係的扭曲*

所謂因果關係的扭曲是指誤認為是某件事引發了另一件事。把因果關係扭曲的第一種形式是用簡單的線性思考：一個原因有一個結果；反之亦然。它經常以指責的形式出現，例如下面這個例子：「我們的經費超支了，那都是因為你。」經費超支的原因不可能這麼簡單。即使我透支了我那一部分的預算，為什麼沒有人在事態嚴重到那樣的程度之前就發現呢？

把因果關係扭曲的第二種形式是，對某些事為什麼不發生的原因妄加臆測，同樣的，也是以指責的形式出現：「如果你之前能相信我們的話，我們就可以如期完成專案。」

這個例子也說明另一種形式的因果關係扭曲：全能的假定。根據這個例子，我是很有權力的人，只是因為我相信或不相信，就會完全影響到你的專案。全能假定的另一種形式是，賦予別人全能的能力：「是你讓我生氣。」

　　沒有人能讓別人感覺任何事。根據「薩提爾人際互動模型」，感到生氣是你在察覺到我所說的話或所做的事之後，你賦予它一個意義，你所做出的反應。你也大可感到悲傷、無動於衷、或是竊笑。會如何反應完全是由你來決定，但是如果你認為這件事完全是由我來決定，那麼這傳達給我的資訊就是你在扭曲真實。

　　有一個方法可以去除因果關係的扭曲，那就是一步一步地照著「薩提爾人際互動模型」走，第一步從提出「資料可信度問題」開始：

✓　「你認為是哪些因素造成你超出預算的？」

✓　「你看到或聽到什麼讓你做出結論說我不相信你？」

✓　「你認為還有哪些因素使得專案無法如期完成？」

✓　「你看到或聽到什麼使你認為某件事讓你感到生氣？」

11.1.2　聽出讀心術

相信自己有讀出他人心思的能力所造成的問題與假定他人是全能的十分類似。就我們所知，這是不可能的；但是，即使真有人會讀心術，可能你也不願意與這樣的人共事。會讀心術的人會說出這樣的話來：

✓　「你認為我們的辦事能力不足。」

✓　「你在生我們的氣。」

✓　「我知道你希望我們能夠成功。」

✓　「他對這個專案的成敗毫不在乎。」

同樣的，通常你可以藉由提出「資料可信度問題」來清除讀心術所造成的扭曲：

✓　「你看到或聽到什麼使你相信我認為你的辦事能力不足？」

✓ 「你看到或聽到什麼使你認為我在生你的氣？」

✓ 「你看到或聽到什麼使你認為我希望你能夠成功？」

✓ 「你看到或聽到什麼使你認為他對這個專案的成敗毫不在乎？」

11.2 聆聽是否有不當的「概念」

聆聽時做出錯誤推論的第二個範疇是語言學家所說的「概念」（generalizations）。概念會讓人難以應付的原因是，這樣的概括性觀念通常可提供一個便利的捷徑。所有的科學和工程領域都是以概念為基礎，這些概念是從觀察少數的案例後為多數未經觀察的案例做出總結。但是，概念會讓我們容易落入過度簡化的陷阱，如同在下面的幾個例子中所顯示的。

11.2.1 普遍化的定量詞

你如果把概念的使用範圍擴大，變成「所有的」、「每一個」、或「總是」，這樣就太過火了，好比下面這樣的說法：

✓ 「可再利用的程式（reusable code）在電腦上的執行效率總是比不上專做訂製的程式（custom code）。」

當普遍化是以「永遠無法」、「沒有人」、「完全沒有」等形式出現，請不要被它騙了，好比下面這樣的說法：

✓ 「可再利用的程式在電腦上的執行效率永遠無法比得上專做訂製的程式。」

這只是做出最高等級概念的另一種方式。同樣的，如果普遍化的定量

詞是暗示性的，也不要被它騙了，好比下面這樣的說法：

✓ 「開發軟體原型（prototypes）所需的時間比用分階段來開發軟體
　系統（systems）要少。」

例中的複數名詞「prototypes」沒有定量詞，隱含的意思是指所有的
prototypes。這個陳述所暗示的普遍性很容易被忽略（正如在對可再
利用的程式所做的第一個陳述一樣），它真正的意思是說：「所有可
再利用的程式在電腦上的執行效率總是比不上所有專做訂製的程
式。」

　　把隱含的概念替換掉，這是還原概念的原始意義的第一步。例
如，假使有人告訴你說：

✓ 「每一個人都喜歡COBOL程式勝過C程式。」

為了弄清楚這個聲明真正的意思，你可以追問：「你的意思是，每一
個人都喜歡所有的COBOL程式勝過所有的C程式嗎？」然後，你可
以用縮小主題的方式來繼續測試概念所涵蓋的範圍有多大，例如你可
以問：「你的意思是，這個機構裏的每一個人都比較喜歡X嗎？」或
是用強化的方式達到相同的目的，例如你可以問：「請明確指出哪一
個人比較喜歡COBOL程式？」

　　當你得到一個人名的清單後，如果你覺得其中還有讀心術摻雜其
中，你可以用「資料可信度問題」來做收尾：「你明確地看到或聽到
了什麼，讓你認為傑克和姬兒比較喜歡COBOL程式？」

11.2.2 *聽出必要之處和不可能之處*

另一個範疇是簡化概念和因果關係兩者的結合，方法是在句子中用到

「必須」、「應該」、「一定要」、或「理當」。例如，請看這句話：

✓ 「我們一定要讓所有的格式趨於一致。」

此外，錯誤的概念也可能是以負面的形式出現，用到「不應」、「一定不」、「不可」、或「不能」：

✓ 「我們一定不能有不同的格式出現。」

要判斷這個概念的真偽，所用的方法是四歲小孩最常用的把戲，不斷地問「為什麼？」：

✓ 「為什麼你認為我們一定要讓所有的格式趨於一致？」

或是更清楚地問：

✓ 「你明確地看到或聽到了什麼，讓你認為我們一定要讓所有的格式趨於一致？」

11.2.3 價值判斷隱藏的根源

價值通常是憑空而來，以個人意見的形式出現，卻不知是來自何方神聖：

✓ 「把別人的程式拿來用，這是一個笨點子。」
✓ 「程式有多少行數，能夠保留這樣的紀錄是一個好的工作習慣。」
✓ 「C比COBOL好。」
✓ 「程式設計工作花的錢太多。」

這些都是看待這個世界的簡化概念，而不是說話者對這個世界所用的

精確模型。用這樣的方式表達出來的概念，讓人難以反駁。或許這些話是由上帝刻在石版上再交給在地上的人。或許這是這種形式的表達法之所以如此受歡迎的原因。有許多人感覺自己的地位不夠高，因此喜歡借上帝的權威來說話（像摩西那樣）。

要應付價值判斷隱藏的根源，最好的方法是用不斷地問「是誰」，把原來的人給找回來，例如：「認為把別人的程式拿來用是一個笨點子，這是誰的看法？」

11.3　注意被省略的部分

在英文裏，一個句子中有許多東西可以被省略掉，而我們卻不會發覺。省略在說話時是常見且有用的一種速記法，但是會造成思考上的混亂。在本節中，我會特別討論省略的四種形式：名詞化、缺少參考指標、意思不明確的字詞、以及字詞的省略。

11.3.1　名詞化

名詞化是指把一系列的活動轉換成單一的普遍化名詞，例如「評量值」、「效率」、「安全」。以「軟體工程」為例，它是一組數量龐大的活動的速記法，數量及種類多到用三本書也寫不完。這是為什麼它是一種很好用的速記法，但這也會為我們製造困擾。如下的敘述是很難轉換成有用的資訊：

✓ 「軟體工程是在浪費時間。」
✓ 「讓我們改善預算編列的方法。」

你無法把「預算編列」抓在手中，也沒有人能夠把「軟體工程」抓在

手中。相反的，兩者都是由一組實務的做法所組成。這些做法中有些是在浪費時間，有些卻是不可或缺的。要找出這類說話方式背後的思維，就是把被省略掉的細節部分再放回去，你可以問道：

✓ 「軟體工程的哪一部分是在浪費時間？」

或是問：

✓ 「你認為軟體工程的哪一部分是在浪費時間？」

我的同事Jinny Batterson提供下面的故事，說明因名詞化使用不慎而造成的問題：

> 我為本地的一家大型製造業公司的MIS部門進行需求方面的研究。該公司想要盡量將MIS的管理工作自動化，成立自動編列預算系統的開發專案是主計畫的一部分，而需求階段是開發專案的第一個階段。在我與二十位中階經理進行的訪談過程中發現，眾人對於「編列預算」的目的至少有三個嚴重對立的看法：
>
> 1. 預算提供專案支出的絕對上限，超過之後就再也沒有多餘的錢可以給你。
> 2. 預算提供決定生產費用多寡時的指導方針。與預算有實質差異時，需要得到高階經理的核准，才能夠繼續執行。
> 3. 預算只是另一種做虛工，讓我們不能把全部的心思放在可以創造和銷售產品的實際工作上。[2]

你能夠想像，在這樣的環境下，要建造出一個自動化的編列預算系統會遇到多少的困難嗎？

11.3.2 缺乏參考指標

在一個句子中，若是人、地、物都付之闕如，通常我們會做出不正確的推測。例如，以下的敘述：

- ✓ 「他們不希望看到我們花太多的時間在程式的審查工作上。」
- ✓ 「沒有人會以那樣的方法來使用產品的這個特別功能。」
- ✓ 「這是設計出那個東西的正確方法。」
- ✓ 「事情可以做得更好。」

只要把具體的人、地、物放回到對話中，一切就很容易變得清清楚楚。

- ✓ 「是誰不希望看到我們花太多的時間在程式的審查工作上？對他們而言，多少時間算是太多時間？」
- ✓ 「你能明確說出是誰不會以那樣的方法來使用產品的這個特別功能嗎？」
- ✓ 「請具體說出那個設計有哪些地方非常適合於這個情況？哪些地方則不太適合？為什麼？」
- ✓ 「請具體說出什麼地方可以做得更好？」

11.3.3 未具體說明的名詞和動詞

英文這種語言允許你把名詞說得好像很具體，而其實它的意思可以是指任何的東西，好比說：

- ✓ 「C語言的程式設計師都與現實脫節。」

這是一個常見的簡化概念，通常是來自自認為不是C語言程式設計師

的那些人。因為世上至少有一百萬個C程式設計師，你必須用下面的
問題來弄清楚這個敘述的意思是什麼：

✓ 「請具體說出是哪些C程式設計師與現實脫節？」

與名詞一樣，在英文裏有許多動詞聽起來好像很具體，但其實卻很含
糊，例如「證明」、「顯示」、「與……相似」、「關於」、「影響
到」、以及「與……相關」這類的動詞，請看以下的例子：

✓ 「這些評量值顯示，生產力增加了1%。」
✓ 「這個系統與我們去年建立的那個系統相似。」
✓ 「利用查檢表將會影響到我們的可靠性。」

同理，把事情說明清楚有助於釐清隱藏在下列誇張敘述背後的資訊：

✓ 「是哪些評量值顯示，生產力增加了1%？」
✓ 「這個系統有哪些地方與我們去年建立的那個系統相似？」
✓ 「以怎樣的方法來利用查檢表會影響到我們的可靠性？」

11.3.4 片語的省略

最後，英文容許我們把句子中的整段刪除，卻仍然聽起來好像我們把
整件事說得很完整：

✓ 「我很生氣。」
✓ 「他被說服了。」
✓ 「是的。」

只要用簡單的問題就可以把其餘的資訊帶出來：

✓　「你在氣什麼？」

✓　「他被什麼說服了？」

✓　「你同意我所說的哪一部分？」

11.4 聆聽出面對失敗的態度

現在，讓我們來練習一下，當我們聽出有失敗正在醞釀時，要如何運用準確聆聽的觀念來面對。

11.4.1 失敗的預期成本

找不到失敗只是品質的一種評量，在顧客的眼中並非所有的失敗都有相同的（負面的）價值。此外，同一個失敗在不同人的眼中可能有不同的價值。如果你把失敗依照它們在人們心中感受到的重要性來加以排序，你將會了解經理人員為什麼不採取「顯而易見」的預防措施來防止失敗的發生。當別人在說話時你若能仔細聆聽，將有助於了解潛在的失敗在他們心中的重要性如何。如果他們認為重要性不高，他們就不可能事先採取適當的預防措施，因此會使情況變得很容易出現失敗。

　　人們是否願意事先採取行動來預防一個潛在的失敗，決定的因素是什麼？看待這個問題的一種方法是，去計算那一種失敗在他們心中的預期成本有多少，所根據的公式如下：

**　　預期成本＝失敗成本×失敗的機率**

因此，如果他們認為失敗的成本很低，或失敗真正發生的機會很低，那麼，預期成本就會很低，且他們可能沒有動機為此做太多事（或任

何事）。

當人們認為預期成本很低時，你能從他們的話中聽出什麼嗎？首先，最強的一個徵兆是他們在整體非言詞上的表現。假設某人邊搖著手邊說：「啊，那只是一個小改變。沒有任何事會出問題。」當人們覺得某件事的重要性低的時候，至少會有五種強烈的徵兆：

✓ 搖手，好像完全不想理會這個話題
✓ 「只是」是一個語氣軟弱的字眼，表現出缺乏參考的指標（「只是」是與什麼相比較？）
✓ 「小」的意思不明確，沒有可參考的對象（「小」是與什麼相比較？）
✓ 普遍化的定量詞「沒有任何事」（nothing）
✓ 「出問題」是意思不明確的動詞加副詞的組合

此外，對談論的主題興趣缺缺還可以從說話的語氣、不做目光接觸、或隨隨便便的態度得到確認。顯然，如果你對如何預防錯誤很關心，你就需要弄清楚這位說話者所使用的語言。

11.4.2 失敗對個人所代表的意義

使用這一個預期成本的等式會遇到一個困難，那就是成本和機率兩者都是主觀的。你必須一個一個地找人來仔細聆聽他們的看法，找出成本和機率對每一個人所代表的意思是什麼。在這個品質鏈中如果遇到一個漠不關心的人都可能讓你所有的努力白費。

根據「巨大損失的共通模式」這條定律，程式修改的幅度很小，會導致你做出錯誤的主觀評估，認為犯錯的機率是很小的，且犯錯的後果也不嚴重。你若想要取得這類資訊，你只需要求別人告訴你，他

們是如何看待預期成本，然後，你可以從聆聽中得到線索。在下面的例子中，你能聽出多少個不準確的地方？

拿第10.1.2節那一家公用事業印製帳單時所犯的錯誤為例。讓我們從追問經理開始，看他在錯誤發生之前是如何做推理的：「抄寫一個常數時出錯的機會是多少？假設100次中有1次的機會，也就是說有0.01的機會出錯。出錯的後果是什麼？我們會做一些測試，因此大的錯誤很快就會被抓出來，而小的錯誤所造成的後果也不致太大。比方說，是1,000元吧。如果損失1,000元的機會是0.01，那麼預期成本就是10元。不值得為10元這種小錢去操心吧。」

在同一個案例中，讓我們也追問程式設計師，看他是如何做推理的：「抄寫一個常數時出錯的機會是多少？假設100次中有1次的機會，也就是說有0.01的機會出錯，但是即使我抄錯了，也可能有人在測試階段把它抓出來，因此0.001是比較好的預估值。出錯的後果是什麼？我對實際業務懂得不多，但是我知道我自己開出去的帳單一個月總共不超過50元，因此，錯誤造成的金額損失能有多大？說得大方一點，有100元吧。如果損失100元的機會是0.001，那麼預期成本就是10分錢。不值得為10分錢這種小錢去操心吧。」

接著，我們來追問資深經理，看他是如何做推理的：「抄寫一個常數時出錯的機會是多少？假設100次中有1次的機會，也就是說有0.01的機會出錯。還有，我知道我們的帳單所用的費率都要經過公用事業委員會的核准，那份文件總共有200頁。裏面一定有數百個常數，因此，至少有一個常數出錯的機會幾乎是必然的事。我們最好有一個固定的控制方法，來確保這些常數能夠正確地被抄寫到帳單系統上去。有了好的控制方法，我們應該可以把至少一次出錯的機會降低到，比方說0.01個錯誤。」

　　「1次錯誤的後果是什麼？我們向1,000,000個顧客的帳戶開帳單，如果每10個顧客中有一個是錯的，我們就有100,000個帳戶有問題。即使我們能找出這些失敗，我們也必須發出100,000份的修正帳單；每份修正帳單至少要花掉我們2元，總共是200,000元。然後，接到錯誤帳單的顧客中有10%的人會打電話來，也就是說會有10,000通電話，每通電話的處理費大約是5元，也就是說還要再加上50,000元。」

　　「因此，即使我不去考慮總營收上的損失，或是人力的耗費，或是顧客的反感，1個失敗的花費輕易就可高達250,000元之譜。如果我們建立了一個簡單的驗證系統，把這類失敗的機會從0.10降低到0.01，那麼我們每次在帳單系統上做改變時所擔的風險（預期成本）就可以變成25,000元。」

　　用這個方法，我們可以明白，對於預期成本即使做了相對客觀的粗略評估，其結果也會有從10分錢到25,000元的差異。這個統合觀察告訴我們，粗略的評估還是不夠好，因為每個人所用的推理模式都不盡相同。我們至少需要小心地做一次影響細節之案例研究。做這個研究的動機可以只是單純地來自機構裏的高層。

　　從這個例子可以看出Charles T. Fisher III的智慧，他承諾在NBD的顧客財務月報表上找到每一個失敗都可得到10元的獎金。除了帶來新的商機之外，每一個軟體工程的經理或程式設計師在做主觀的預估時，10元的價格為預估值訂出一個絕對不會有人弄錯的最低下限。這個10元也提醒所有的人，NBD要為每一個收到錯誤財務報告的顧客付出一筆錢，這樣也讓等式裏的乘數加大。

11.4.3 主觀的機率因素

不幸的是，即使做出正確的影響評估，人們還是可以調整他們主觀的機率值，以降低他們預期後果的嚴重性。實際上，如果損失的金額過大的話，人們會認為失敗的後果是不可想像的。因此他們就把主觀的機率值向下修正到一個能夠讓他們感到安心的數字為止。

其實，人們會對自己說：「天啊，如果我們損失了那麼多的錢的話，我的飯碗將會不保。既然我現在不能想像自己失業後要如何維生，因此，我知道這麼大的損失是不可能發生的。無論如何，不可以發生在我的系統上。此外，我從來都是非常的小心。」當你聽到這種類型的推理時，你不需要受過多少的語言學訓練也會知道，你已經有大麻煩了。

11.4.4 個人的控制感有多強

大型系統與小型系統不同。在開發系統時，個人「保持非常小心謹慎的態度」仍不足以保護機構免於受到巨大的損失。但是有了這種心理的確可以讓個人覺得比較安心，因為這可以讓他們在主觀上覺得出問題的機率降低許多。

一個老練的經理會從別人的言談中聽出假的控制感，因為這樣的聲音就預告了失敗。在此提供三種人所做的這類陳述，你可以用來測試你的聽力如何：

- 程式設計師　　對於這個工作我將會特別小心。
- ✓　反應　　　　如果你知道如何可以做到那麼小心，為什麼你不在每一個工作上都那麼小心呢？哦，你做到了？那麼，你以前怎麼會出錯的呢？

- 經理　　　　　我只雇用最好的程式設計師，因此，他們都不會出錯。

✓ 反應　　　　　他們過去所犯的錯誤，你有沒有保存紀錄？這樣的話，你怎麼知道這句話是真的？你能證明嗎？

- 資深經理　　　我只雇用最好的經理。我知道這一點是因為我曾經拿我們的薪資水準與Datamation雜誌上的調查表做過比對。

✓ 反應　　　　　但是，你曾經向我抱怨，說你覺得自己拿的薪水過低。這句話的意思是不是說，在所有可以請到的資深經理中你不是最好的？

老練的經理也會從別人的言談中聽出缺乏控制感的徵兆。一個人如果覺得自己對一個糟糕的狀況無法控制，他就不會有意願去承擔責任。在此提供一些我蒐集到的實例：

- 程式設計師　　喂，每個人都會犯錯。你也拿他們沒辦法。

✓ 反應　　　　　每個人會一再地犯相同的錯誤，就像你這樣嗎？每個人所犯錯誤的嚴重性都一樣嗎？每個人犯錯後都束手無策，還是有些人會尋求別人的幫忙？你有沒有參加過技術審查會？

- 經理　　　　　我無法控制程式設計師。如果他們的工作態度草率，我能做的也只是把他們開除，但是那麼做也為時已晚。

✓ 反應　　　　　你有沒有聽過技術審查這回事？你知道，有很多經理他們手下的程式設計師的工作表現比貴部門要好

　　　　　　　　　　嗎？如果你犯了一次錯，你自己的經理能做的只是
　　　　　　　　　　開除你嗎？如果不是這樣，還有什麼別的辦法呢？

- 　資深經理　　　每個人都知道，程式設計工作是無法控制的，因
　　　　　　　　　　此，這不是我的問題。

✓　反應　　　　　唉呀，我不知道有這回事。我不是每個人之一？你
　　　　　　　　　　有沒有發覺，有許多機構都有辦法讓程式設計工作
　　　　　　　　　　受到控制？你想要找一家這樣的機構去參觀，學習
　　　　　　　　　　他們是怎麼做到的嗎？還是，這麼做就會讓這件事
　　　　　　　　　　變成你的問題了？

11.5 聆聽是否有立即的危機

經理人員經常告訴我，當他們看到危機要發生時都已經來不及了。或
許他們應該多用聽的，而不是只用看的。但或許這種情況是情有可原
的，因為任何人在受到壓力的狀況下，可能都會聽不出別人用數十種
直接或間接的方法預告說危機就要發生。這些訊息通常就隱藏在模糊
的推論和言談中，一旦語言上的障礙被清除掉之後，經理人員就能聽
出真正的含意。

　　在此明確提供五個可信的徵兆，可縮短我們採取救援行動之前的
準備時間。

11.5.1 如何談論系統

通常危機是由失控的正向反饋迴路所造成；也就是說，系統發生失敗
的次數越多，需要修正的地方也越多；需要修正的地方越多，設計會

變得越容易出錯；設計越容易出錯，會有越多的失敗發生；而這個迴路也不斷地加強。一旦落入這樣的迴路中，對系統的某部分試圖加以修復的嘗試，都會導致整個系統的崩潰。在崩潰實際發生之前，程式設計師最先發覺到此一呈指數成長的效應，於是就出現程式設計師這一句最有名的口號：「不要碰這個系統。」敏銳的聆聽者在聽到這樣的口號後，就知道是怎麼回事：系統的可維護性出現了大漏洞。[3]

11.5.2　如何談論機構

當機構內部的壓力因進度落後或其他各種原因而不斷增加時，人們開始一次只能把心力集中在一個狹隘的問題上。這個做法會導致問題的副作用叢生（尤其是由其他人所負責的那一部分），這樣的結果可以從缺陷回饋率（fault feedback ratio）的量測值中看出端倪（請參看第15章的討論）。不過，有更簡單的方法可測得此數值，方法是聆聽程式設計師是如何談論自己的機構。

　　在一個失敗如野火般蔓延的機構裏，有幾位程式設計師表示說，他們希望能夠把幾個重要的專案中止，這樣才能讓他們必須同時應付的問題的數量減少。當然，如果這些專案被中止了，該機構將沒有產品可賣、沒有收入、也沒有錢來付程式設計師的薪水。但是，當程式設計師試圖修正一個又一個不斷冒出的缺陷時，在此過程中，他們是不會有任何興趣來聽你談什麼品質或遠大目標之類的話的。他們的說法是這樣的：「如果我們連這件小事都修正不好，更不要奢談什麼產品了，因此，我們的修正工作都必須是快速但有些小錯的（quick-and-dirty）。」

11.5.3 如何談論奇蹟

當失去控制時，不但會讓工作士氣低落，且人們會開始把時間花在祈禱能夠有奇蹟發生，而不是用有效的方法來解決問題，因為問題的數量似乎多到讓人無法招架的地步。我們可以很容易就偵測出這樣的狀態，方法是去留意人們在面臨幼稚且奇怪的狀況時做何反應。以下是幾種最為常見的奇怪反應：

1.　瘋狂地寫程式：程式設計師趕快開始寫程式，像是鯊魚在瘋狂搶食一般。「我們只要能寫出新程式把舊程式給換掉，問題就消失了，」他們相信，「無論怎麼說，寫程式總比做測試和改程式要有趣多了，而且，做設計很無聊，弄需求只會把問題搞得更複雜。」

2.　解決了一個問題會製造出另一個問題：相信這個說法的人會說，「我們不要把時間浪費在完全遵照軟體工程的方法來做管理工作。如果我們事先不做任何的計畫，或許我們會碰上好運道。」

3.　櫃子裏的英雄：當發現危機的徵兆時，他們會退而希望能有英雄出現。「我們只要把傑克關到櫃子裏，讓他能夠有兩週不受打擾的寫程式，這麼一來所有的事情就會好轉，以前都是這樣。」

這些把缺陷修正好的做法，應該是可以讓人放心的，但為什麼最後卻讓問題變得更嚴重呢？人類學家告訴我們，人類的社會在遇到用科學無法控制的事情時，會試圖採用巫術來加以控制。因此，當希望有奇蹟發生的想法被人們從櫃子裏釋放出來時，你可以很有把握地說，人們對於自己控制情況的能力已經毫無信心。

　　為什麼經理人員對這種將有奇蹟發生的想法會甘於受騙上當，而

且是一而再，再而三呢？這樣的想法，與所有的奇蹟一樣，都有一丁點實現的機會：

1. 「瘋狂地寫程式」事實上曾經成功過，那時有一些品質不好的舊程式被精心撰寫的新程式所取代。（當然，那時這些新程式不是在倉促間寫的，也不是在壓力下寫的。）

2. 軟體工程的管理法在幾年前的確造成一些問題，那時他們想要引進一個老式的方法論，但這個方法論並不適合，也沒有人願意接受。當這套方法論停用後，情況也變得好多了。（當然，情況並未一直保持良好，要不然他們今天的情況也不會這麼糟。此外，並非所有的軟體工程的實務做法都一定是錯得這麼離譜。）

3. 這些年來，傑克已經有好幾次進到櫃子裏去不受任何干擾地寫程式，而過去一切都很順利。（當然，傑克那時還年輕，而從前的專案規模也不到現在的十分之一。還有，傑克現在幾乎是全天候地在維護那個「在櫃子裏寫出來的程式」，因為它從未寫出過任何相關文件，因此別人都不了解它是怎麼回事。結果是，他完全無法參與目前的新專案，不像他在櫃子裏時所參與的專案一般，那時他是主角。）

11.5.4 為偷工減料找藉口

經理人員在面對如圖 5-8 那樣的進度落後圖時，他們會說：「但是，我沒有管道可以知道，程式設計師的進度已經落後。沒有人來告訴我。」程式設計師在面對脫離常軌的進度落後圖時，他們的反應總是維持原訂的計畫。然而他們可以選擇做出比較健康且合理的反應，像是宣布要減少功能，程式設計師一般會省掉幾個工作的標準步驟，卻

不公開宣布他要這麼做。有時，他們甚至不告訴他們的經理，但是經理無論如何都可以偵測到這個情況正在發生。

如果有了管理合宜的技術審查系統，程式設計師就不需要告訴任何人；而且，即使程式設計師什麼都不告訴你，老練的經理也能夠從他們說話的方式看出他們做了什麼事。

第一，也是最重要的，程式設計師開始理解到，只要他們不必去修正某些程式的缺陷，就能省下許多時間。當你開始聽到如下的經典說法時，你就要注意：

- ✓ 「那是一個雞毛蒜皮的小問題，不會引發任何問題。」
- ✓ 「那個情況非常晦澀難懂，沒有人能夠克服。」
- ✓ 「為什麼會有人做出那等事來？」
- ✓ 「任何做出那等事來的人，事情會出錯也是活該。」

我希望你記得在前一章就看過這樣的說法。如果你還記得，那是因為你已經把它加到你的評量工具箱裏了。

有一個方法可以讓人不用修正任何的缺陷，那就是在一開始就不做任何的測試。此時你要注意聆聽的句子是：「那個東西不需要測試。」跳過測試工作的合理化說法諸如：

- ✓ 「那是一個很普通的功能，如果它有任何錯誤，顧客會立刻向我們反應。」
- ✓ 「無論如何沒有人會用到那個功能。」

當機構接近最終審判的日子，你會越來越常聽到：

- ✓ 「那個功能不可能有任何地方出錯。」

如果一個功能只是因為太過複雜或狀況百出，就可以成為不做測試或不做修正的合理化藉口，那麼程式設計師很可能會把程式改成只顯示如下的訊息：

此功能在這一版本恕不提供。

管理階層未被告知做此更改，因此他們沒有向顧客宣布有此限制。程式設計師認為這個做法可以替自己爭取到一些時間，因為從產品發行的那一天到有顧客開始抱怨有部分的功能無法執行，之間還隔了一段很長的時間。或許他們的想法是對的，但是，程式中有這樣的更改卻未在任何文件上記載，這件事實就可以告訴你有關這個機構在軟體測試和產品發行的管制工作上許多的重要訊息。

11.5.5　做樂觀的假設

如同布魯克斯的觀察所顯示，多數的問題最終會以「必須修改時程」的形式出現[4]，但是，在時程有落後的現象出現之前，我們早就知道時程的預估值是錯的。為了還保持一切都照著時程在進行的表象，經理人員的第一個動作是把時程中所有預留的空檔時間都拿掉，然後開始做最樂觀的假設，即使所看到的證據都顯示情勢是相當悲觀的，也會當作沒有看見。例如，他們會假設，在系統測試階段不會有任何失敗出現。正如一位經理的說法：「不可能再有任何缺陷，因為我們已經找到了這麼多。」

11.6　心得與應用上的變化

1.　校閱本書的 Dawn Guido 和 Mike Dedolph 建議，在「假設別人是

全能的」與「決定減縮標準程序的步驟」之間，可能存在有因果的關係。機構會向顧客保證：「每一個程式在送交顧客實際使用前，都會經過有經驗的測試小組做過仔細的測試。」顧客不相信這個說法，但是程式設計師卻會利用這個說法來將自己跳過審查和單元測試的抄捷徑行為合理化。「如果程式能通過這些人的把關，它一定是沒問題的。」這個提議暗示，對於提給顧客的公關性質的場面話，你要準確聆聽。雖然你知道那只是誇大的宣傳，顧客也知道那是誇大的宣傳，但是機構內部的員工卻可能信以為真。

2. 婚姻諮詢顧問為促使一對夫妻能夠聆聽對方或自己說的話，所慣常使用的技巧亦可用在做技術發表的場合。兩個人開始時各發一個紙袋，裏面放了十幾個鈕釦、一分錢硬幣、或小紙片。每一次當某人聽到對方的陳述中有扭曲時，聽者就從紙袋中拿出一顆鈕釦之類的東西交給發話者。發話者可以當場嘗試找出話中扭曲的地方加以修正，或者，他們可以只是看著鈕釦越積越多。不論如何，兩人都更能意識到怎樣的說話模式會讓別人感到困擾。

3. 既然你已學會什麼是扭曲，不要讓自己在與人交談時為對方製造麻煩。「祝你有美好的一天！」這句話中至少有十幾種扭曲的方式，但是如果你正經八百地來分析這一句（刻意）表示友善的問候語，沒有人會感覺愉快。當你必須注意別人話中是否有扭曲時，要保持幽默，發話的一方和聽話的一方皆然。

4. 談到簡化的概念，如果我這麼說你會作何感想？「每一個人如果感覺自己的地位不夠高，會喜歡在說話時能夠借用上帝的權威（像摩西那樣）。」在此提供一個（一般人常用的）技巧，可用來找出一個以「每一個人」為開頭的句子真正的意思是什麼。你用

「我」來取代「每一個人」，並配合使用正確的文法。這種啟發式的方法可以把本人的簡化式概念轉變成「有時，我如果感覺自己的地位不夠高，我會喜歡在說話時能夠借用上帝的權威（像摩西那樣）。」如果你不相信這樣的翻譯是正確的，你可以找說此話的人來驗證。以我這個例子來看，摩西（以希伯來人的意第緒語來發音）正是我的中間名。你還希望得到怎樣更進一步的證明呢？

11.7 摘要

✓ 人們會做出愚蠢的事，那是因為他們無法聽到自己在說什麼，其結果是，他們無法聆聽到自己所說的話中不準確的推理方式。藉由學習如何用準確的方式來聆聽，你可以觀察到存在於一個機構中的愚蠢行為。

✓ 所謂因果關係的扭取是指，誤認為某件事引發另一件事。把因果關係扭曲的第一種形式是用簡單的線性思考：一個原因有一個結果，反之亦然。它經常是以指責的形式出現，例如「強森讓這個專案的進度落後。」

✓ 把因果關係扭曲的第二種形式是，對某些事為什麼不發生的原因妄加臆測，同樣的，也是以指責的形式出現，例如：「如果不是強森把事情搞砸了，我們早就得到那份工作。」

✓ 根據全能的假定，我擁有的權力（只因為我相信或不相信）可以讓事情在你身上發生。然而，沒有人能強迫別人去感覺任何事。當你開始相信，你有能力促使別人以某種方式去感覺，你就沒有把事情想清楚。當你開始相信，別人有能力促使你以某種方式去

感覺，你就更是頭腦不清。

✓ 藉由提出「資料可信度問題」，也就是問別人「你看到或聽到什麼使你相信那個結論？」若想破除全能的假定、讀心術的假定、和各種因果關係的扭曲，這都是最有效的一個方法。

✓ 利用簡化概念的人是從觀察少數的案例後，即推論出多數未經觀察的案例。簡化概念很有用，甚至是不可或缺的，但是經常會簡化過了頭。這種過度概念化的情況最典型的例子是出現在說話時用到普遍化的名詞，像是「所有的」、「每一個」、「每一個人」、「總是」、「永遠無法」、「沒有人」、或「完全沒有」。

✓ 要還原簡化概念的原始意義，第一步是用更多的細節來把隱含的概念替換掉。下一個步驟是提出「資料可信度問題」。

✓ 透過聆聽來進行觀察的另一種方式是把概念和因果關係兩者相結合，例如在句子中用到「必須」、「應該」、「一定要」、或「理當」。要分辨這些簡化概念是真是假，方法是一直不斷的問「為什麼」，並提出「資料可信度問題」。

✓ 價值通常是憑空而來，以個人意見的形式出現，卻不知是來自何方神聖。要找出價值判斷的隱藏根源，最好的方法是不斷地問「誰」，把原來的人給找回來。

✓ 省略法在說話時是常見且有用的捷徑，但是會造成思考上的混亂。省略的方式包括：

- 名詞化（把一系列的活動轉換成單一的普遍化名詞）
- 缺乏參考指標（一個句子中的人、地、物都付之闕如）
- 未具體說明的名詞和動詞（名詞聽起來好像很具體，但可以是指任何的東西）
- 片語的省略（為了省事把句子中的整段刪除）

要弄清楚被省略部分的真實意義，就要請說話的人提供更多細節。

✓ 並非所有的失敗都有相同的（負面的）價值。此外，同一個失敗在不同人的眼中可能有不同的價值。當別人說話時，你若能夠仔細聆聽，將有助於了解潛在的失敗在他們心中的重要性如何。如果他們認為重要性低，那麼他們就不可能採取適當的預防措施。

✓ 人們是否願意採取行動來預防一個潛在的失敗，有幾個決定的因素；決定的因素是預期成本、失敗對個人所代表的意義、對於失敗發生的機率和其後果嚴重性的主觀評估、以及個人的控制感有多強。

✓ 如果你學會了聆聽的方法，你可以聽出人們用許多方式來預告危機即將發生，這包括了他們是怎樣來形容系統、機構、奇蹟、以及因為哪些原因而跳過工作中的某些部分。或許最重要的，你可以聽出他們以錯誤的樂觀來強作鎮定，這是顯示他們試圖掩飾自己內心缺乏安全感的明確徵兆。

11.8 練習

1. 嘗試弄清楚下面這句話真正的意思：「生產力增加了1%。」

2. 同樣的，嘗試弄清楚下面這句話真正的意思（用你最喜歡的程式語言來取代C）：「C的程式設計師都與現實脫節。」

3. 本書的校閱人Payson Hall在給我的私人信函中做如下的建議：「聆聽政治人物的談話，會讓人得到更多的啟發或是感到更加沮喪。讓自己的耳朵變得更挑剔不失為一個好習慣。坐下來看一份報紙，嘗試想出一些問題來幫助你將你最喜歡的政治人物的談話

做解碼。然後，嘗試對你最不喜歡的政治人物做解碼。」

4. 想要練習如何找出過度簡化的概念和各式各樣的扭曲，最好的地方就在這本書裏。請相信我，書裏到處都是。隨便選一章，任何一章都可以，並開始閱讀以找出簡化的概念。圈出你認為是過度簡化的概念，並說明為什麼。試著用更多具體的例子來取代這些概念。用同樣的方法來找被扭曲的部分。

5. 另一個建議是由校閱人 Dawn Guido 和 Mike Dedolph 所提出：「試描述一個典型的程式設計師、經理、或品質保證人員對於軟體所抱持的態度為何。可以直接引用他們的話，或是引述他們說話的意思，以便能真正抓住他們個人的態度是什麼。」

　　「你若直接引用某個具代表性的程式設計師所說的話，請加以分析。看一看有沒有扭曲之處和簡化的概念。評估由個人所控制的因素：對於貴機構所生產產品的品質，當事人覺得自己要負多大的責任？」

　　「然後，再作深入的自我反省。在你的心目中誰該負最大的責任？是某個人或是一群人的組合？在你深思熟慮後所產生的簡化概念中，你自己對品質抱持怎樣的態度？那一群人的組合對品質又抱持怎樣的態度？」

6. 顧客因你的機構所產生的軟體錯誤而需承擔多少的潛在成本，請做個預估。並預估你自己的機構因此而需承擔的成本是多少。誰的損失較大？你的軟體開發過程是如何來反應這兩者間的差額？

12
超評量

一個國家重視什麼，那個東西就會在那裏被培養。

——柏拉圖

當一個機構陷入失控的狀態，也就是說陷入品質危機之中，它的評量系統是第一個開始崩潰的東西。不幸的是，這樣的結果讓機構裏的人喪失得到一種重要資訊的機會，這種資訊是他們想要弄清楚到底發生了什麼事時所必須的；他們不知道他們現在遇到的問題有多少，更別說這些問題的特性是什麼。

如果沒有超評量（meta-measurement）的幫助，會讓失敗更難以被偵測出來，所謂的超評量就是對評量系統所做的評量。我們已經擁有「薩提爾人際互動模型」，這個事實表明，我們可以對自己如何做量測進行觀察，也可以對我們工作做得好不好進行量測。換句話說，我們可以執行超評量的工作。

在這一章裏，我會談談一個面臨崩潰的評量系統會有哪些常見的徵兆。

12.1 無能知道到底發生了什麼事

我們若是真的了解超評量的觀念是什麼，我們就可以利用機構中員工的「意識的缺乏」，來做為判斷一個控制系統是否發生失敗的方法，且此法最有成功的把握。在身陷品質危機中，員工並不知道自己的身上究竟有哪些事正在發生，雖然他們通常都會承認自己的工作負荷過重。不過，如果被問到他們所有的時間都花在做哪些事時，他們卻無法給你一個正確的工作細項。

當員工「忘記」或「丟掉了」工作規格書時，專案管理系統也無法提供他們任何的備援系統。他們還會遇到自己的智能也失去控制的問題（不論是無意的或是有意的）。讓我們一個一個依序來探討這些徵兆。

12.1.1 不準確的工作細項

軟體機構在陷入品質危機時，對於他們面臨了多少個問題無法提供正確的資訊，更不要說這些問題的特性是什麼。讓我用一個故事來說明：

「我們接到許多顧客的電話，」有一位客戶告訴我，「但是絕大多數的問題我們都已經修改好了。」

「絕大多數？」我反問。「你們究竟接到幾通電話？其中有多少百分比的問題你們已經修改好了？」

「我不知道，」他回答。「這個數字很重要嗎？」

「我覺得很重要。你可以給我一個大概的估計嗎？」

「這個嘛，我想我們有一個程式設計師專門接聽這類電話，她每天大概要花上一個小時，最多。」

　　很久以後，我們把電話抱怨的數量都記錄在文件上，才發現有23個程式設計師負責處理顧客的電話，每個人每天所花的時間從10分鐘到8小時不等。每天平均都超過1小時（其實每天的總時數超過32小時），或相當於4個全職員工的工作時間。

12.1.2　專案管理工作的崩潰

一個好的管理系統可以預防上述的問題，但是如果不能有效地加以利用就達不到預防的效果。品質危機的另一可靠的徵兆是對專案管理報告不做更新。

　　例如，有一個機構宣稱規格書所有488個章節中的71個已經完成，卻無法找到完成的證據。專案經理說：「哦，是的，這些部分都完成了。只是如果每天都要輸入這樣的資訊，以保持專案管理資料庫隨時在更新狀態，將會耗費太多的人力。」

　　當他們去追查每一件工作的細節時，他們發現這71件工作並未動工。此外，有另外45件工作尚未開工，卻已輸入到專案管理資料庫中，標示為已完成的工作。顯然，輸入錯誤的資訊並不會耗費很大的人力。

12.1.3　東西不見了

我們不能不理會規格書，只是我們經常會忘了有這麼一樣東西。我的另外一位客戶，他們的規格書共有33個章節，其中的5個章節「不見了」。花了很大的力氣還是無法找到這些章節流落何方。他們當初真的有人去製作這些章節嗎？誰知道有沒有？然而，我們確實知道的是，當專案管理系統開始崩潰時，專案不多久也會陷入崩潰的狀態。

　　你很容易就可以診斷出品質問題的嚴重等級，方法是要求員工去

找出他們在執行工作時一定會用到的一樣東西，然後，觀察他們要花多久的時間才能找到。有一次我看到一位程式設計師花了半個小時在檔案目錄中搜尋，於是我問道：「你在找什麼東西？」

「哦，在找一個模組，呃，算是先找到某樣東西，然後再用別的東西把它們替換掉。」

「那是一種工具嗎？」

「對啊，那是一種工具！」

「那麼，它不是應該放在工具的程式館（tool library）底下？」

「呃，我不這麼認為。我是說，它不完全是個工具。這麼說吧，它雖是一個工具，但是目的不同，因此它是這個系統的一部分，而不屬於一般的程式館。只是我記不得把它放到哪裏去了。也有可能它是在另一個系統裏面。」

12.1.4　不準確的語言和思考

人們若是無法找到他們在執行工作時一定會用到的東西，可能是因為實體上的控制系統已面臨崩潰。這樣已經夠慘了，若是心智上的控制系統亦面臨崩潰，大事就更為不妙。若發生這樣的事，人們甚至無法對自己正在找什麼東西給你一個正確的描述，就像那位程式設計師說自己正在尋找的東西是「不完全是個工具」。

如我們所看到的，不精確的語言是暴露內心祕密的一個徵兆，顯示出在心智上已經失去控制。畢竟，名稱是一種最簡化的模型，因此，如果人們連所用的名稱都無法達到正確無誤，他們在使用更複雜的模型時必定會毛病百出。「不精確」最具代表性的例子就是 bug（軟體的錯誤）這個名詞，人們會強烈否認自己要為自己所犯的錯誤負責。如同一位程式設計師曾這麼對我說：「當然啦，人做事都會出

錯，但是在我的周遭，bug只會滋生更多的bug。」在此提供幾個在溝通面臨崩潰時經常會出現的「不精確」現象的例子：

1. 「測試」的目的是為了「修正錯誤」。需不需要對一個系統進行測試，你很難提出反對的意見；但是，如果你去檢查人們真正是怎麼在做測試，你就會發現，他們的時間有90%是用在解決程式的缺陷，而不是用在偵測程式的缺陷。

2. 「原型」（prototype）變成了「實物的大模型」（mockup）。原型可用以做出有用的工作，而實物的大模型則是一種假的設計，只能用來測試產品的外表。稱一個東西是原型，聽起來好像已經完成了許多工作。

3. 「品質保證」一詞被誤用來做為一系列活動的代稱，而這些活動中沒有一個在實質上能夠保證所採用的過程足以保證品質。有時，這些活動只是修復性質的活動或測試工作；有時，要告訴別人這些活動的屬性為何是很困難的，你只知道這些活動需要開很多次的會議。

4. 「顧客」被「使用者」取代。有位顧客告訴我，他討厭被人稱為使用者，因為這會讓他聽起來像是一位吸毒者。他的想法很正確，因為這樣的替代名詞給人的感覺是，我們可以忽視別人的存在。忽視一個受害者比較容易，要去忽視一個付錢給我們的人就困難得多。

12.1.5　故意忽略

不精確的語言是我們想要忽視難以面對的事實時最慣常使用的方法。當忽視發生時，至少還有三種症狀容易被察覺。我安排的順序是越嚴

重的排在越後面：

1. 當問題發生時不去處理

2. 無意間忘了要將問題記錄下來，以致別人也不能去處理

3. 故意不將問題記錄下來

在此提供一個典型的例子，這是我觀察到有問題既不處理也不記錄的一個例子：當我觀察如何執行系統測試時，看到螢幕上出現一個正式文件中所沒有的錯誤訊息。測試人員隨即把畫面清除，並繼續工作。

「那個錯誤是怎麼回事？」我問道。

「哦，那不是從我正在測試的這個模組產生的。」

「可是它也是系統的一部分。它應該被修正。」

「哦，那當然，不過修正那個部分的錯誤並不是我的工作。」

「可是，它一定是某個人的工作。你應該把錯誤記錄下來，然後把資訊送給該負責的人。」

「哦，當他們有空來測試這個部分時，他們會發現這個錯誤。」

這樣的態度或許可以歸因於那位測試者個人有問題，但是我有一位客戶故意訂出政策要求不要記錄顧客對失敗現象所提出的抱怨：當經理被問到他們為什麼不保存這些重要的資訊時，他的回答是：「哦，如果他們明天還是遇到問題，他們會再打電話過來。通常他們會想辦法自己把問題解決掉。」

與顧客面談後發現，他們的確經常自己解決問題，因為他們從廠商那兒得不到任何的幫助。他們當中有些人正在尋找別的廠商。

一個機構若是有意識地或故意忽視與品質問題有關的資訊，這是向品質崩潰的路上邁進了一大步。

12.2 外部參考的缺乏

在面臨品質危機時，「不知道自己有多少問題」以一種奇怪的方式變得很有道理。為什麼？因為品質危機的另一項特徵是，整個機構都缺乏評鑑工作績效的標準，以致沒有人會知道有多少個問題是可接受的。一個成功的控制系統必須不僅僅要有受控制系統表現良窳的資訊，還要有「用什麼標準來量測工作績效」的外部資訊。如果缺乏「有哪些外部標準可用以評鑑工作績效」的相關知識，這是品質有問題的明確徵兆。

12.2.1 什麼樣的標準？

機構若是陷入品質危機之中，很少會去看機構外別人是怎麼做的，以便了解他們自己的做法是否合乎常規。他們或許會依賴員工的意見，只要那位員工曾經在別的機構工作過。這類員工曾經工作過的機構其品質不好的可能性要比品質好的機會更高，因此他們所知道的標準都傾向於低品質。

　　有時，身陷危機之中的機構會去聘請顧問（否則我和我的夥伴丹妮就不會認識他們）。他們可能會向我們請教什麼才是合理的標準，但是，他們往往不願意聽我們回答的內容。

12.2.2 對規格書說再見

機構在遇到困難時，對評鑑整體的工作績效沒有一套標準，但他們至少對目前手上片段的工作應該有一套評鑑的標準，換句話說，就是要有規格書（specifications）。不論品質是否還有其他的含意，至少它的含意應該是指「每一件工作都能符合規格書的要求」。

當然，如果沒有規格書可供判斷是否符合要求，那麼所有的問題都很容易解決。這是為什麼對一個品質遭遇到嚴重問題的機構而言，棄規格書於不顧是最誘人的一種「解決問題的方法」。最常見的策略就是，改變規格書以符合他們實際所生產的工作結果。然後，他們就有理由相信，他們已「符合規格書的要求」。

- 例如，開發人員想要把規格書的某一部分盡量簡化，說法是規格書訂得不夠清楚其實沒有什麼關係，事情就是這樣做的，並且宣稱自己擁有讀心術的能力。「顧客真正的意思並不是那樣，」開發人員要找合理化的解釋，「我們知道他們真正要的是什麼。」

- 當然，這麼做可能是個天大的錯誤，但是治療讀心術的方法就是直接去向顧客查證。然而，如果你對一個身陷品質危機的機構做此建議，你必定會聽到開發人員反對的聲音：「不行，不要去打擾顧客。他們已經夠忙了。」（或是，「他們會生氣的。」）

- 對於一個想要假裝自己符合規格書要求的機構來說，白紙黑字的規格書是一件危險的東西，因此你或許會經常聽到要去參考並未行諸文字、純口頭上的協定：「它固然說要照那個方式去做，但是顧客後來告訴我們，我們可以用任何我們喜歡的方法去做。」

- 一個機構若是經常陷入麻煩之中，可能會完全避開將需求行諸文字：「行諸文字的需求會限制我們的創意。」開發人員會這麼說。這一點很難加以駁斥。一個機構若是要花許多時間在設法解決問題才能勉強度過，你怎麼可以反對他們發揮創意？

12.3　自以為知道

一個機構即使因為問題太多而滅頂，如果員工能夠退後一步，看看自己，並分析自己什麼地方成功，什麼地方失敗，還是能夠找到脫身之道。然後，他們可以把創意用於解決問題或改善工作上的缺陷。不過，一個機構如果狹隘地把注意力都放在危機上，員工就無法讓眼界達到能看清自己的應有高度。他們無法認清自己的狀況，以致錯失了消除自己的無知的最好方法。

12.3.1　不去查證

在品質危機中，只有一件事比不知道是怎麼回事還要更糟：明明不知道，卻自以為知道，並據以採取行動。許多經理人員都相信他們對正在發生的事都可牢牢掌握，只是因為自己的工作繁多，所以無法加以查證而已。他們這樣的想法在大多數時候是對的，只是因為對的次數太多，使得他們過於自信。如果最終證明他們是錯的，那麼他們的自信反而會引發更多的問題。

　　不要欺騙你自己：如果對真實狀況做過一番詳查，你會發現，這些經理的直覺通常是錯的。比方說，如果你出於好奇而去詢問他們的員工所使用的測試方法是什麼，多數的開發經理對於測試工作的品質都有過於高估的傾向（與他們對程式設計師的評價相比）。他們對測試工作需要多少時間則是過於低估。

12.3.2　用數量來掩飾品質的缺乏

當你詢問人們有關控制過程如何時，有時他們給你的「評量值」會讓你感到印象深刻。這樣的數字通常只是一種煙霧彈，會讓你看不清他

們在數字背後的實況。如果你去深究這些數字，通常你會看到他們所用的溝通模式的真實樣貌。

有些機構喜歡用容量測試（volume test）做為確保軟體品質的手段。一個實務上常見的做法是，透過系統灌入一整天的交易資料，「看看是否會有什麼不正常的事發生」，這是這類機構所做的解釋。

一家國際航空公司的專案經理告訴我，開發人員在測試他們的訂位系統時所使用的測試案例超過600,000個。要他們對這些測試案例逐一檢查其細節，這是完全不可能做到的，那麼，他們所執行的測試到底是什麼呢？他們所做的其實是負載測試（load test），但是專案經理卻認為他們所做的不只如此。他拿出600,000個圖表向我證明，系統經過了徹底的測試。他並未察覺，完全依賴負載測試有哪些缺點，以致在系統實際上線運作後發現到許多軟體上的錯誤，每一個錯誤的修正成本都很高，這樣的結果把他嚇得不知所措。

12.4 用假審查來掩飾沒有審查

在所謂的審查過程中，書面化的文件也是容量測試的主體，讓我們來看看下面這個例子：

一個大型電腦製造商的員工把開發中的編譯程式的需求文件送給258個人傳閱。他們知道每個人都很忙，因此他們用數量來彌補品質上的不足。他們心中知道，或許沒有人會仔細來審查這份文件，但是經過258個人的審查一定可以照顧到所有重要的部分嗎？這些人能夠做到嗎？我看到這份文件在某個人的桌上，於是我就問她，她是如何處理這份文件。「我真的很想仔細地來審查它，」她回答，「但是我一直都比我預期的要忙得多。我的確大致翻閱了幾頁，看來情況相當

不錯。幸運的是，有那麼多的人一起審查，我審不審查也無所謂。」

我找了幾個負責審查的人加以查證後發現，他們都是一樣的說法。圖12-1顯示，這種集體「審查」的整體動力學。因為機構裏每個人的工作負荷都很重，於是審查名單上放了很多的人，這對審查的整體品質有正向的效果。另一方面，有這麼多的共同審查人卻會對每一個人的審查品質帶來負向的效果，尤其是當員工處於工作負荷過重的情況下。如果這樣的效果太過強烈，比起審查人數少且面對面進行審查，整體審查的品質相較之下會變得很低。

編譯程式交貨的一年後我再度拜訪該公司，有3,200多個不同的缺陷回報回來。這些缺陷是圖12-1中從「審查品質」到「審查後殘留的缺陷」這條路徑的負向效應，這個效應造成一個典型的自我強化循環。接到回報的缺陷後，編譯程式維護工作的負責人還是利用同樣的集體審查方式，一位經理告訴我其原因是：「我們沒有足夠的時間可

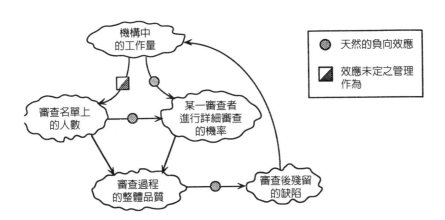

圖12-1　把文件傳閱給許多人做為審查過程時，工作量與品質之間關係的效應圖。在這個例子中，管理階層選擇利用許多人來進行審查，每個審查者的工作量都很重，唯一的期望是他們當中的少數人有時間做詳細的審查。

以用任何其他的方式」。

　　技術審查除了是軟體工程機構的主要評量工具之外，還有很多其他的功用。它可以保證品質，因為它是一個公開的過程，任何參與者皆可對此過程進行觀察。它也是許多穩定的反饋迴路的一部分，因此可以避免溝通的線路被切斷，稍後我們會討論此情況。如果有任何徵兆顯示技術審查變成了假審查，老練的經理會視此為豎起了一面紅色的警告旗幟。

　　利用這兩種方式來審查文件時，圖12-2顯示其對評量工作的品質有何影響的一般特性。好的審查會議若與好的分散式審查（意指傳閱文件給每一個人並收集審查結果）相比是更為有效的量測工具。當審查者的人數太多或太少時，兩種審查方式都會變得效果不佳。審查會議的理想人數一般而言是介於三到十個人，而分散式審查的理想人數則會稍微多一些，大概是五到二十人參與審查。每當你發現審查人數多於或少於理想人數的範圍，你就知道該機構是深陷於麻煩之中。

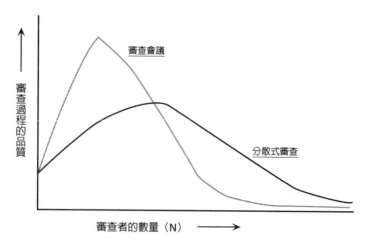

圖12-2　兩種審查方式中審查者的數量對審查品質的淨效應。

12.5 切斷溝通線路

在溝通負荷過重的機構中，內部溝通和跨層級的溝通都會變得不可靠而且遲緩。情況若更加惡化，人們會開始切斷溝通線路，方法是不回電話、變得沒空與人討論、或是「有人想要提出問題就讓他的日子很難過」。這樣的行為把過重的溝通負荷推到別的地方去，使得情況更加惡化，因此造成一個自我強化反饋的動力學，讓所有的線路最後都被切斷（圖12-3）。以上所討論的集體審查方式就是一個例子，參與者切斷了溝通線路卻假裝他們願意與人溝通。讓我們來看看一些其他典型的動力學。

12.5.1 品質不良的溝通

當某些溝通線路開始進入關閉狀態，維持通暢的線路也會開始品質惡化。其結果是，你要求別人提供某種資訊時，所得到的卻是不相關的資訊，或是無聲無息。

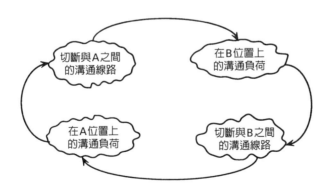

圖12-3　溝通負荷過重會導致溝通線路被切斷的數量增加，這樣會把過重的溝通負荷推到別的地方去。

我認識的一個機構有位程式設計師要求別人提供一份最新版本的高階設計文件給他。追蹤的結果是，他收到了七種不同的文件，但全數被他退回，原因不外給錯了文件、文件雖是他要的但版本不對、或磁碟的格式不正確。該機構統計，在正確的文件最後送達要求者的手上時，他總共打了19通電話、發了37封電子郵件、且開了3次面對面的會議。

圖12-4顯示，當溝統管道的品質惡化時會有哪些事發生的大致樣貌。錯誤可以改正過來，但唯一的條件是，為了改正錯誤你要消耗更多的管道容量。在上面的例子中，傳送正確的文件或許只需花費1%的溝通時間，改正溝通上的錯誤就占用了99%的時間。所有花在錯誤改正工作的負荷都會導致可用於正常溝通的容量變少。因為容量減少，正常溝通往往變得很倉促，這又導致溝通品質更加惡化，因此完成了一個正向的反饋迴路。我們再一次看到，因溝通品質不良而導致負荷過重的動力學。

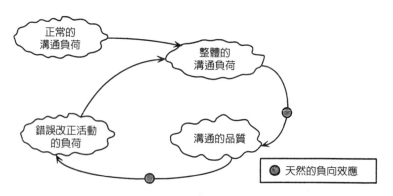

圖12-4　溝通的品質不良意指需有額外的溝通工作以改正錯誤，這些錯誤會增加溝通管道上的負荷，負荷增加後會導致溝通的品質不良。

12.5.2 *沒有做到確認對方滿意為止*

溝通管道的惡化，方式之一是不再說話。例如，希望有人提供設計文件的要求終於得到滿意的結果後，前例中的那位程式設計師告訴我，如果沒有人在一旁觀察的話，她早就會放棄這項要求了。「在第三次嘗試之後，」她說，「我就會用猜的來看看設計文件上應該是怎麼說。慢慢地我變成一個猜得很準的人。」這樣的挫折感是典型的反應，同理，溝通過程逐漸惡化也是典型的結果。

在嘗試讓工作速度加快的過程中，人們對於別人的要求或許沒有去確認已做到讓對方滿意為止，這樣的情況不僅限於別人請他提供文件的要求。他們不肯花時間把別人的要求寫下來，因此他們會丟三落四，或自行修改要求中的重要事項。在面對面的會議中，他們不肯花時間去聽別人在說什麼，因此會得到相同的結果，還加上許多不愉快的感覺。

12.5.3 *沉默、閒話、謠言、和迂迴的行動*

即使沒有機構外的績效標準可供參考，你還是認為人們應該參考機構內的其他部門或團體，並找出是否有不對勁的地方。但是，當品質問題逐漸變得嚴重，連這樣的參考資訊的來源也會斷絕。員工彼此間不再針對問題進行直接的討論，而是保持沉默，或是說閒話，或是採取迂迴的行動。謠言並非無害；謠言會造成金錢上的損失，我們已在第8章中看到。

專案經理會怯於將他們所遇到的困難向上級報告，因為他們害怕自己與其他的專案經理比較起來在面子上會不好看。保持沉默的不成文約定開始滋長，直到紙包不住火的那一天為止。當有一位經理終於

承認，她所負責的那一部分專案將有一個月的延誤，其他十位經理都會順勢附和說，他們的專案也有所延誤。

有些員工或許意識到有問題存在，但認為問題侷限在別人所負責的作業上。舉我的一位客戶為例，該公司負責系統軟體的專案經理告訴我，他的程式都沒有缺點。此外，他還可以用幾十個故事來證明其他人所做的都是錯的，但是他央求我不可告訴任何人這些故事是從哪聽來的。當我深入探究這些故事之後發現，其中絕大多數都與該公司自行開發的作業系統之間互動不順遂有關。

我提議應該提醒負責系統軟體的經理要注意一下這些問題，有人聽了我的提議後告訴我：「他不會聽你的。如果他聽到你的建議，他會發脾氣並告訴我們這都是由我們的問題所引起。」最後的結果是，該公司大部分撰寫程式的努力都花在設法避開作業系統的錯誤這種不營養的事上。

這種工作的重複是品質危機的典型現象，可以解釋為什麼它經常被誤認為是工作負荷過重的危機。最常見的工作重複是起因於對別人缺乏信心，不相信對方會把他們所負責的工作做好。你經常也會發現，人們抄襲別人的評量數字，為的是讓自己在面子上比較好看。人們會覺得必須保護自己，所用的方法卻不是直接面對問題，而是涉足跨入別人的工作領域。這樣的做法讓自己的工作負荷加倍。然後，當重複別人的工作被人發現時，就會鬧得很不愉快，且讓彼此間的信任感變得更低（圖12-5）。

12.5.4 孤立

在嘗試要改善溝通時，開會的次數越來越多，但是收穫反而越來越少。造成收穫變少的原因之一是，參加會議的人數變多。為什麼？因

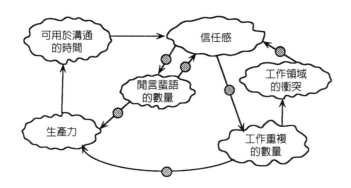

圖 12-5 信任感一旦下降，工作負荷則往上攀升，溝通量下降，閒言蜚語增加、信任感更是大幅下降。

為人們覺得要找到任何東西，或要找到任何人，唯一的方法就是到會議上去找。

最後，人們得不到任何隱私，他們為了減輕自己的工作負荷，於是把自己孤立起來，不讓同事有機會打擾自己的工作。一位程式設計師在放暖氣爐的房間後面發現了一個祕密巢穴，他的解釋是忍受高出來的10度氣溫能換得幾個小時工作不被人打斷，付出這樣的代價算是很小。他拜託我們不要讓他祕密隱匿的場地曝光。其他人則央求我們說出他躲在哪裏，以便他們能夠從他那兒取得必要的資訊後方能讓自己的工作繼續下去。

這種孤立的方法也可以是情緒性的。脾氣變得暴躁之後，往往會讓人們去打擾別人之前多想一想。有些人每當你想要找他們討論事情時會變得愛發牢騷或是口出惡言，使得別人遇到用電話10秒鐘就能解決的事情，也寧可用寫信或發電子郵件來處理。人們在開會時都忙著別的事，擺出來的樣子很明顯就是告訴別人他們不想待在那兒，他們不聽別人在說些什麼，並且你最好不要對他們不參與的態度有任何意

見。

　　有些經理人員對於他們的員工採取孤立的做法其實是鼓勵的，經理會教導員工要自行設法解決問題，這樣才不致麻煩別人。當然，這些經理人員希望員工對他們卻要隨傳隨到，如果員工做不到的話，他們會很生氣的。

12.5.5　否認有壞消息

就我的觀察，面對危機時最危險的反應或許就是人們會傾向於把自己所有的資訊來源都切斷，讓自己不知道危機的真實情況到底有多糟。對任何新資訊的立即反應就是加以否認，並且說沒有經證實的事實可以證明危機的確存在。

　　的確，沒有事實可資證明。第一，經理人員可能都「已殺掉」許多個傳達消息的人，多到員工在加入傳達壞消息的系統之前都會三思。此外，在品質危機中多數的消息都是壞消息，因此經理人員得不到什麼消息。如果他們夠聰明的話，就會信守「沒有消息就是壞消息」的格言，但是他們通常是反其道而行。

　　第二，這些工作負荷過重的經理人員故意避免建立或維護一個可以產生事實的資訊系統。建立起這樣的系統需要「花很大的功夫」，他們的藉口是：「而我們現在抽不出時間，因為我們的工作負荷太重。」

　　當然，他們工作負荷過重的原因其實是，他們想要不根據事實來執行管理的工作。他們經常宣稱「我們完全知道事態發展的狀況」，而且沒有一個現行的系統可以反駁他們的說法。然而，仔細深究下去，你總是會發現其實他們並不知道，他們不知道他們並不知道事態發展的狀況，而且他們不想要知道他們並不知道事態發展的狀況。經

理人員只是覺得自己很忙碌，忙到不願意去聽那些會增加自己工作量的事情，換句話說，他們忙到沒時間執行管理的工作。

12.6 心得與應用上的變化

1. 有時系統開發過程被弄得一團亂，以致任何東西都無法加以量測。真是這樣的話，要提出與超評量有關的問題，也就是要有怎樣的條件才能進行量測？例如，假設你的問題是「你們使用多少種程式語言？」得到的答案是「沒有人知道」。那麼，你就繼續追問「你要花多少時間可找出你們使用多少種程式語言？」如果你聽到的回答還是「沒有人知道」，那麼就再問「你要花多少時間去找出你要花多少時間可找出你們使用多少種程式語言？」顯然，你可以把這樣的問題擴展到無限多層，但是如果答詢者無法在三層之內給你一個具體的數字，你就可以確定這個機構已完全失去控制，這就是你所需要得到的全部評量數字。這個技巧用於激勵員工士氣也很有效，因為它向他們證明了一件事，每一個外人都能夠看出他們的工作做得有多糟。

2. 如同柏拉圖所說：「一個國家重視什麼，那個東西就會在那裏被培養。」你可以去量測一件對某個機構很重要的東西，方法是去觀察他們願意投入時間、心力、和金錢去量測的是什麼，那就是他們所重視的東西。Tom DeMarco 發現，「你想要去量測的，就會被找出來。」人們都知道有柏拉圖的這個原理存在，也可能他們還不曉得自己知道；他們知道他們的管理階層重視的是什麼，因此他們會隨著管理階層要量測的而調整自己的作為。人們看到量測數字後會作何反應？他們會如何改變自己工作上的最佳想法

來符合評量數字的要求？

3.　當有人告訴你「這個東西無法被量測」時，請想出一個方法！

4.　在閱讀本章時，很容易讓人聯想到，一個人若是對自己的評量系統動手腳，一定是個「壞人」。這是典型照章行事型（模式2）的思維，也是你想要與卡在模式2的人去討論他們的評量系統時會遇到許多困難的最大原因：他們認為你是在指責他們。

12.7　摘要

✓　所謂的超評量就是對評量系統所做的評量。超評量是很重要的觀念，原因在於，當控制系統失敗而造成品質危機時，評量系統是最先開始崩潰的事物之一。

✓　想要對一個控制系統所有的失敗進行觀察，最有把握成功的方法是，利用人們「意識的缺乏」。在品質危機肆虐之時，參與其中的人並不知道在自己的身上究竟發生了什麼事。

✓　軟體機構在陷入品質危機時，對於他們面臨了多少個問題，無法提供正確的資訊，更不要說這些問題的特性是什麼。

✓　品質危機的另一可靠的徵兆是專案管理系統的崩潰，尤其是不去更新專案的管理報告。

✓　對於像規格書這樣的基本工作項目是不可能不去管它的，但是經常會被遺忘。因此，有一個方法很容易即可診斷出品質問題的嚴重等級，那就是要求員工找出他們在執行工作時必須用到的某樣東西（例如規格書），然後觀察他們要花多久的時間才能想到那個東西在哪裏，如果那樣東西真的存在的話。

✓　品質下降的另一個徵兆是心智上的控制系統面臨崩潰，此時人們

甚至無法對自己正在找什麼東西給你一個正確的描述。不精確的語言是暴露內心祕密的一個徵兆，顯示出在心智上已經失去控制。

✓ 當一個機構面臨危機時。它會設法讓情況能夠簡化。參與其中的人會採取的做法之一是對於難以面對的事實予以忽視；當問題發生時不去處理；不把問題記錄下來，以致別人無法去處理；以及，最壞的情況是故意不把問題記錄下來。

✓ 一個成功的控制系統必須不僅僅要有受控制系統表現良窳的資訊，還要有「用什麼標準來量測工作績效」的外部資訊。如果缺乏「有哪些外部標準可用以評鑑工作績效」的相關知識，這是品質有問題的明確徵兆。

✓ 遇到困難的機構對評鑑整體工作績效或許沒有一套標準，但他們至少對目前手上片段的工作應該有一套評鑑的標準，換句話說，就是要有規格書。當一個機構遭遇到嚴重的品質問題，棄規格書於不顧是最誘人的一種「解決問題的方法」。

✓ 對於一個想要假裝自己符合規格要求的機構來說，白紙黑字的規格是一件危險的東西；需要引用參考資料的地方有許多都是去參考一個並未行諸文字、純口頭上的協定。

✓ 一個機構即使因問題太多而滅頂，如果員工能夠退後一步，看看自己工作的優先順序，這麼一來，他們可以把創意用於最重要的問題上。

✓ 有時，一個機構相信自己可牢牢掌握正在發生的事，但是因為機構成員的工作負荷過重，因此無法實際加以查證。如果最終證明他們是錯的，那麼這樣的自信反而會造成更多的問題。有許多讓人感到印象深刻的「評量值」其實只是一種煙霧彈，會讓你看不

清他們所用的溝通模式的真實樣貌。

✓ 另一種煙霧彈是假審查。如果有任何徵兆顯示技術審查變成了假審查，我們應該趕緊豎起紅色的警告旗。

✓ 在面臨品質危機時，人們會切斷所有的溝通線路，以便讓自己的工作負荷受到控制。其他維持開放的線路的溝通品質會變得惡化，並製造出一個自我強化的反饋動力學，使得所有的溝通線路最後都被堵塞。

✓ 當人們不願或無法直接與別人討論問題，只剩下沉默、閒話、謠言、和迂迴的行動時，溝通管道開始惡化。

✓ 工作的重複是一個機構遇到品質危機時的典型現象。你也會經常發現，人們抄襲別人的評量數字，為的是讓自己面子上比較好看，或是讓自己覺得比較安心。

✓ 開會的次數越來越多，但是收穫卻越來越少。參加會議的人數變得越來越多，因為人們都認為要找到任何東西的唯一方法就是在會議上去找。

✓ 人們為減少自己的工作負荷，經常會設法把自己與同事隔離開來。這樣的隔離不論是肉體上或精神上的，實質上都會傷害到自己把工作做好的能力，因為你同時拋棄了得到幫助的最好來源。

✓ 當危機更加惡化時，人們會把自己所有的資訊來源都切斷，讓自己不知道危機的真實情況到底有多糟。每當接到新的資訊時，本能的反應就是加以否認，並且認為其中並沒有任何經過證實的事實。通常，也不會有事實產生，因為沒有人願意成為傳達壞消息的系統中的一員。

✓ 如果可產生有用的評量數字的資訊系統尚未建立，經理人員必須設法在沒有評量數字的情況下執行管理的工作，其結果是反而會

助長危機的火勢。

12.8 練習

註：下面的第一個練習是由Payson Hall所建議，其餘的三個則是由Mike Dedolph和Dawn Guido提供。

1. 瀏覽本章的摘要以找出哪些結論聽起來有指責的味道。請說明為什麼這個結論是由一個想要把工作做好的人（卻身陷在一個不恰當的文化中）所造成。設法改寫該結論以去除指責的意味。然後，拿你的結論給別人閱讀，看看收到的效果如何。

2. 根據你自己的經驗，回想一個情況：管理階層對問題的嚴重性是完全無知的。有哪些超評量可以用來防止問題？機構存有哪些障礙讓你無法利用這些統合觀察？

3. 根據你自己的經驗，回想一個情況：你的部門或機構出現工作的重複。原因是出在信任感的缺乏？為量測機構間的信任感，有哪些超評量可以利用？（提示：請考慮採用第9章所說的主觀影響分析法，或其他與顧客滿意度有關的評量法。）

4. 為監控審查過程（目標是確保可做到有效的審查，又不致讓專案永遠停擺），有哪些超評量可以利用？

第四部
做出反應

能迅速回答讓我很高興，而且我做到了，我說：「我不知道」。[1]

——馬克・吐溫

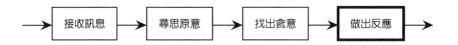

根據「薩提爾人際互動模型」，觀察的最終步驟是「做出反應」。所謂反應是指你的想法與外界世界——就是你想要成就某事的那個世界——做結合。因此，「做出反應」這個步驟的關鍵字是有用性：給行動一個依循的準則。

13
化觀察為行動

我從不立即做出決定，即使跟朋友在一起時也一樣……。我認為比較適當的做法是「三思而後行」，這樣做必須有耐心才行。為了避免受到威脅——凡事三思後行，切勿魯莽躁進。[1]

——南韓合氣道大師Bong-Soo Han

到最後，「觀察」不是重點所在，真正重要的是對觀察所做出的反應。這就是為什麼禪學大師們教大家要耐心做出反應。

雖然許多模型跟觀察和評量有關，不過在說明反應是如何與事件有關這方面，薩提爾人際互動模型卻能獨樹一格。在這一章中，我會說明把想法變成行動的這種轉變，如何加以模型化。我會以「接收訊息引發解讀含意、進而引起感受」這個時刻為出發點。這正是具決定性的時刻，因為後續發生的事將決定言行一致的反應（congruent response）是否可能。

為什麼關照全局的反應如此重要？如果我無法做出關照全局的反應，就代表我的行動沒有配合我的理解，那麼不論我多麼了解高品質的軟體管理，我還是一個效力不彰的經理人。

13.1 感受的感受

想法與感受之間的關係為何？正如想法可以激發想法，想法可以激發感受，而感受也可以激發想法，所以感受可以激發其他感受。一旦某個想法讓我產生一個「感受」（feeling），我現在可能以一個「感受的感受」（feeling about the feeling）來回應這個「感受」。

13.1.1 自我價值

根據薩提爾的說法，這種感受的感受取決於我對當時自我價值（self-worth）的大致看法。這一點很重要，因為當自我價值低時，我可能無法反映出我的真實感受，卻只反映出把真實感受隱藏掉的「感受的感受」（圖13-1）。這個時候我會違反合氣道大師 Bong-Soo Han 的忠告，我沒有思考，只是反應。

舉例來說，假設我做出這項現況解讀：

✓　「你正設法讓我在老闆面前難堪。」

如果我有自信，我可以接受我的擔心：

（感受的感受1）：「我會擔心，但是在這種情況下擔心是有道理的，

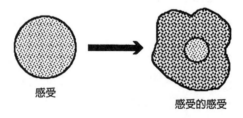

感受　　　　　　　　　感受的感受

圖 13-1　我對我的感受產生一個感受，卻可能隱藏掉我對現況解讀的感受。

而且這件事我可以應付得了。」（或許這種想法沒有伴隨任何特別感受，或者可能伴隨一種自信的感受，例如：滿意。）

如果我當時覺得自己很脆弱又容易受傷害，那麼「我擔心」這個想法可能會讓我感到害怕、受傷或憤怒：

（感受的感受2）：「我會擔心，而且如果我是膽小鬼，某件可怕的事就會發生。」（害怕）

（感受的感受3）：「我會擔心，而且那表示你其實不喜歡我。」（受傷）

（感受的感受4）：「我會擔心，而且我真的很生氣，我讓別人這樣恐嚇我。」（憤怒）

13.1.2 引發生存法則

任何這類強烈感受（感受的感受2、感受的感受3、感受的感受4）可能是從我早年養成的某個生存法則（survival rule）所引發。舉例來說，「感受的感受4」可能是由我某個不言而喻的法則所引發：

（生存法則4）：「大人不應該擔心任何事。」

這個法則引發我因擔心而感到憤怒（圖13-2）。有趣的是，即使是「好的」感受也可能在突然間引發不好的「感受的感受」，例如：如果我因為某項傑出貢獻而獲獎，讓我感到開心，我可能突然發現自己感到害怕，因為某項生存法則這麼說：「如果事情進展得很順利，就要當心！」所以你擔心可能有什麼不好的事會發生。由於這種「感受的感受」的迅速轉變，當我對於獲獎的反應是看似憂心時，可能會讓老

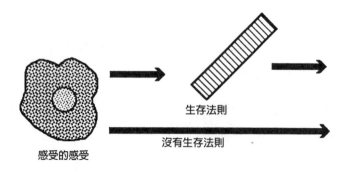

圖 13-2　如果我的自尊心低落，我可能引發生存法則（以一把尺表示），這正是我的「感受的感受」之所以產生的原因。

戒備感困惑。

　　當然，在大多數情況下，大多數人並不覺得自己的生存受到每一項觀察所威脅。不過，在管理階層決定評量某些事時，有些人就會掉入生存模式。所以生存模式成為關於那些人的一項重要的統合觀察（meta-observation）。如果他們對於每一項潛在評量的反應，有如面臨生存問題時所做的反應，那就表示他們的自尊心低到谷底。

　　不過，我的感受通常不會激發任何其他強烈感受，這表示我的生存不受到威脅。所以，我只會準備一項合理反應，這項反應可能是「在任何方面都不做出明顯反應」。

13.1.3 防衛反應

如果我不覺得自己處在生死關頭，我的反應可能讓你更容易解讀。為了達到最大利益，我們就以最難的例子做說明。這種情況會發生在我的生存法則認為「我不可以有這種感受」時，我必須召喚某個防衛反應（defensive response）開始作用（圖 13-3）。

　　有很多防衛反應可供我運用，我會依照我認為威脅是什麼，以及

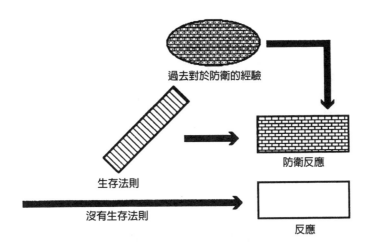

圖 13-3　如果我覺得生存受到威脅，我依據我的生存法則和自己過去對於防衛的經驗，選擇做出防衛反應（以磚牆表示），如果我的生存並未受到威脅，我只是選擇依據我知道和了解的事，做出一項合理反應。

以往怎樣做才有用來做選擇。舉例來說，我可能把問題投射到別的地方，例如：投射到你身上：

（防衛反應1）：「你把我搞毛了。」（投射）

我可能藉由改變話題或製造其他分散注意力的事項來忽視你：

（防衛反應2）：「你認為明天會下雨嗎？」（分心）

我可能否認自己的真實感受：

（防衛反應3）：「我沒有生氣，反正誰管你怎麼做。」（否認）

我可能進一步曲解我聽到的話：

（防衛反應4）：「你說的話並不是這個意思。」（曲解）

顯然，在此我有許多選擇。首先，我選擇是否要採取防衛；如果我決定防衛，要採取怎樣的防衛，我有許多選擇可用。不過事實上，一旦我採取防衛，我更可能在沒有進行任何理性活動的情況下，自動選擇我的防衛反應。不管我正在做什麼，現在你應該可以看出，我做的選擇根本和你原先說的話無關。

13.2　分辨言行一致與不一致

我們現在可以知道這麼多口語的不精確來自何處。因此，軟體工程經理人必須能觀察情緒狀態：

生存反應引發想法上的不精確，想法上的不精確會破壞品質。

顯然，我在任何時刻做出的反應跟你原先說的話無關，所以我做出的反應不太可能對事情有幫助。為了讓反應對事情有幫助，就應該依據「此時此地與你」來做出反應，而非依據在不同地點、時間與不同人士來做出反應。當我反應出彷彿我處在不同情況，那麼我的反應就是言行不一（incongruent）——也就是說，我的反應無法配合我的真實想法。

　　舉例來說，當你說：「讓我們打電話給會計部門。」我可能做出的言行一致反應和不一致反應如下：

言行一致　　　　　　　　　　　言行不一
我看見你在笑。　　　　　　　　你對此事感到開心。
（言行一致的反應確認所接收的訊息就是判讀來源。）

| 我感到困惑。 | 你把我搞糊塗了。 |

（言行一致的反應為內部感受反應負責。）

| 我生氣了。 | 你把我搞毛了。 |

（言行一致的反應正確地認定誰該生氣。）

| 我聽到你大吼大叫，而且我沒辦法想清楚。 | 別再大吼大叫！
你幹麼大吼大叫啊？
你這樣大吼大叫，把我搞糊塗了。
我要怎麼做，你才不會大吼大叫？
大吼大叫很沒禮貌。
我在《心身醫學季刊》（*Psychosomatic Quarterly*）看到一篇論文說，大吼大叫會讓高血壓病情惡化，也會引發慢性喉頭炎。
我也可以大吼大叫：不要！ |

（言行一致的反應不會讓因果關係倒置，不會出現指責的行為，也不會依賴未明確指示的權限，或讓想法和行為變得毫不相干，甚至對毫不相干的行為做出反應。）

| 我覺得很愧疚，而且我不知道為什麼。 | 我究竟做錯什麼？ |

（言行一致的反應會正確地指出感受，也可以表達困惑。）

| 我不懂。 | 講清楚！說大聲一點！ |

（言行一致的反應提供資訊，也不會藉由自我貶抑來討好別人。）

我頭痛，想休息一下。	你讓我頭好痛！（昂首闊步地走開） 我頭痛死了，你何不饒了我？ 你簡直有病，否則你不會那樣跟我 說話。你何不休息一下？

（言行一致的反應提供不那樣就無法看出內部狀態的相關資訊，例
如：現在無法思考，或如何才能夠恢復思考。）

這些常見的言行不一反應，你看起來是不是很熟悉？你能了解這些反
應為什麼對解決問題沒有幫助嗎？如果我的反應彷彿我活在人生的另
一個時刻裏、彷彿我在另一個地方、或跟別人在一起，那麼我就無法
正確解決此時此刻的品質問題。因此，如果我觀察到自己做出言行不
一的反應，我必須在試圖立即處理某項問題以前，先設法讓自己做出
言行一致的反應。

13.3 危機會破壞觀察能力

一個有效的回饋控制系統必須能夠利用實際行為和預期行為，以言行
一致的方式處理兩者之間的差異，並採取適切的行動（圖13-4）。當
控制者的這三項必要功能的任何一項開始失效，或全部開始失效，我
們就可以認出品質危機的前兆。尤其是藉由觀察防衛反應，我們就能
觀察這種效力漸失的觀察系統（這就是一種統合觀察）。

我們對於效力漸失的觀察系統做出的防衛反應是否認。否認會使
得最相關的人士都看不見品質危機。身為顧問的我進入一個組織並詢
問：「問題是什麼？」通常組織成員會跟我說：「我們沒有任何問
題。」不過，當他們確實承認有問題時，卻從未表達是品質問題，不

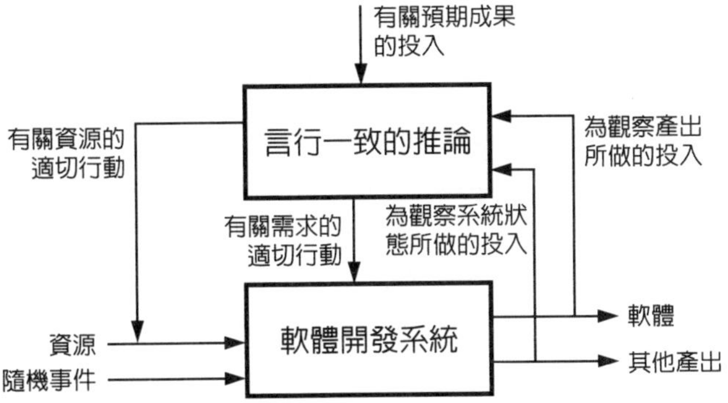

圖 13-4　危機通常是由組織的控制機制失效而引發。要發現危機前兆，我們
　　　　可以檢視控制機制的三項必備要素：利用實際表現與預期表現相關
　　　　資訊之能力，以言行一致方式處理這項資訊之能力，以及以適當做
　　　　法採取行動之能力。

然就是把品質問題當成表面症狀。

　　針對我在這類組織的所見所聞進行分析時，我設法避開組織本身
對問題的定義。畢竟，如果他們了解問題，他們可能已經把問題解決
了。所以，我改用薩提爾的格言（Satir's dictum）做為準則：

「問題」不是問題，「如何因應問題」才是問題。

我藉由找尋言行不一的跡象來應用這句格言。言行不一的因應策略強
烈指出了品質危機，以下的動態學就是原因所在：

- 在品質危機中，品質問題就潛藏在每一項受觀察行為中。
- 由於品質問題是系統問題，大幅增加人員數目這種頭腦簡單
  的解決方案，只會讓問題更加惡化。
- 早在我們意識到危機日漸擴大前，我們已經透過自覺壓力逐

漸增加，在情緒上察覺到這件事。

- 在情緒壓力下，我們無法充分發揮智力，反而訴諸言行不一的因應策略來防衛自己。

- 藉由觀察這些言行不一的因應策略，我們可以決定品質危機的範圍和深度。因應策略也指引我們，看看是什麼人被忽略了，可以判斷怎麼做可能是最有效的干預。

13.4 反應與薩提爾人際互動模型

利用人們說的話做為評量，這樣做總是有點危險，因為人們會以各種不同的方式先審查自己說的話。薩提爾人際互動模型會處理到這種自我審查（self-censorship），並且告訴我們如何利用這項審查，發現潛藏於實際所說的話背後的深層含意。

我們現在已經抵達薩提爾人際互動模型的第三個步驟以及最後一個步驟，我已準備好並將要對你的評論發出我的外部反應。不管我的選擇為何，我現在已產生一個內在反應（internal response，可能是反應或是防衛反應），跟你原本說的話已相距甚遠。即使如此，在你所說的話和我的外部反應之間，還有一個額外步驟就是「自我審查」。

13.4.1 評論規則

假設我的內在反應是要採取防衛：「你把我搞毛了！」即使現在我可以做出許多選擇，但是這仍然是一個內在反應。這不是你會聽到的防衛反應，因為我必須先應用我的評論規則（rules for commenting，如圖13-5），再決定我要做出怎樣的反應。

評論規則是生存法則的一種特殊形式，負責擔任我的口語護衛，

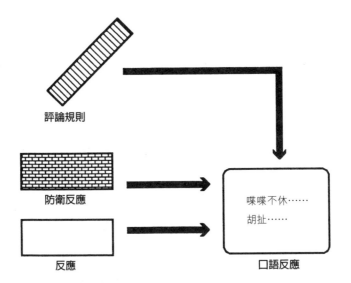

圖13-5　利用我的評論規則，我依據我的反應或我的防衛反應，選擇一個口
語反應。

這樣我就不會說出任何會招致危險的話語。舉例來說，我或許有一項
評論規則這樣說：「隨時保持禮貌」。這項規則可能讓我把

（防衛反應1）：「你把我搞毛了。」

轉變成表面上無惡意的：

（口語反應1）：「謝謝你那樣建議。」

或者，我可能有一項規則這樣說：「跟同事在一起時要強勢。」這項
規則可能導致我說：

（口語反應2）：「別以為你可以拿那種東西來騙我。」

在同一個情況下，我可能結合其他兩項評論規則：「不要明顯表示憤

怒，也不要直接逼迫人」。在那種情況下，我可能把防衛反應1轉變成一種迴避：

（口語反應3）：「或許我們自己應該先想辦法解決問題。」

13.4.2　結合口語反應與非口語反應之結果

在我這部分的互動中，最後一項要素就是實際結果。實際結果包含我的口語反應，但也包含一些在先前內在反應時累積的非口語反應（圖13-6）。

　　舉例來說，如果以表面說法來看，我這樣說：「或許我們自己應該先想辦法解決問題」聽起來可能比憤怒更討好些。不過，我可能無法順利隱瞞我的憤怒，所以我會在語氣上透露跡象，也會以譴責的姿態用手指著你，這種行為就會洩露出我的憤怒。

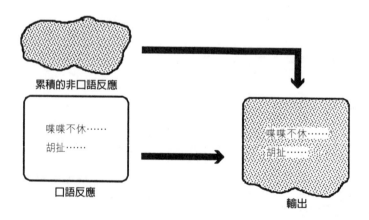

圖 13-6　利用我的評論規則，我依據我的反應或我的防衛反應，選擇一個口語反應。

13.4.3 受控制與不受控制的非口語反應

關於這種非口語反應，我也是可以選擇的，但是運用非口語反應通常比運用口語反應困難得多。即使如此，並非我的所有行動都落入「不受控制的非口語反應」這個類別。

我可以選擇嚴厲批評你，或選擇不這樣做。我可以選擇離開，或選擇留在原地。我的動作愈明顯，我就有更多的選擇。這些就是可控制的非口語反應。「我必須嚴厲批評他，我就是忍不住要這樣做，」說這種話的人是在騙自己。我或許無法控制好自己的神情或語氣，但是我可以輕易控制自己做什麼。

把不可控制的非口語反應和可控制的非口語反應結合起來，就是「結果」，也就是你看到和聽到我對你原先說的話所做的立即反應。

13.4.4 檢視整個循環

對我來說，「結果」讓整個循環結束了，而且因為這是一個外在呈現，所以對你而言又是一個新的開始。這整個步驟順序可能在不到一秒的時間內發生。

表面上來看，你誠懇地說：「讓我們打電話給會計部門。」我的反應是：「或許我們自己應該先想辦法解決問題。」但是我用手指著你還以憤怒的語氣這樣說。請你先深吸一口氣，這整個過程可以用一個冗長的句子呈現：我觀察你的言行後進行解讀並產生感受，後來這個感受引發感受的感受，也激起符合我生存法則的一項防衛，接著我依據這項防衛做出口語反應，並且將評論規則應用到這個口語反應上，再結合我刻意的非口語反應和不自覺的非口語反應。（終於鬆了一口氣！）

你怎麼會不懂我的反應？我並沒有比你好到哪裏去，因為你必須經歷同樣一系列的互動要素，然後那個不懂你的反應的人就會是我。利用薩提爾人際互動模型的協助，我們都能闡明我們所看到和聽到的，將它轉變成有用的觀察。

13.5 解讀言下之意

由於我們知道自我審查步驟的存在，所以我們通常可以將這個步驟顛倒過來，發現真正的訊息為何。我們甚至可以為「恢復未經審查」發展出一些通用規則。

13.5.1 刻意去掩飾

吉爾‧羅德（Gil Roeder）本來是我的學生，後來成為我的友人，他從事幫套裝軟體開發訓練課程和文件的工作。我問他如何挑選軟體，為這些軟體提供訓練教材和文件。他解釋他先挑選潛在市場相當大的套裝軟體。我可以理解他為什麼這樣做，不過他接下來的挑選條件卻讓人難以理解——除非你知道如何「恢復未經審查」。

羅德說他研究套裝軟體的廣告。在了解廣告思維如何運作的情況下，他尋找自稱「無須訓練」的套裝軟體。他把這項訊息恢復未經審查變成「我們不打算提供任何訓練」。他也尋找聲稱自家產品是「自文檔化」（self-documenting）的套裝軟體。這項訊息在未經審查前為「我們不打算提供很好的文件」。

這項測試很簡單：他們的口語訊息試圖隱藏什麼？當你有理由相信某人正在掩飾什麼時，你都可以應用這項測試。

在老闆具有獨特的非口語漏洞的組織裏，這種測試特別有用，比

方說：老闆每次打算說謊時，就會把領帶塞進褲子裏。所以，如果老闆在這個非口語表述之後說：「預定進度絕對沒有商量的餘地。」那麼聽者就知道他們可以順利談定一個新的預定進度。

13.5.2 把自己移除掉

通常，大多數人不會刻意去掩飾，不過基於種種原因，他們會不自覺地改變他們的訊息，例如：許多軟體工程師有一個評論規則這樣說：「我絕對不能讓自己看起來很蠢。」

　　他們會把本身的缺乏理解，轉變成對他們的指責，或是把問題普及化。舉例來說，某位設計師抱怨CASE工具：「在我的設計中，這張圖表有太多跨頁連接符號。」這似乎是有關CASE工具的一項陳述，但是可以利用恢復未經審查，把基於「絕對不能讓自己看起來很蠢」這項規則而移除掉的「我」放回去，找出另一種可能性。於是，這句話就可以解讀成「當圖表中有太多跨頁連接符號時，我就無法理解。」

　　這項新的陳述可能表示，這位設計師真的很蠢，但是也可能表示對任何人來說，這項設計太過複雜、難以理解。CASE工具設法給設計師一個訊息，但是在無法將設計師自己的口語反應恢復成未經審查的情況下，可能連設計師也聽不到自己真正的心聲。

13.5.3 棘齒作用：內在反應的封閉循環

把自己關在自己的想法循環中，就是人們因應壓力出現的一種言行不一。心理學家把這種現象稱為「固著」（perseveration）。我比較喜歡用更簡單、更描述性的用語「棘齒作用」（ratcheting，除了表示動作的不可逆本質以外，這跟先前討論的棘齒線無關。）

　　當我身處壓力狀態下，我可能有許多評論規則，卻可能無話可說。不自覺地，我會去引導我的內在反應，把內在反應變成我本身接收的訊息。然後，我會把這項接收的訊息跟內在反應混為一談，而且把自己困在一個循環裏，如同圖13-7所示。

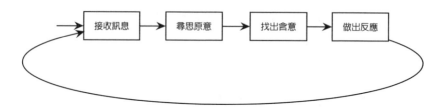

圖 13-7　棘齒作用在內部運作，然後分不清內在反應與外部接收訊息，以致於這項互動成為完全在個人腦海裏運作的封閉循環。

　　棘齒作用可以運用薩提爾人際互動模型來解開整個封閉循環。舉例來說，當程式設計師跟經理雪兒交談，雪兒聽到的話很合理，但是背後隱含的意義卻截然不同。以下就是在雪兒腦子裏打轉的事：

接收訊息：「我們的技術審查透露出一些我們必須修正的小缺陷。接著我們必須再次審查，因為我們必須做的這些改變，可能產生一些副作用。」

尋思原意：「又有更多錯誤，而且他們還說這是『小缺陷』，讓我不會注意。」

找出含意：「他們設法隱瞞我，他們把工作做得多麼糟糕。」（憤怒）

做出反應：「我不該讓他們知道我在生氣，所以我什麼也不說（評論規則）。然後他們會忽視我跟他們說的任何事，而且他們只會繼續犯下更多過錯。」

接收訊息：（其實是內部反應）「他們根本不在乎我對他們的過錯做何感想。」

尋思原意：「他們以為我會因此陷入困境，所以他們不在乎我有何感受。」

找出含意：「他們想把罪怪到我頭上，而且我會因此丟掉飯碗。」（擔心）

做出反應：「我最好小心一點，別在這些程式設計師面前，表現出我擔心自己工作不保（評論規則），因為那樣的話會鼓勵他們騎到我頭上。」

接收訊息：（其實是內部反應）「他們打算騎到我頭上，所以跟老闆一起設計一個情況跟我唱反調。」

尋思原意：「他們打算拿這些審查結果給老闆看，並且利用它們來拖延專案。」

找出含意：「如果老闆發現專案進度落後，我就會丟掉飯碗。而且我的名聲會因此變差，以後再也不可能有人願意幫我美言推薦。」（擔心、憤怒）

做出反應：「別管什麼新審查了。今天下午四點以前，只要把你能修補好的缺陷做好，然後把模組交給系統測試，再把報告交給我。我不希望你把報告交給任何人，你了解我的意思嗎？」

只聽到這項最後反應的程式設計師，一點也不了解雪兒的意思。他以為自己開發出只有一些小缺陷的模組，所以把工作做得很好，而且在審查中就能把這些缺陷找出來，實在做得太棒了。其實，他的老闆在生他的氣，老闆違反了他們的流程標準，而且隱瞞有關專案的資訊。

不過，程式設計師自己的反應也不一致。等到他們找我幫忙解決問題時，他們已經困在一場激烈衝突中。

13.6 心得與應用上的變化

1. 在這本書中，我們最感興趣的是——回饋到觀察系統本身的那些反應。有關觀察系統的這類行動回饋可能是刻意或不自覺的，不過我把這類行動回饋控制得更好，我就能成為更優秀的觀察者。

2. 藉由增加或減少接收訊息的數量或品質，就是我能依據自身觀察系統採取行動的方式之一。每隔一段時間，我應該暫停我的觀察並問問自己：「我具備的資訊比我所需的資訊還要多或還要少？」如果是這樣，我可以怎麼做，以便減少或增加我接收的資訊數量？

3. 有關觀察系統的另一項行動回饋是——改變我的時間安排。為時已晚的觀察表示修正行動必須大規模進行，也會增加而不是減少問題的風險。相反地，如果太早就下判斷，例如：我把某人貼上「不主動」的標籤，那麼我的觀察就不可能完整或有用。

4. 生存法則並非毫無價值，只不過把我們以往生存所需的法則「過度概化」（overgeneralization）。可以把生存法則轉變成較不具威力的形式，讓我們仍然可以運用這些智慧，卻不會造成言行不一的反應。[2]

13.7 摘要

✓ 「觀察」不是重點，真正重要的是對觀察所做出的反應。雖然許

多模型跟觀察和評量有關,不過在說明反應是如何與事件有關這方面,薩提爾人際互動模型卻能獨樹一格。

✓ 正如想法可以激發想法,想法可以激發感受,而感受也可以激發想法,所以感受可以激發其他感受。這種感受的感受取決於我對當時「自我價值」(self-worth)的大致看法。

✓ 強烈的「感受的感受」可能是從我早年養成的某個「生存法則」(survival rule)所引發。在大多數情況下,大多數人並不覺得自己的生存受到每一項觀察所威脅。如果我覺得自己的生存受到威脅,那麼這就是你能對我做出的一項重要的統合觀察。

✓ 在大多數情況下,如果我不覺得自己受到威脅,我只會準備一個合理反應,通常這項反應可能比某些防衛反應更容易解讀。

✓ 當我試圖掩飾自己的感受時,可以運用許多防衛反應。我可能把問題投射到其他地方,或是製造一個分散注意力的事項,也可能否認我的真實感受,或是曲解我所觀察到的事情。

✓ 生存反應引發想法上的不精確,想法上的不精確會破壞品質。這就是為什麼軟體工程經理人必須要能觀察個人和整個組織的情緒狀態。

✓ 當人們的反應彷彿他們處在不同情況、跟不同的人在一起、活在不同的時刻裏,我們認為這就是言行不一的反應。言行不一的反應對解決問題沒有幫助。藉由觀察防衛反應,你可以觀察到觀察系統逐漸失效。

✓ 如同薩提爾的建議:「『問題』不是問題,如何『因應問題』才是問題。」

✓ 人們以各種不同的方式來審查自己說的話。我們可以利用這種自我審查,發現潛藏於實際所說的話背後的深層含意。人們可能刻

意去掩飾自己的真實感受，或是不自覺地掩飾自己的真實感受。

✓　評論規則是生存法則的一種特殊形式，負責擔任我的口語護衛，這樣我就不會說出任何會招致危險的話語。

✓　非口語反應可分成二類：可控制與不可控制。這兩種非口語反應的組合就是「結果」——意即對於我所接收的訊息，我說了什麼、做了什麼。

✓　人際互動過程錯綜複雜，不過在薩提爾人際互動模型的協助下，我們可以闡明我們所看到和所聽到的，將其轉變為與人互動真正發生什麼事的有用評量。

✓　棘齒作用就是我因應壓力的一種言行不一，這種作用起因於我會去引導我的內在反應，變成我自己接收的訊息，而且把自己困在這個循環裏。

13.8　練習

1.　在一個團體中進行下列練習，協助提高對感受的覺察並了解「感受的感受」這個概念。在工作團體做完這項練習時，也能對團隊建立有很大的幫助：

　　a.　整個團體圍成一個圓圈坐下來，由其中一個人開始選出另一個人，在說出對方的名字後，接著開始說：「有件事我真的很感謝你……」舉例來說：「傑克，有件事我真的很感謝你，我總是可以指望你對我的程式做出公正的判斷。」

　　b.　接受感謝的人不必回應，但是要設法注意任何反應。然後，這個人再重複第一個步驟，挑選另一個人並感謝他（她）。

　　c.　重複這個過程直到每個人都獲得感謝為止。在這個時候，開

始討論下列問題：

c1. 對你來說，向人致謝或接受感謝哪一個比較困難？

c2. 伴隨這個難題的感受為何？舉例來說，你很開心自己有機會說出老早就想說的話嗎？

c3. 伴隨這些感受出現的感受為何？舉例來說，你等了那麼久才說出這些事，讓你覺得很慚愧嗎？

c4. 是什麼生存法則造成這個難題？舉例來說，你擁有「我應該注意其他人，不要老是注意自己」這項規則嗎？

c5. 在你早年的人生經驗中，有哪種經驗可能導致那些規則？從那時候起發生的狀況，也可以提出做補充。

2. 依照同樣的流程將練習1做一些變化，不過這次改說：「有件事我很感謝自己……」。如果你進行這二項練習，你可以再多討論一個問題：「哪一個練習比較難？為什麼？」

3. 以下練習可幫助你發現你的規則是否真的是生存法則：

a. 陳述規則，例如：「我應該注意其他人，而不要老是注意自己。」

b. 問問自己（或請同伴問你）：「如果違反這項規則，會發生什麼事？」例如：「如果你不注意其他人，會發生什麼事？」

c. 注意自己的內心感受並找出這個問題的答案，例如：你可能發現自己覺得：「如果我不注意他們，他們就會離我而去。」

d. 然後問問自己（或請同伴問你）：「如果答案c真的發生了，又會發生什麼事？」

e. 再深入探討自己的內心世界並為那個問題找出答案，例如：你可能發現自己覺得：「如果他們離我而去，那麼我就只能

靠自己了。」

f.　回到問題d並持續進行d和e，直到你做出這兩項答案的其中一項：「那樣的話，我想沒有什麼事會發生的」或「那樣的話，我大概會死掉。」在第二種情況下，你已經揭發一項生存法則，對成人而言這很少跟真正的生存有關，但對於小孩而言卻可能攸關生死。比方說，如果你才二歲大，你的爸媽離你而去，你很可能會死掉。唯一的問題是，當你已經四十二歲了，你竟然還貫徹這項法則。

14
從移情作用的立場觀察

在許多人得知某件事以前，必須有某個人先知道那件事才行。[1]

——挪威劇作家暨詩人易卜生（*Henrik Ibsen*）

即使在我做出言行一致（congruent）的反應時，我可能並未處在最佳立場，以便能觀察要有效解決危機我必須做什麼。然而，若是在危機中能提供以不同觀點獲得的資訊，就是最有效的一種干預。

14.1 觀察者的三種基本立場

每當身為觀察者的我要採取行動時，我可以選擇要從哪一個立場，進行我的觀察：

立場1. 在我的內心，往外看或往內看（自我的立場）。

立場2. 在另一個人的內心，從他（她）的觀點觀察（別人或移情作用的立場）。

立場3. 由外界，檢視我自己和其他人（情境的立場）。

言行不一會導致觀察者之選擇減少，例如：有些經理人在危機中會因為棘齒作用（在內心裏將本身的輸出回饋為接收訊息），而把自己困在立場1。他們無法抵達立場2，因此無法了解別人為什麼做出那樣的反應。這些經理人可能以指責別人及並未認清自己也牽連在內的方式，來回應自己的觀察。結果，他們的指責讓受指責對象備感壓力，也讓危機愈發嚴重。

其他經理人則是困在移情作用的立場中，無法抵達立場1，因此他們無法照顧自己。這些經理人可能把罪都怪到自己身上並且盡量討好（placate）別人，來回應自己的觀察。在危機中，他們什麼事都肯承諾，卻無法兌現任何事。

指責別人和討好別人的經理人大概都無法採取立場3，以取得旁觀者才能提供的觀點。從另一方面來看，有些經理人把自己困在旁觀者的立場，以保持距離的方式來保護自己，用這種做法來回應危機。薩提爾把這種行為稱為「超理智」（superreasonable）。乍看之下，這種行為看似理智，但事實上卻很疏離，以致於這些經理人的深刻觀察無法產生有建設性的影響。旁觀者立場也是顧問常採用的立場，而且是他們飽受批評的原因所在。

超理智型經理人涉及我在序言裏談到的第二級和第三級評量系統，這種情況甚至更為常見。第二級和第三級評量是指對長期趨勢的評量，或是支援尋求一般性法則的評量。對於無法有效因應現狀的經理人來說，和未來有關的評量具有不可抗拒的吸引力。遺憾的是，當組織陷入危機時，根本不是出差參加有關評量的科學會議的好時機，也不是躲在辦公室裏思考長期評量計畫的好時機。

當然，有些經理人在危機中驚慌過度，無法採取任何觀察者的立場。他們忽略自己的感受，沒有留意別人發生什麼事，而且他們勢必

無法跟整個情況產生關係。薩提爾將這種行為稱為打岔（irrelevant）。
軟體工程經理人面臨危機時，常見的一些打岔行為如下：

- 糾正辦公設備的擺設[2]。
- 花無數個小時在自己的電腦上玩冒險遊戲。
- 解決冷門的程式編碼問題。
- 編輯電子郵件訊息回信給寄件者。

在管理危機時，有時候從立場1觀察很重要，有時候則必須從立場2
進行觀察，有時候則要從立場3來觀察。指責、討好、超理智和打岔
等行為都是言行不一（incongruent）的行為[3]，因為這些行為表示：
行為者困在一種觀察者立場中，無法選擇其他立場。這些人在自己最
需要某些觀察力時，卻已自行放棄這些能力。

14.2 參與式觀察

跟我結褵三十多年的丹妮是訓練有素的文化人類學家。在博士訓練課
程中，文化人類學家通常要花一年或一年以上的時間進行田野工作，
住在社區裏以旁觀者的立場觀察社區。丹妮攻讀博士學位時做的田野
工作，就是在瑞士阿爾卑斯山區一個二百五十個人的鄉下務農社區進
行，她在那裏住了幾年完成這項調查。[4]

　　田野調查涉及到完全地融入，而且是移情作用觀察的原型。不
過，有些人類學家太過融入寄住文化，以致於「逐漸過著與當地居民
一樣的生活」，從未離開他們進行田野工作的地點。[5]

　　以丹妮的例子來說，她在這個村莊一住就住了六個月，我開始擔
心我會失去她。我跟她進行一些勸說後，她勉強同意在某個長週末時

到日內瓦來，享受世界最文明都市的舒適設備。

二天後，她的休閒娛樂一切進展順利。我們在湖畔餐館享用晚餐酥炸鱸魚片，我開始覺得丹妮不會再陷入逐漸過著與當地居民一樣生活的危險中。但是，她突然挺直身子坐好以絕望的語氣說：「唉！」

「為什麼嘆氣？」我問。

「我坐在這裏享受美好時光之際，突然領悟到二百五十位村民正在那裏產生資料，可是我卻沒有觀察到。」

後續幾年內，我們開始為軟體工程組織擔任顧問工作，我們時常想起丹妮當時的感受。組織是由人所組成的，而且每個人每天都在產生資料，不論顧問是否在那裏進行觀察，情況都是這樣。當組織規模逐漸擴大，產生的資料數量也隨之增加，讓任何想成為觀察者的人難以應付如此龐大的資料數量。

以統計方式運用立場 3，就是戰勝這種資料逐漸增加的一種方式，這樣你就不必再處理個別資料，只要處理平均值就行。實際上，這種「調查」（survey）立場就是社會學家的立場，跟人類學家的參與式觀察（participant observation）的立場正好形成對照。調查的立場將許多資料壓縮成可管理的形式，不過有時卻會漏掉要偵測出被觀察組織之狀態所需的關鍵細節。調查的立場也有速度緩慢的傾向，而且找出觀察含意時常常為時已晚，做什麼事都幫不上忙。

移情作用的立場以不同的方式因應組織的成長。參與式觀察是利用這個概念：你周遭的人不但產生資料，也是同時擷取資料的觀察者。因此，就某種方面來說，個人承載了整個組織的所有資料。懂得如何向每一位個人取得資料的參與式觀察者，即使在相當複雜的情況下，也能以成本低廉、迅速又可攜帶的方式取得相關資料。

14.3　主位取向的訪談

主位取向的訪談（emic interviewing）是人類學田野工作者的主要方式之一。「emic」這個讓人好奇的用語來自音位學（phonemic）的末四個字母，音位學是對於帶有語言意義的聲音單位進行研究；相反地，語音學（phonetic）則是對於語言的聲音（知覺資料）進行研究，跟意義無關。主位取向的訪談協助人類語言學家解決這個問題：當他們甚至不懂語言時，更無法了解潛藏於語言內的文化事實，這時候他們該如何與對方溝通。

14.3.1　訪談手法

主位取向的訪談是了解別人「內在世界」的一種方式——也就是採取移情作用的立場。在此簡述你如何能使用這項技術，從你正在觀察的某位組織成員獲得與行為相關的資訊：

1. 確認你想了解的行為。
2. 不帶指責地接近這個人。你的目的是蒐集資訊，利用「請你教我怎麼做這件事」的結構。請對方詳述細節。你什麼時候做這件事？你什麼時候不做這件事？你如何完成這件事？你怎麼知道這件事做得對不對？你尋找什麼？傾聽什麼？
3. 你自己徹底試驗這些行為，必要的話，讓對方觀察你並糾正你，讓你測試自己的理解力。（事實上，你總是有必要這麼做。）

14.3.2　以訪談為干預

主位取向的訪談方式提供你有關人類行為的資料。你可能希望利用這

些資料，來改變跟人訪談時的互動模式。即使沒有其他明顯的行動，
主位取向的訪談總是會改變提供你資訊的那個人，而且通常是以更深
入的方式讓人改變。

在此提供一個相當奏效的主位取向訪談實例，受過這方面訓練的
經理人汪達就採用這種做法：珍妮負責軟體測試工作，卻無法讓軟體
開發人員認真看待她的測試結果。珍妮的經理汪達跟她一起坐下來，
進行一場主位取向的訪談，想知道珍妮如何跟軟體開發人員溝通她的
測試結果。汪達請珍妮想像一下，自己即將負責一個為期一個月的特
殊任務，而且在這段期間內汪達必須接手她的工作。「教我怎麼把妳
本來的工作做好，」汪達問，「把測試結果跟軟體開發人員溝通。」
經過這次訪談，珍妮的困擾消失了，然而汪達在訪談中根本沒有提供
任何建議。

珍妮從這次訪談中學到什麼？首先，這次訪談讓珍妮知道她可以
觀察自己。珍妮頭一次注意到，她常常在週五下午去找軟體開發人
員，他們剛好是忙著為週末做準備，不太歡迎她的來訪。珍妮因為沒
有意識到自己的行為不受歡迎而受困，因此她開始更有系統地觀察自
己，並且運用觀察改善了自己在其他方面的行為。

其次，主位取向的訪談讓珍妮知道她是她所擔任職務的專家。這
項訊息讓她更有自信也更盡責地工作，因為只有她最了解自己的工
作。珍妮不再以帶著歉疚的方式，展現她的測試結果，因為即使她不
像軟體開發人員那樣了解軟體開發工作，但是她比他們更懂得測試工
作。

另外，主位取向的訪談傳達給珍妮這項訊息：她這個人沒問題，
甚至很有趣。在訪談前，她缺乏自信，而且軟體開發人員將此解讀為
「珍妮對自己的測試結果沒有信心」。

在這次訪談後，珍妮開始邀請軟體開發人員在週三或週四共進午餐，告訴他們她從他們的程式碼中學到什麼。這樣讓正式交出測試結果這件事，比較不像出其不意的驚嚇，也改善了軟體開發人員對測試結果的接納度。

雖然主位取向的訪談比其他許多手法更有說服力，不過每一種訪談都能產生改變。怎麼可能只是進行一場訪談就發生這類改變？主位取向的訪談為汪達取得資訊（關於珍妮、軟體開發人員和軟體測試週期的資訊），也藉由預先假定幾件事，而且其中每件事都透過受訪的事實，讓珍妮有所了解，進而讓她受到影響。

14.3.3 為調查差異負責

主位取向的訪談正好可以結合調查資料（調查會產生立場3的情境資料），以揭發資料的原意以及含意，如同下面這個例子的說明。

Jittery Coding Nudnicks公司（簡稱JCN）請顧問雪倫協助他們，改善軟體產品品質不佳一事。雪倫詳細調查最新版本的缺陷模式，並且找出兩個可能有錯的模組。她查看這兩個模組的程式碼審查報告，卻發現這兩個模組從來沒有被審查過。這種情況似乎跟軟體工程學會（SEI）所做的一項評量調查不一致，因為該調查指出JCN經常性地運用程式碼審查。

為了了解調查和實務之間的差異，雪倫跟這兩位應該要為規避審查負責的經理，進行主位取向的訪談。她說：「教我如何決定模組是否要接受審查。」透過這個過程，她發現預定進度就是關鍵因素。如果模組進度落後，程式碼審查就被省略掉，以便「趕上進度」。在訪談過程中，其中一位經理領悟到這項實務的荒謬，因為模組進度落後的原因就是因為品質不佳。

　　另一位經理則必須看到這種落後效應，而且他並未真正接受這項推論。他的訪談透露出，他察覺到來自上級的壓力很大，所以他還是會規避審查，維持「依照預定進度進行」來討好上司。於是，雪倫安排跟這位上司進行了一次主位取向的訪談並說：「教我如何決定，什麼時候要對我的專案經理人施加壓力。」這次訪談讓這位上司領悟到，他那種特殊的施壓方法只會招致反效果，於是他改變了自己的做法。

14.4　以謠言做為資訊來源

就像其他觀察立場一樣，移情作用的立場本身也有缺點。我們說的「謠言」和「閒話」，就是會讓移情作用觀察失效的二個例子。每一位軟體工程師都必須知道，如何避免來自這些來源的錯誤資訊和有害資訊，不過訓練有素的觀察者必須知道得更多。舉例來說，只要利用一些指示和多一點耐性，你就能學會從謠言製造廠中獲得有用的資訊，說明實例如下。

14.4.1　案例1：「審查讓我們的專案進度變慢」

Snappy軟體開發公司（簡稱為SSD）目前在客製開發專案的承諾兌現上，正經歷許多難題。管理階層聽到有關不同專案事態的許多謠言，卻沒有辦法取得準確資訊。為了以有意義的資訊取代謠言，執行長J.P.提出了一項技術審查方案。這項方案將由率先接受訓練的十二位精選出來的審查主導者（review leader）加以開發。這些審查主導者接受審查技術的訓練，並且學習落實變革的技巧，因此他們能依據個別專案，在公司內部落實審查方案。

在訓練方案開始二個月後，J.P.聽到下列傳聞：顧客對於這些審查主導者大發雷霆，認為他們浪費這麼多的時間，顧客甚至不想跟審查主導者說話。只有專案經理能安撫顧客，所以審查主導者最好放低姿態。

J.P.馬上下令，要求暫停所有審查活動。當負責審查主導者訓練的馬妮接到這項指令後，她追查到是誰將傳聞告知執行長。她還調查得更詳細：公司目前替某家房地產公司開發的線上影像系統——專案H——因為花時間進行技術審查，所以進度落後。顧客密契爾很生氣並且堅持停止技術審查。

接著，馬妮跟這名顧客核對此事並得知，密契爾其實只是生氣專案進度落後。專案經理告訴他，如果不必浪費時間審查每件事，那麼每件事早就可以做好，也依照預定進度進行。

馬妮把這項新資訊向J.P.報告後，J.P.跟專案經理核對此事，專案經理也證實這項消息。接著，J.P.要求同時身兼審查主導者小組的二名專案成員，向他報告審查結果，這二個人指出因為以往一直沒有適當的技術審查系統，而無法及早發現重大的設計缺陷和需求缺陷。

當J.P.打電話給密契爾說明審查者發現這種重大缺陷時，密契爾同意這些缺陷若出現在交付系統中是不會被接受的。密契爾對於必須等待一段時間才能解決缺陷感到不悅，不過他認為讓專案進度落後的原因不是審查、而是缺陷——以及專案管理階層無法在初期發現這些缺陷。密契爾為了獲得他所要求的品質，同意讓專案延後三個月完成，SSD公司也做出一些讓步讓他消消氣。

最後，J.P.嚴厲譴責專案經理不該造謠生事。當專案經理堅稱審查會讓專案進度變慢，J.P.判斷這名專案經理真的不了解專案動態，所以改由另一位更精明的專案經理取代其職務。之後，J.P.向馬妮和

審查主導者道歉，因為他對一項謠言過度反應而暫停所有審查活動。
J.P.也讚揚他們勇氣可嘉，勇敢提出令人傷腦筋的問題，並且讚揚他
們對危害專案的傳聞追查到底。

14.4.2 謠言封套

圖14-1說明SSD公司的謠言製造廠，保護自己免受更可靠的資訊系統
（技術審查系統）攻擊之動態學。當審查開始顯示專案H並未受到妥
善管理時，專案經理開始製造一項謠言，指責技術審查延誤專案進度
——這就是找人揹黑鍋的典型實例。

就像所有謠言系統一樣，這個謠言系統只會因為追查謠言出處而
受到損害，圖14-2就能說明此事。謠言製造廠不會如此輕易就停止運
作，他們會藉由把謠言放入「封套」內的方式來保護自己。封套是謠
言的一部分，保護謠言免於被詳細檢查，就像信封上寫著「先別打

圖14-1 謠言製造廠如何對於另一資訊系統企圖取而代之做出反應，以維持
本身的力量。

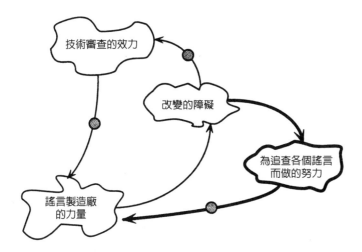

圖 14-2　謠言製造廠如何因為追查各個謠言出處的明確努力而逐漸受到損害。

開、等到聖誕節再打開」一樣，可以保護禮物不會太早被打開。

　　以 SSD 公司的例子來說，這個謠言封套採取下列形式：顧客很生氣，他們甚至不想跟審查主導者說話。只有專案經理可以安撫他們，所以審查主導者最好放低姿態。

　　這個謠言封套的動態學如圖 14-3 所示。謠言製造廠藉由散播「倘若任何人設法調查謠言會發生什麼可怕事情」這類謠言，來阻止大家試圖調查謠言的出處和真實性。以下是常見的封套的一些例子：

✓　「如果你說出你從哪裏聽到這件事，我就會遭遇許多麻煩。」
✓　「X 不想談論此事，因為他覺得很不好意思（或很慚愧、生氣、害怕等諸如此類的藉口）。」
✓　「這是公司機密，所以你不應該知道。」

如果謠言封套奏效，就能製造一個緊密的謠言循環。要打破這個循環，高層人士必須以十足的熱情和決心追查這個具保護性的封套。馬

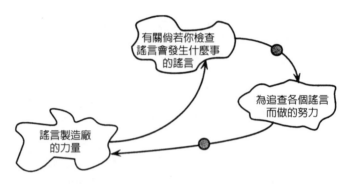

圖 14-3　如何運用謠言封套穩定謠言系統，並避免謠言系統的力量逐漸減弱。

妮就向 J.P. 提出謠言封套，說服他採取行動，以免整個組織因為詭詐的謠言製造廠而受到破壞。

　　當然，封套本身的存在可能透露出跟組織有關的某個重要事實，甚至可能跟那個應該採取行動的主管有關。J.P. 是一位果斷的經理人，他依據少數資訊就做出鹵莽決定。這種管理作風很可能助長大家以安全的封套來扭曲各項訊息。

14.4.3　案例2：本月謠言獎

人們為什麼因為謠言而大驚小怪？每一個組織都有謠言存在，而且大家通常認為謠言不會造成危害。難道，謠言會造成危害？我們的一位客戶著手進行一項謠言成本的調查，並且提出如本書第八章圖 8-3 的報告。他們只針對一則謠言的成本進行評估，結果卻發現一則謠言的成本竟然超過一百萬美元，終止了謠言無害的不實說法。

　　當圖 8-3 的調查公布後，某位助理副總裁獲派任務，負責減少謠言並縮短謠言繼續存在的期間。這位助理副總裁買了一個大型釣魚獎牌，獎牌上有一位漁夫釣到大魚，獎牌上還刻了這些字：

本月謠言獎

給釣到大謠言者

他還宣布他會接受提名推薦，每月的獲獎者可獲得一百美元的獎金和保管獎牌的權利，並且可以使用主管停車位一個月。第一位呈報謠言者可以獲得這個獎項，呈報有趣的不同版本者則可獲得補充獎項。針對在本月各項謠言評比中並未勝出卻仍流傳中的謠言，大家在下一個月還是可以呈報。

助理副總裁還準備以他聽過的一些謠言，來刺激大家參與這場比賽，不過事實證明他擔心沒人願意參與是毫無根據的。在第一個月，他就接獲呈報八個不同的謠言。結果由最攸關利害的謠言獲勝──一個可能把十分之一的員工裁撤的謠言──而且有關這項情況的實情也公布在公司通訊的特殊欄位。由於助理副總裁接獲許多優秀的候選謠言，他決定提供其他七個表揚獎項，補足這個獎勵結構。六名呈報者（有一位還熱心呈報了三個不同謠言）都在一家高級餐廳接受午餐款待。

下一個月，又多了四名獲勝者，不過之後一到二個月，整個呈報數量減少了。公司裏由一股歡樂的氣氛主導，即使有些謠言很惡毒讓人難以心平氣和地回應。不過，一旦有人試圖散播謠言時，大家就會趕忙跑到辦公室登入電子郵件系統並呈報謠言──這樣的環境根本不太可能助長私下散播謠言。事實上，這場比賽已經為所有謠言創造了一個封套：

最先打開這個封套者就獲得大獎。

14.5 移情作用的分析

能做到移情作用立場的人就具備一項利器，能夠了解除了謠言以外許多令人困惑的觀察事項。接下來我們要審視如何將移情作用立場應用在這方面，尤其是了解不尋常的行為、應付閒言閒語，並留意大家並未討論的事。

14.5.1 解開瘋狂行為之謎

有時候，人們的行為違反所有顯而易見的邏輯，而移情作用的分析就能做為最後訴諸的手段。以下是一位內部顧問蘇向我描述的一個情況：開發經理羅斯科打算跟某家廠商購買一個方法論。羅斯科似乎對於這個方法論相當著迷，他知道這個方法論將能解決他的所有問題。蘇設法提醒他引進一個方法論的現實考量，也提醒他要為每一個專案擬定計畫。

「不是這樣的，蘇，這方面妳錯了，」羅斯科回答。「這個方法論可以為任何專案提供一個標準的樣板（template）計畫。」

「或許這個方法論可以提供樣板，」她說，「但是我不認為這個樣板會如預期般奏效。」

「這個樣板當然會如預期地奏效。」

蘇真的希望讓羅斯科認清事實，她在這個問題上發現自己的機會。「好吧，既然你不相信我，那麼你會相信誰？」她知道羅斯科很欣賞狄馬克（Tom DeMarco），所以她問羅斯科：「比方說，你會相信狄馬克嗎？」

「我當然會相信他，」羅斯科說，還指出自己書架上有許多狄馬克的著作。「他的確熟知軟體工程的祕訣。」

　　蘇拿出狄馬克的著作《管理軟體專案》（*Controlling Software Projects*）迅速翻閱，找到下面這句話，她大聲唸出：「唯有在你願意接受不準確和模糊的結果時，方法論才可能做為所有專案的預製專案計畫。[6]」

　　「一定是我弄錯了，」羅斯科說。蘇很高興她能證實自己的論點，不過羅斯科繼續說：「我認為狄馬克一點也不懂軟體工程。」

　　在這個時候，蘇完全糊塗了，她不知道自己還能做什麼，才能影響羅斯科。（所以，她把這個故事告訴我。）我建議我跟蘇一起訪談羅斯科，並且由蘇試試這種啟發式訪談法：

> 當有人出現瘋狂行徑時，就採取移情作用的立場，為瘋狂行徑找出一個合理論據。

蘇問自己：「在合理的情況下，我能想像以那種瘋狂的方式採取行動嗎？」她認為，自己必須在許多壓力下陷入困境、無處可逃時，才可能那樣做。而且什麼事情可能製造這種情況？她當然有對羅斯科施壓，但是羅斯科可以輕易脫困，只要接受蘇的「邏輯」就好，況且蘇的論點還有狄馬克這類權威人士的說法佐證。

　　在什麼情況下，羅斯科無法讓自己輕易脫困？他可能已經下訂單採購這個方法論，所以錢已經花了。蘇問羅斯科這件事，但是羅斯科說他還沒有下訂單。蘇注意到羅斯科以消沉的語氣說「還沒有」，這讓她又有別的想法。覺得被壓迫時，至少會有來自兩方面的壓力。

　　或許，有人對羅斯科施壓，要他訂購這個方法論。為什麼他不跟蘇說這件事？這次，我採取移情作用的立場並發現，我喜歡保有「一切由我負責」這種錯覺。當內人丹妮對我施壓，要我做某件事時，我通常不會向別人坦承此事。在目前充滿壓力的情況下，要測試這項前

提並不容易，所以我建議我們離開辦公室，休息一下吃頓午餐。

　　午餐時閒話家常，我找到適時做出評論的大好時機，我說：「你知道嗎？有時候，丹妮強迫我做某件我不相信的事情時，我會很不安。對我來說，發生這種事情時，我實在很難告訴任何人。」羅斯科馬上容光煥發，開始談起他的老闆，對於採購方法論一事對他施壓。他覺得我們了解他的感受，能跟我們談談讓他放心多了。我們很快地為蘇擬妥策略，由她出面跟羅斯科的老闆談一談。最後，他們還是買了這個方法論，不過對這個方法論的期望大幅降低，也把特定情況時得應用這項方法論的必要工作準備就緒。

14.5.2 處理閒言閒語

蘇跟我能夠跟羅斯科訪談並做出一些進展的一項原因是，我的出現製造了一個三人組合，而不是一個雙邊關係。坊間對於兩人互動的論述很多，但是對於三人互動這個主題的論述卻不多見。不過，家庭治療這個領域一直把三人組合當成家庭的基本單位。三人組合對於觀察具有特殊的重要性，因為這是兼具人際互動與人際互動之觀察的第一種分類。當我可以觀察其他二人時，要扮演好觀察者的角色就更容易些，而且蘇和我一起訪談羅斯科時，我跟她也幾度交換立場。

　　人際互動的觀察很重要，因為那樣可以取得回饋來改善軟體流程。當組織從模式1或2邁入模式3時，我們開始看到這種人際互動的觀察，在管理工具中占有一席之地。

　　在邁入模式3前，有的組織或許具備人際互動的觀察，但是不可能進行直接或定期的回饋。舉例來說，我看到你辱罵吉姆，但是我什麼話也沒說。或者，我發現所有功能失常都沒有呈報，但是我什麼話也沒說，或者我並沒有跟適當人士報告此事。當我跟第三方說第二方

的事，那就是說閒話。

　　進入移情作用的立場可以協助你處理閒言閒語，並解決閒言閒語
對組織的不利影響。舉例來說，烏爾里希跟桑妮亞說，他聽說費莉西
亞交出一份做假的測試報告。桑妮亞以採取移情作用的立場回應說：
「烏爾里希，你什麼時候聽說這件事，你對此事做何感想？我知道對
我來說，我想做的第一件事是確認此事的真實性。我可不想到處散播
未經證實的消息。如果你也有同感，我們就去跟費莉西亞談談。」

　　請注意這項建議的格式：

1.　這是我的內在想法。（提供你採取移情作用立場的機會）
2.　你是這樣嗎？（檢查關係，這樣你就能進入移情作用的立場）
3.　如果你是這樣，那麼你可能想做我會做的事。

通常，這項建議會把局外人的想像轉變為移情作用的事實。如果在這
個閒言閒語中有一些有用資訊，那麼去找費莉西亞談一談就有助於取
得這些有用資訊。但是，如果烏爾里希拒絕去找費莉西亞，那麼桑妮
亞會建議他別再提起未經證實的消息，至少別跟她說。

14.5.3 留意大家並未討論的事

人們並未討論的事通常比他們討論到的事更重要。從立場2做觀察
時，你會發現自己這麼想：「如果我涉及這項討論，我會提出諸如此
類的事。」這表示出一個促使更有效地解決問題的方式，藉由這樣
說：「當我聽到這項討論，我想到這樣做。我想知道為什麼沒有人想
到要這樣做。沒有人把這兩件事聯想在一起嗎？」

　　然後，你觀察並傾聽反應，這項反應未必是口語反應。如果是非
口語反應，例如每個人很快地交換眼神、大家看似心虛，這時候你只

要問：「你們這種態度是什麼意思？」然後，你再次安靜並等待。幾乎十之八九，他們會提到原先無法說出口的事。

14.5.4 處理言行不一

移情作用的立場對於發現言行不一特別有用：在所信奉的行為與實際行為之間的差異。薩提爾人際互動模式告訴我們，言行不一的行為指出一個生存問題，因此重要的是，我們必須發展技能觀察以下這些言行不一的行為：

- 要求人們採取整個企業的觀點，然後卻獎勵個別部門之最佳化（sub-optimization）。
- 宣布品質是第一優先要務，卻在緊要關頭時不依照程序行事。
- 讚揚團隊，卻總是誇耀傑出程式設計師的功績。
- 展現對審查的熱忱，卻不是對審查自己產品的熱忱。

如果你並未注意到所觀察對象在言行上的言行不一，那麼移情作用的立場或許能派上用場。跟你自己說：「如果我那樣說，我會那樣做嗎？」或者，既然你可能也會出現言行不一，就問自己：「如果我那樣說、也那樣做，那麼我對自己做何感想？」這些問題的答案就是「是否值得觀察」的第一級指標。

14.6 察覺內在情緒

許多人其實是從移情作用的立場進行觀察，只是他們自己不知道罷了，因為他們以為自己是從自我的立場進行觀察。在這樣的混亂中，他們相信自己感覺到什麼，當他們真的跟別人的感受產生共鳴時，通

常是跟整個組織產生共鳴。

　　舉例來說，組織可能士氣低落，而且我們可以藉由組織成員的行為察覺此事。士氣低落只是為觀察賦予意義所產生的結果，卻進一步地影響訊息的解讀，讓人或組織困在回饋循環當中。有一些行為可以視為士氣低落，例如：

- 二分法的想法（全有或全無）：「如果他們不接受我的提案，就別無他法。」
- 個人化（每件事都針對我）：「如果他們不接受我的提案，他們一定認為我是笨蛋。」
- 遽下結論（不為接收訊息和解讀訊息負責）：「我還沒有聽到任何消息，所以他們一定不喜歡我的提案。」
- 災難化（每件事都是災難漸漸逼近的證據）：「如果他們不接受我的提案，這個專案就會徹底失敗。」

當我發現自己這樣想事情時，我會先判斷我的士氣低落，但是有時候我會領悟到，我只是做出與我的客戶相同的典型行為罷了。

14.7 心得與應用上的變化

1. 主位取向的訪談跟為了建立知識庫而訪談專家的流程，兩者有許多共同點。這些訪談的目的是要發現專家的心智流程，藉此做為知識庫之輸入。

2. 我的同事Jim Highsmith提供跟主位取向訪談法類似的另一種訪談方式，而且這個方式還更簡單，讓沒有經驗的訪談者更容易應用。他把這個方式稱為「神探可倫坡」（Columbo）訪談學派，為

了取得更多資訊就要裝傻、不要裝聰明。他指出分析人員通常想盡辦法要讓客戶知道他們有多麼聰明，結果卻讓彼此之間的溝通大門關閉。他把這項結果比喻為在電腦賣場中時常受到的可怕對待。你曾經在電腦賣場裏覺得自己很笨嗎？當你覺得自己很笨時，你有心情買東西嗎？想想看你的客戶跟你開完會後做何感受？

3. 謠言是站在當下的文化迷思的體系那一邊的。因此，謠言可用於觀察組織的文化。留意在消息中忽略什麼，也留意消息中有什麼，以及消息中把什麼事情曲解了。舉例來說，以經歷過帳單系統出了大紕漏的公用事業為例。謠言製造廠散布的消息說，帳單系統出錯的肇因是程式設計師沒有測試程式碼，但是謠言忽略掉當初並沒有把規格明訂出來。事實上，程式設計師依據自己對於口頭規格的了解進行測試，而且程式也運作正常，錯是在於他對於規格的理解，而不是測試是否周全。換句話說，組織文化太仰賴測試的可靠性、而非仰賴需求作業——這很可能是模式1或模式2的文化。

4. 組織可能過度樂觀，當然，組織也可能士氣不振。Jim Highsmith告訴我他如何運用這項評量，他的故事是這樣：「有一次，我到一個公司參加求職面試，結果面試我的每個人都以充滿熱情的說法，談到他們打算如何迅速發展及發展到多大的程度。我的反應是，情況不可能那麼順利，他們一定在騙人。後來我婉拒這家公司的工作機會，而且在十八個月內，這家公司就關門大吉了。」

　　身為旁觀者，Jim能夠觀察到這家公司的過度樂觀，但是有時候很容易會受到這種過度樂觀的感染。當你察覺到自己過度樂觀時，可以以此做為組織樂觀之評量，然後決定組織是否有正當理由這樣樂觀。

14.8 摘要

✓ 在危機中能提供以不同觀點獲得的資訊，就是最有效的一種干預。每當你扮演觀察者的角色時，你可以選擇採取自我的立場、別人的立場或情境的立場。

✓ 言行不一很可能將人困在單一的觀察者立場裏面，可能發展出指責、討好、超理智或打岔的行為。

✓ 人類學家的田野工作是移情作用觀察的原型。有些人類學家過於融入寄住文化，以致於「逐漸過著與當地居民一樣的生活」（有些軟體顧問也會這樣）。

✓ 社會學家偏好調查和旁觀者的觀察立場，然而人類學家偏好參與式觀察的立場。調查的立場將許多資料壓縮成一個容易管理的形式，但是有可能遺漏重要細節。

✓ 訓練有素的參與式觀察者知道如何取得個人使用的資料，在其他技術中，主位取向的訪談法是得知他人「內在感受」的一種方式。

✓ 主位取向訪談法不但能蒐集資訊，也總是會去改變提供資訊者，而且接收資訊者也常會因此改變。

✓ 訓練有素的觀察者可以從謠言製造廠中獲得有用資訊，包括如何讓謠言製造廠本身停止運作。謠言製造廠藉由把謠言放入封套中，保護謠言免受檢查。

✓ 移情作用的立場是了解令人困惑之觀察事項的一項利器，例如：你可以應用這種啟發法：當有人出現瘋狂行徑時，就採取移情作用的立場，為瘋狂行徑找出一個合理論據。

✓ 三人組合對於觀察具有特殊的重要性，因為三人組合允許人際互

動與人際互動的觀察。人際互動的觀察很重要，因為那是取得回饋來改善流程的方式。當組織從模式1或2邁入模式3時，這種人際互動的觀察在管理工具中占有一席之地。

✓ 當人際互動的觀察並未直接或定期地回饋，就可能是組織陷入閒話困境中的一個跡象。移情作用的立場能協助你處理閒言閒語及其對組織的不利影響。

✓ 人們並未討論的事通常比他們討論到的事更重要，而且我們一樣可以使用移情作用的立場，對於人們並未討論的事有最深入的了解。另外，移情作用的立場也是發現言行不一行為的絕佳利器。

✓ 許多人其實是從移情作用的立場進行觀察，只是他們自己不知道罷了。他們相信自己感覺到什麼，當他們真的跟別人的感受產生共鳴時，通常是跟整個組織產生共鳴。這種能力可以提供一項有效的評量工具。

14.9　練習

1. 試試看主位取向訪談法，尤其是接受訪談討論你熟知的某項流程。請留意你從自己已經熟知的這項流程中得知什麼。

2. 當你看到有人做出某件讓你困惑不解的事時，問問自己：「我在哪種情況下，必須做出那樣的反應？」當你想出一個答案時，就問問對方：「對我來說，要做出『那種行為』，我可能必須處在『這種情況』。」然後你就靜候對方的反應。

15
處理大批功能失常

史前時期最駭人的景象，莫過於一群巨獸在焦油坑做垂死前的掙扎。不妨閉上眼睛想像一下，你看到了一群恐龍、長毛象、劍齒虎正在奮力掙脫焦油的束縛，但越掙扎，焦油就纏得越緊，就算牠再強壯、再屬害，最後，都難逃滅頂的命運。

過去十年間，大型系統的軟體開發工作就像是掉進了焦油坑裏……[1]

——布魯克斯（Frederick P. Brooks）

布魯克斯的焦油坑比喻，對於同時代的軟體工程經理人帶來了啟發，或者說是恐嚇。這是一個壯觀的景象，但是對於當今經理人的掙扎來說，這個景象或許太壯觀了。對於變化無常型（模式1）、尤其是照章行事型（模式2）機構中的大多數經理人來說，一個更有用的景象可能是這樣：盛夏時期，你正在明尼蘇達州某個湖中央划船，你的船有幾個地方破了洞正在進水。你想修理漏洞，卻慘遭無數隻蚊子的攻擊。觀察和預防功能失常（修理漏洞）是很好的理論，但是你太忙於追逐以往的功能失常（拍打蚊子），結果完全無法顧及觀察和預防的工作。

373

　　要做一些事把這些蚊子解決掉，首先你必須做一些合理的評量，弄清楚蚊子打哪兒來、目前數量有多少、你打算多快運用目前的捕蚊作業把牠們收拾掉。如果你能取得對此情況的一些觀點（意即進入情境立場），或許你能發現一些脫困方式。這樣說當然很容易，不過當蚊子飛進你的鼻子、叮咬你的耳朵還衝向你的眼睛時，實在很難採取情境的立場進行觀察。

　　把穩方向型（模式3）的機構需要言行一致的觀察者。把穩方向的經理人可以做到這樣，是因為他們在功能失常數量不多時，還能有效地處理功能失常。更進一步地說，把穩方向的經理人在剛開始被叮咬幾下時，就知道要趕緊划船上岸。

　　防範未然型（模式4）的機構藉由設置自動觀察系統，維持本身對整體情況的看法。不管發生什麼危機，他們都從旁觀者的立場進行觀察，彷彿船隻是一項工具，讓他們發現湖中哪些地區沒有蚊子，他們就把船駛向那裏去。

　　這種自動快艇大概很受歡迎，但是對於特定機構來說，根本沒有時間取得這種快艇。對於照章行事型（模式2）那種要用槳划的船來說，他們需要的是無需精心策畫就能安置的一套觀察，或是馬上就能妥善使用的一套觀察。在這一章裏，我會提出在受到蚊子攻擊的情況下，取得情境觀察的一些方式，也讓你知道該如何脫離湖中央、買一艘新船、突破重重的難關。

15.1 與「錯誤」有關的專業術語

如同先前幾章的建議，取得觀點的第一步就是把專業術語弄得愈精確愈好。在軟體工程界，處理「錯誤」這方面的專業術語最不精確，所

以在此我把最重要的專業術語摘要如下。

15.1.1 *缺陷與功能失常*

首先，要分清楚功能失常（指疾病的症狀）與缺陷（指疾病的本身）的差異。穆沙（Musa）等人所下的定義是：

> 功能失常（failure）：程式運作的外在結果會產生背離需求的現象。
> 缺陷（fault）：存在於程式中的瑕疵（defect），使得在特定情況下執行程式會造成功能失常的現象。[2]

我自己是用「地震聯想」這種方式，記住缺陷與功能失常的差別。缺陷（在地表上的震動）導致功能失常（建築、橋樑坍塌）。

15.1.2 *系統故障事件*

我建議客戶至少要保存的首要統計資料，就是儲存功能失常相關資訊的資料庫（蚊子螫痕），我稱之為系統故障事件（system trouble incidents，簡稱為STI）。通常我會試著遵照客戶的命名習慣，但我也會盡量找出能夠完全代表我原意的那個名稱。我會鼓勵每個機構多多使用既有特色又有豐富意涵的名稱，而不用容易誤導的名稱。我之所以偏愛使用STI這個詞的原因如下：

1. 對於是怎樣的缺陷會造成這樣的功能失常，不做預先的審判。
2. 「軟體」和「程式碼」這些詞可能會對我們找出錯誤所在及相對之修正活動，造成不必要的限制。
3. 「系統」一詞會囊括來自任何來源的功能失常資訊，這些來源包括：顧客、程式設計師、分析師、業務人員、經理人、硬體工程師或測試人員。

15.1.3 系統缺陷分析

第二種必要的統計資料是儲存缺陷（蚊子）相關資訊的資料庫，我稱之為系統缺陷分析（system fault analysis，簡稱SFA）。在我的客戶當中，模式1或模式2的客戶很少在一開始時，就將這類資料庫與本身的系統故障事件資料庫做區別。他們通常都以「bugs」這個常用術語涵蓋這二件事，就好像以同一個資料庫來追查蚊子和蚊子螫痕一樣。SFA這個專業術語之所以有幫助的原因在於：

1. 它清楚地提到缺陷，而非功能失常。
2. 它清楚地說明系統的狀況，因此在系統任何地方發現的缺陷，都可以在資料庫中找到相關的缺陷報告。
3. 「分析」一詞所隱含的意思可以正確傳達此一資料是仔細思考後的結果，唯有等到某人對其推論過程有十足的信心後，分析工作才算完成。

15.1.4 起源與修正

「缺陷」一詞在語意學上有一點不周全之處，就是它可能隱含指責之意。我們在處理統計資料時，必須謹慎區別下列兩者：

- 起源（origin）：在整個過程中，該缺陷是從哪個階段開始的
- 修正（resolution）：系統有哪些部分必須加以改變，以改正這項缺陷

以上兩者皆不影射這個缺陷是誰的「錯」。「起源」告訴我們，應該在哪裏採取行動以避免日後發生類似缺陷。要創造這種情境，我們必須小心決定在過程中可能採取預防行動的最早時機，例如：如果把需

求文件寫得更清楚，就可能避免程式碼出錯。在這種情況下，我們可以認為起源就位於需求階段。

「修正」告訴我們在現有情況下，從哪裏下手做改變是最明智的。舉例來說，我們可能決定要修改文件，倒不是因為文件寫得不好，而是因為設計實在太爛，需要更多文件來補強，也因為程式碼寫得太紊亂，讓我們不敢從修改程式下手。

15.1.5　系統故障事件的嚴重等級

大多數組織會使用某種分類法，以分辨自家軟體中發現的STI的嚴重等級。以下是幾種常用的分類法，每一種都有不同的動態學：

a.　依據事件對於重要顧客所造成後果的嚴重性來分類

b.　依據事件對於一般顧客所造成後果的嚴重性來分類

c.　依據事件對任何顧客所可能造成最壞的結果來分類

d.　依據事件對必須解決該缺陷之機構所造成後果的嚴重性來分類

e.　依據事件對必須面對顧客之機構所造成後果的嚴重性來分類

f.　依據缺陷的起源處來分類

顯然，每一種分類法都是從不同的考量點出發。到目前為止，我尚未發現任何一種分類法是絕對有用或絕對準確的。舉例來說，如果顧客回報說電腦畫面上出現「E-42」的訊息，你是否能判斷要解決這問題是不是要花費大量的人力時間，或至少在你找到缺陷所在位置後，你能心中有個譜嗎？又如果你想要讓嚴重等級的分類做到十分準確，你為了進行分析就必須延後STI的呈報。此外，如果你不先找到夠多的顧客進行意見調查，你如何知道這個STI對一般顧客的重要性呢？

我的軍事顧問Dawn Guido和Mike Dedolph跟我提到一個故事，

說明分類不當所可能造成的後果：

> 在某個即時衛星通訊系統的大規模升級期間，有一位資深程式設
> 計師對新版本軟體進行書面審查，他發現有兩項變數的定義不
> 當，而且未設定初始值。他發現問題後並沒有採取任何行動，只
> 是撰寫了一份嚴重等級3的問題報告。
>
> 　我們將問題的嚴重性分成三級：嚴重等級1是指系統功能失
> 常；嚴重等級2是指系統部分功能喪失或有資料遺失；嚴重等級3
> 是指「其他狀況」。從安排工作優先順序的角度來看，這些嚴重
> 等級其實可以解釋成（1）「馬上修正」、（2）「等你有空的時候
> 再修正」、（3）「當你在修正同一模組中的其他問題時，如果你
> 碰巧記得還有這個問題待解決，就順手把它改一改吧」。
>
> 　最後，在另一個部門由不同分析團隊追查某個間歇出現的系統
> 功能失常（嚴重等級3）時，發現原因就出在這兩個變數未設定
> 初始值。追查這項功能失常花了將近六個月時間，付出四個人月
> 診斷幾千行程式碼，還有將近一百個小時進行測試。更重要的是
> 在這六個月內，使用這套系統的顧客們還遭遇當機幾個小時。[3]

我有一些客戶會固定以這種錯誤方式使用這些分類法，以此做為藉
口，證明自己有在處理STI的問題。如果我們想要讓一個棘手的STI
離我們遠一點，只要對STI做出「很難加以修正」或「對一般顧客只
會造成輕微的不良後果」這樣的標示，即使這些標示是由負責接聽並
記錄STI電話的祕書所為也無妨。如果能夠每週出一份報告以顯示尚
待解決STI的平均嚴重性有下降趨勢，這樣就更令人感到安心囉。

　我的意思並不是說在SFA報告中加入嚴重等級分類是無益的，因
為任何分析都會有個人主觀的意見存在。因此，如果能檢查一下分析

過程，倒不失為好做法。例如，程式設計師在決定某些特定的功能失常對「一般顧客」的重要性時，難免會考慮到個人的利害關係。

15.1.6 與處理錯誤有關的重要活動

處理錯誤可以分解為四個活動，即使這四個活動可能互有重疊，但卻有各自的動態學。這四個活動分別是：偵測、找出所在位置或隔離、找出解決之道、以及預防。

　　錯誤的偵測（detection）是由許多不同動態學所達成。傳統上，我們利用在某種機器上執行程式碼時是否出現功能失常的現象來偵測缺陷，例如：機器軟體測試（machine software testing，譯註：亦稱 alpha test，指在實驗室內的封閉環境中，對新開發的軟體進行測試）、beta 測試（譯註：指使用者在其開放的環境中，依日常操作的情況，對新開發的軟體進行測試）、以及由顧客用於實際的操作。這些都屬於 STI。

　　偵測錯誤的另一種方式是藉由不需要機器執行程式碼的某種流程，直接找出缺陷。這些機制包括藉由以下各項進行偵測：

- 意外事件（例如：為了其他目的而查看程式時，無意間發現了一個錯誤。）
- 各種形式的技術審查會議
- 各式工具，這些工具將程式碼、設計結果、需求文件等當成是可分析的文件，不必在電腦上執行程式碼來找出缺陷。

這些方法所產生的結果是 SFA，不過每一個 SFA 未必有與其相對應的 STI。雖然直接偵測缺陷應該很有利，但是如果缺陷並未跟任何特定的功能失常聯繫起來，就很可能錯估其嚴重程度，就如同先前在衛星

通訊系統中有二個變數未設定初始值的例子。

　　該衛星通訊系統的第二個故事說明了直接偵測缺陷的另一個問題：為特定設備所寫的頻道程式已經執行多年，而且沒有發現任何功能失常。不過，在跟另一個作業共同進行的邏輯分析中，發現三項潛在的重要缺陷，可能導致在極少數情況下資料遺失和系統功能失常。如果不對於這些資料遺失的起因做任何有效的診斷，則可能讓系統當掉並且遺失三十分鐘的即時資料。但是，由於將缺陷報告輸入系統的流程太過繁雜，況且工作負荷過重，所以並未採取任何行動。

　　這個故事的寓意是，功能失常呈報系統本身的複雜性會讓人打消念頭，不想使用由直接偵測缺陷取得的資訊，也因此會打消這個念頭：在組織中進行改變、讓組織往預防功能失常的方向發展。

　　處理錯誤的第二種活動是找出缺陷所在的位置，或可稱之為隔離，就是將功能失常現象與缺陷加以配對。即使是直接找到一個缺陷（例如在某次程式碼的審查會議中），根據經驗顯示SFA中會包含一項紀錄，可向前追溯出存在系統中的一組已知的功能失常現象。尚未解決的功能失常現象唯有利用向前追溯的方法，才能將其從STI資料庫中清除。如果資料庫中尚未解決的功能失常為數過多，經理人與程式設計師往往就全數放棄處理，這會讓找出還在活躍中的STI之所在位置的工作變得更加困難。

　　處理錯誤的第三種活動是找出解決之道，這個過程確保某一缺陷不復存在於系統中，或某一功能失常的現象永遠不再出現。功能失常可能在與其相關的缺陷尚未消除的情況下，就先被解決掉。缺陷的消除是一個可有可無的過程，但是找出解決之道則是必要過程。解決系統故障事件的根本之道可藉由將導致系統故障事件的缺陷予以消除，

或藉由將系統故障事件歸類為不是由缺陷所引發，抑或是不將缺陷歸類為缺陷。

處理錯誤的最後一種活動是預防，以這種方式來處理軟體中的錯誤，就好像在空中畫大餅般不切實際。其他工程領域的歷史帶給我們的教訓是，用以預防錯誤的圖謀終將成功，但是從我大多數客戶現下的立足點來看，要達到這樣的目標還有很長一段路——人們身陷在要用槳划的船上，船有破洞正在進水，大家還受到一堆蚊子的叮咬。

然而，在軟體開發機構對錯誤所做的工作中，其中絕大多數其實是屬於預防性的工作，只不過人們看不清這一點。唯有當他們在軟體工程動態學的分析能力上更加精進，他們才可能體會到：他們日常工作中的絕大部分都適合於預防錯誤，而非僅止於修正錯誤。舉例來說，問問一般人，他們為何要遵守「在動手寫程式之前，先做好設計」的工作習慣。他們之中只有少數人會把這條規則當作是為了打贏「規模對應於複雜度的動態學」[4]這場戰爭，而必備之預防錯誤的戰略。

15.2 對於缺陷解決的評量：四大主要因素

現在，我們就來看看以這些定義和統計資料為基礎，對錯誤進行的一些實用評量。如同克勞斯比所說，對於任何組織的文化模式的最敏銳評量之一就是，組織能多快發現問題並清除問題。我以一些組織為藍圖設計了一套教學模型，讓這些組織的成員了解各種實務流程評量的重要性。我在此將介紹其中的一些模型[5]。

圖15-1顯示，會影響到找出缺陷所在位置及解決錯誤之所需時間的四大非線性因素：

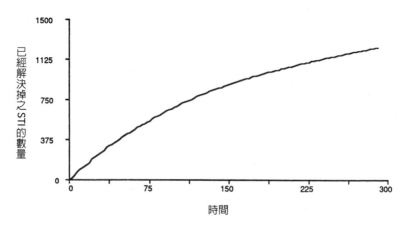

圖 15-1　由影響 STI 之解決時間的四項非線性因素組成的模型：公文旅行中
　　　　的 STI 數量、選擇先解決最簡單的問題、持續修正以解決缺陷卻讓
　　　　系統失去可維護性、在解決原有缺陷時卻引發新缺陷。在實際專案
　　　　中，尚待解決之 STI 數量仍然無法加以觀察，但是這當中一定要把
　　　　已經解決掉之 STI 的數量扣除掉。

1. 公文旅行中的 STI 數量。因為非線性效應之變化，有愈多 STI 正
   在公文旅行當中，就需要更多時間處理每一個 STI。

2. 選擇先解決最簡單的問題。大家可能傾向於先解決最容易的
   STI，以致於尚待解決的 STI 平均需要更久的時間才能解決掉。

3. 持續修正以解決缺陷卻讓系統失去可維護性（maintainability）。
   如果要讓解決缺陷的平均時間維持在合理的水準，就必須小心保
   護可維護性。（在我們這些書呆子中，有些人將此稱為超維護
   〔meta-maintenance〕，或稱為可維護性之維護。）但是為了解決
   缺陷而做出愈倉促的改變，就愈可能讓可維護性因此蒙受損失。

4. 在解決原有缺陷時卻引發新缺陷。每次撰寫新程式碼，就有機會
   引發缺陷。這種情況也適用於為解決原有缺陷撰寫新程式碼時，

因此解決愈多缺陷，同時也增加愈多缺陷。在最糟糕的情況下，缺陷回饋率（fault feedback ratio）大於一時，表示每次我們去除一個缺陷，反而製造出一個以上的缺陷。

如圖 15-1 所示，把已經解決掉之 STI 的數量繪圖表示，這是照章行事型（模式 2）組織的常見做法。這樣做似乎意欲提高士氣，或讓管理高層了解已完成多少工作。但是把已經解決掉之 STI 繪製成圖，卻是一種假的評量，沒什麼幫助。高效能的管理者未必真正有興趣知道已經有多少 STI 被清除掉，他們真正感興趣的是有多少 STI 尚待解決——不是他們已經碰到多少麻煩，而是他們即將碰到多少麻煩。

遺憾的是，專案經理無法直接評量產品中還有多少缺陷尚待解決，所以更無法得知會製造出多少 STI。因此，經理人其實應該以間接的方式使用圖 15-1 這類圖表。要把這種圖表當成接收訊息，經理人可以試圖預測要達到一個無故障的系統，還有多少工作要做。這是由尚待解決之 STI 的數量和解決每個 STI 需要多少工作量來決定。下面這個由某位內部麻煩解決者所說的故事就能說明這一點：

「我奉命解決『技術專家』這個系統的問題。以往這個系統部署在一個偏遠地點，由十四個人組成的團隊到那裏進行系統測試，每個人每天的費用加上差旅費為 85 美元。雖然這個系統的所有模組尚未全部完成，但是基於政治因素考量已先把系統部署好，不過卻因此產生許多問題報告。這些報告經由數據機傳給程式設計師，模組的修正版本則透過同樣的媒介回傳。

「當我抵達現場時，這項測試已經進行一個多月。我對於這個應用軟體的領域或作業系統、或是這個應用軟體的語言一無所知。因此，我打算從流程層級開始分析問題報告的產生模式，並且分析解決

這些問題報告的達成模式。兩種曲線呈現出一個陡峭的爬升，然後曲線的曲度趨緩，基本上看起來像是線性曲線。

「我把這些曲線畫出來並運用迴歸分析計算交點，看看在哪一個時間點，解決進度能趕上尚待解決的問題報告。這個交點出現在至少離現在有四個半月的時間，也就是說這個大規模測試流程，還要花費超過十六萬美元的費用。這項估計說服了管理階層取消這種測試，允許預定進度落後。」

顧問對於測試時間的估計可能還保守了一些，因為STI的解決率通常不像圖15-1那樣呈現線性關係。錯誤地主張「我們快要把缺陷都解決完了，因為根據曲線顯示，我們的解決率逐漸降低。」就是把圖15-1誤用的一種方式。圖形確實顯示STI的解決率會隨著專案進行而降低，這是典型模式。解決率逐漸降低的主要原因是，專案時間被低估了，但是專案時間低估的程度愈多，能花在處理各項因素的時間就愈少。一旦有大量STI尚待解決，這種解決率逐漸降低的情況並不是因為快把STI解決完了，而是因為其他因素逐漸呈現非線性關係。如果我們即將把STI解決完畢，非線性因素會顯現出這項工作進行得更快、而非更慢。

15.2.1 解決一個STI的平均時間

不過，如同圖15-1所示，我們可能早在經理人發現解決率逐漸降低以前，專案就已經進展到相當的程度。圖15-2說明有些經理人使用的另一種度量單位：花在解決每一個STI的平均時間。在這個圖表中，我們看到這項解決時間初期減退，然後持平一段時間，接著又逐漸增加。顯然，有幾件事正在同時發生，而且專案經理必須審慎地依據初期評量做出預測。

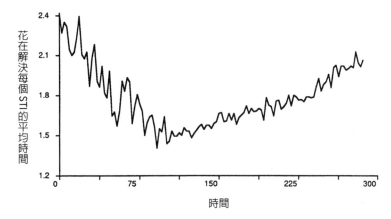

圖 15-2　解決每個 STI 的平均時間會隨著時間而改變，可以用來間接評量修
　　　　正工作的複雜度。在試圖預測還有多少工作時，我們可能會被初期
　　　　的修正率逐漸改善的趨勢給誤導了。唯有專案進展到一定的程度，
　　　　我們才會知道其他因素正在接管，解決每個 STI 要花的時間會比依
　　　　據先前修正率預測的時間更久。

　　在還有時間做一些事時，有沒有辦法透過雜音發現這種動態學？
這種解決率逐漸降低是由先前所列四項非線性因素所造成的。要發現
這種動態學的一個方式是，在解決的適當階段做評量，這樣我們就能
發現各項因素的動態學，而不是如圖 15-1 和 15-2 那樣把所有因素歸併
在一起。

15.2.2　找出解決者的時間

從接到 STI 到找出解決問題最佳人選之間所需的時間，就是透露 STI
公文旅行時間的一項關鍵評量。即使 SFA 資料庫不存在，還是可以輕
易地利用各種 STI 的傳閱簽單來決定這項評量。這項評量就是找出適
當人士以解決問題的時間，我們稱之為找出解決者的時間（resolver
location time，簡稱為 RLT），如圖 15-3 所示。

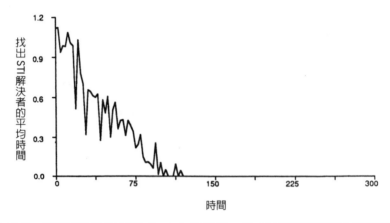

圖 15-3　找出解決者的時間（RLT）是指每一個 STI 最後找出解決者所需的時間。畫出 RLT 隨著時間改變的圖形，通常會透露出還在公文旅行的 STI 數量，可以藉此評量缺陷解決的效率。

　　在沒有大批 STI 充斥的組織裏，找出解決者的時間當然應該相當短。在這類組織裏，問題已列入記載，通常有辦法在初次嘗試時就找到適當單位解決問題。不過，要讓這種情況得以發生，組織必須運作妥當，而且所開發的系統不能太過複雜。

　　當你沒有那麼幸運在這種組織工作時，你可以從每一個 STI 的傳閱歷程取得這項評量。而且，我們不需要一個精心設計的電腦系統，只要請一位辦事員從文件傳閱簽單取得這項資訊即可。

　　如果找出解決者的平均時間開始增加——或者找出解決者的最長時間開始增加——表示某件事出問題了。把穩方向型（模式 3）的機構會定期監測 RLT 的分布，因為 RLT 是控制不當的敏銳指標。RLT 未必告訴你為什麼控制失效——原因可能出在程式碼或 STI 的處理方式——但是這些時間的分布能提供一個線索，讓你知道該查看什麼地方。無論如何，RLT 平均值或最大值的逐漸增加，這個跡象一出現，就表示管理階層應該開始採取行動了。

15.2.3 找出所在位置後的解決時間

我們可以藉由畫出找出所在位置後解決問題的時間的圖（圖15-4），
來偵測組織是否選擇先解決最簡單的問題。而且，只要將傳閱簽單製
成表格就能輕易取得這項資料。理想的圖表是「找出所在位置後的解
決時間」隨著時間演變而縮短，因為難的問題先被解決掉了，而且系
統不會隨著時間變得更加複雜。如果找出所在位置後的解決時間逐漸
增加，那麼組織很可能先把簡單的問題解決掉，而且系統的複雜度逐
漸增加。

15.2.4 當缺陷被引發時

如果有組態控制（configuration control）系統可用，允許我們將程式
碼的各個部分標示建立日期，並且以一套缺陷追蹤系統讓我們得以說
明程式的哪一個部分包含這項缺陷，那麼我們就能偵測組織是否在解

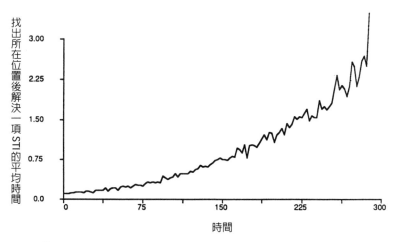

圖 15-4　「找出所在位置後解決 STI 的平均時間」會隨著時間而改變。這項
　　　　　評量值隨著專案進行而增加，透露出選擇先解決簡單問題的傾向。

決原有缺陷時卻引發新缺陷。把為了修正缺陷而撰寫的程式碼的建立日期繪製成直方圖，我們就能發現為解決原有問題撰寫新程式碼而引發錯誤的趨勢（如圖15-5）。

　　如果我們可以計算各個日期的系統程式碼行數（可用一項簡單工具自動計算此數字），就能更清楚了解這項影響，然後我們可以將特定日期產生的缺陷數目，除以該日期之程式碼行數（圖15-6）。不過，這二個數字都必須列入計算，因為如果缺陷數目太小，這項比率過高就沒有什麼意義。

15.2.5　每行程式碼的平均解決時間

持續修正卻失去可維護性可能很難跟選擇效應（意即偏好先解決較簡單的缺陷）和解決原有缺陷卻引發新缺陷加以區別。不過，把解決時間與所更動程式碼之行數做比較，將更動每行程式碼之平均時間隨時

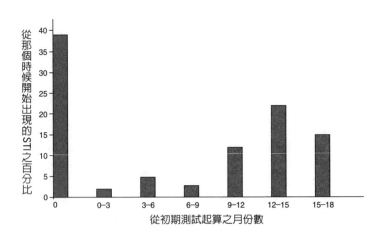

圖15-5　包含缺陷之程式碼其原始日期的直方圖。舉例來說，較新的程式碼在缺陷百分比中占據相當高的比例，這或許指出一個傾向：在解決其他缺陷時卻引發新的缺陷。

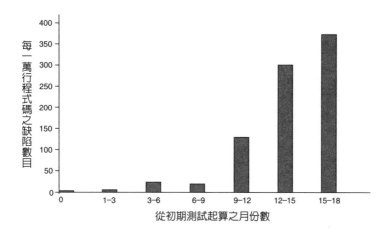

圖 15-6　包含缺陷之程式碼其原始日期的直方圖。這個圖進一步顯示解決其他缺陷卻引發新的缺陷。在此我們發現，原有程式碼比新程式碼更可能出錯，換句話說，我們其實比較擅長撰寫新的程式碼。

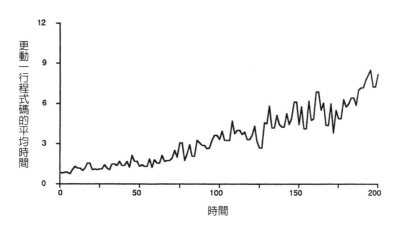

圖 15-7　更動一行程式碼的平均時間。這項評量值隨著時間而增加，可能透露選擇效應，但也可能透露系統失去可維護性。

間演變的變化繪製成圖（圖15-7），就有助於判讀現況。如果現在更動一行程式碼要花更久的時間，這可能是由選擇先解決較簡單缺陷所引發的結果。

15.2.6　平均更動規模

選擇先解決較簡單的問題，更可能影響到找出缺陷所在位置所需的時間，而不是解決所需的時間，因此更動一行程式碼所需的時間，其實就可以用以評量系統失去可維護性的程度。我們也可以依照每次更動影響到的模組之平均數目，來評量平均更動規模（average size of changes）。如果這項評量值隨著時間演變而增加，可能指出問題愈來愈難以解決，不管是因為失去設計的完整性，或是因為先選擇解決單一模組的缺陷所致（圖15-8）。

　　一般來說，我們很難知道這項困難度是源自於系統功能下降（通

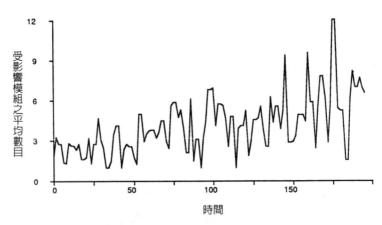

圖 15-8　為解決某項STI而更動程式碼而影響到之模組的平均數目。這個圖
　　　　　形的走向指出，問題愈來愈難解決，可能是因為先前選擇解決單一
　　　　　模組，或是因為失去設計的完整性所致。

常表示系統更難使用），或源自於選擇效應（錯誤較少但難度增加）。
不過，發現困難度源自哪一項因素是很重要的，因為有些管理階層在
這兩種情況下的因應對策截然不同，即使有些對策在兩種情況下都可
能產生有利的影響。

15.3 心得與應用上的變化

1. 圖15-9即為依據每一個STI擬定的書面文件之範例，這個文件在
    解決STI前會經過相關單位傳閱。我們當然也可以用資料庫記載
    同樣的資訊，只不過以書面文件開始進行比較容易。使用書面文
    件的主要問題在於，要追查文件在誰那裏比較困難，不過我們可
    以讓行政人員保留一份所有傳閱STI的紀錄來解決這個問題。

    要注意的是，問題嚴重性是以金額表示。不過，各個組織計算
    這些金額的方式各有不同，而且這會影響到這項比率的有用性。
    有些組織強調解決問題的成本，有些組織強調顧客喪失的價值。
    查看一下金額計算公式能讓你更了解誰具有政治權力，而且這種
    情況會因為顧客不同而有所不同。如果沒有金額計算公式，那就
    開發一個讓人大開眼界的公式，也創造一個機會引進「品質等於
    淨值」（quality equals net value）這個觀念。
2. 圖15-10為包含進行本章中第一級評量所需資訊的SFA文件範例。
    這份文件記載已解決的某項缺陷，而且在可以清除傳閱中的STI
    時，就跟STI追蹤系統做結合。
3. 對於大批STI採取觀察者立場的外部顧問需要一個容易評量的大
    工具箱。在這種情況下，你還可以應用許多其他評量，不過這些
    評量可能跟組織現有的評量不太一致。以下就是我們在這種情況

系統故障事件　　　　　　　　　　　序號 STI-

收文者：＿＿＿＿＿＿＿＿＿＿　日期／時間：＿＿＿＿＿＿＿＿

發文者：＿＿＿＿＿＿＿＿＿＿　電話號碼：＿＿＿＿＿＿＿＿＿

問題摘要（說明內容較多時另加附件）：

問題的嚴重程度　　　　　　　　　偵測來源：

1＝超過 $1,000,000　　　　　　　1＝需求審查

2＝$500,000 - $1,000,000　　　　2＝設計審查

3＝$200,000 - $500,000　　　　　3＝程式碼審查

4＝$100,000 - $200,000　　　　　4＝文件審查

5＝$50,000 - $100,000　　　　　　5＝行政審查

6＝$20,000 - $50,000　　　　　　6＝測試計畫審查

7＝$10,000 - $20,000　　　　　　7＝測試審查

8＝$5,000 - $10,000　　　　　　　8＝系統測試

9＝$2,000 - $5,000　　　　　　　　9＝beta 測試

0＝不到 $2,000　　　　　　　　　0＝顧客使用

傳閱給 ＿＿＿＿＿＿＿＿＿　日期／時間：＿＿＿＿＿＿＿

傳閱給 ＿＿＿＿＿＿＿＿＿　日期／時間：＿＿＿＿＿＿＿

傳閱給 ＿＿＿＿＿＿＿＿＿　日期／時間：＿＿＿＿＿＿＿

傳閱給 ＿＿＿＿＿＿＿＿＿　日期／時間：＿＿＿＿＿＿＿

傳閱給 ＿＿＿＿＿＿＿＿＿　日期／時間：＿＿＿＿＿＿＿

如果你需要再次傳閱，請傳給 STI 控制人員

解決者：＿＿＿＿＿＿＿＿　日期／時間：＿＿＿＿＿＿＿

審查者：＿＿＿＿＿＿＿＿　日期／時間：＿＿＿＿＿＿＿

SFA 參考號碼：SFA-

資料來源聯絡人：＿＿＿＿＿＿＿　日期／時間：＿＿＿＿＿＿＿

圖 15-9　STI 紀錄範例，這項紀錄跟著每一項 STI 一併傳閱，並且成為 STI 分析之資料來源。

系統缺陷分析　　　　　　　　序號 SFA-

分析者：_____　　日期／時間：_____
審查者：_____　　電話號碼：_____
_____

解決辦法摘要（說明內容較多時另加附件）：

摘要者：_____　　審查者：_____
_____

解決區域 *_____　　最早可能偵測自：_____

1＝需求　　　　　　　　　　　1＝需求審查
2＝設計　　　　　　　　　　　2＝設計審查
3＝程式碼　　　　　　　　　　3＝程式碼審查
4＝文件　　　　　　　　　　　4＝文件審查
5＝行政　　　　　　　　　　　5＝行政審查
6＝訓練　　　　　　　　　　　6＝測試計畫審查
7＝測試流程　　　　　　　　　7＝測試審查
8＝忽略　　　　　　　　　　　8＝優先順序測試
　　　　　　　　　　　　　　　SFA 號碼：_____

*請盡可能更準確地說明解決區域所在位置：
系統 _____　　模組 _____
程式碼：行數從 _____ 至 _____

請確認這項解決辦法所解決之 STI：

STI-_____　　STI-_____　　STI-_____
STI-_____　　STI-_____　　STI-_____
STI-_____　　STI-_____　　STI-_____
STI-_____　　STI-_____　　STI-_____

圖 15-10　記錄每一個解決辦法的 SFA 紀錄範例。此範例格式可做為 SFA 資
　　　　　料庫之輸入畫面。

下可順利運用的一些評量：

- 總解決時間（total resolution time, 簡稱TRT）：從缺陷交到最終解決者手上到實際解決的時間，最好以直方圖表示。

- 總處理時間（total handling time, 簡稱THT）：即RLT+TRT，以直方圖表示。

- 在任何階段送交適當處理者之機率（probability of being sent to right handler at any stage, 簡稱PRH）：這個數字可從處理人數（number of handlers, 簡稱NH）衍生而得，也能以次數與處理人數之比較，或是機率與處理人數之比較，繪製成直方圖表示。

- 缺陷找到最終處理者前需經歷的平均次數（average number of times the fault hits the eventual handler before stopping there, 簡稱NFH）：這項數字應該愈低愈好，否則就表示缺陷處理作業出現嚴重問題。NFH可能很難衍生出來，因為在許多情況下，同一個缺陷卻被認定為不同的缺陷。可能約略估計NFH的一項評量是：STI在被認定和解決前，被交到同一位處理者的次數。

- 每次處理之平均時間和最長時間：這項數字必須與NFH合併使用，否則會激勵大家把工作推給別人。

- 每位處理者的平均時間和最長時間：這項數字可用於找出哪位特定人士可能工作負荷過重，讓流程遭遇阻礙。

- 已解決之STI的數量：如果依照各週所解決的STI數量繪製圖表，而不是像圖15-1那樣依照已解決之STI累計數量製表，就能從圖表中看出一項趨勢。

- 已解決之STI的重要性：依據顧客評比之嚴重程度加權的已

解決缺陷之數目，並且依據週別繪製趨勢圖。

- 尚待解決之 STI 的數量：雖然你無法知道尚待解決之缺陷的數目，但是你可以知道正在旅行或解決當中的 STI 的數目。為了讓這個數字具有意義，你必須用一種有意義的方式，把在解決其他 STI 的流程中被一併解決的 STI 移除掉。

- 尚待解決之 STI 的重要性：這是依據顧客評比之功能失常嚴重程度加權之數字。這項數字可依據週別製成圖表，也應該運用與嚴重程度成比例的金額做排列，而不是依據評比順序的數字做排列。

這些評量可應用到的情況超乎組織所預期，而且只要在幾小時內、甚至幾分鐘內就能運用這些評量製出圖表，只不過在有大批 STI 要解決時，可能必須從 STI 中抽樣運用這類評量。

4. 我的顧問 Dawn Guido 和 Mike Dedoph 認為，另一個有用的量測單位是：該問題有多常被提出來。這可以讓你得知顧客認為這項問題有多麼重要，也能讓你知道第一次處理問題的效益如何。這種度量單位的難題在於，當人們受到大批 bugs 攻擊時，其實無法應用這種評量。你能想像得到，要把資料庫中一萬四千份報告統統檢查完，並且判斷報告所說的問題是否為同一問題，必須花多少心力？

15.4 摘要

✓ 許多照章行事型（模式 2）的組織因為遭受大批功能失常的攻擊，為了當下的緊急事件疲於奔命，因此無法專心致力於改善長期狀況。為了取得資訊開始逃離這類大批攻擊，模式 2 的經理人

必須想辦法從情境的立場進行觀察。

✓　要控制大批功能失常，就要從精準的語言做起。值得注意的是，
　　要區別功能失常（指疾病的症狀）與缺陷（指疾病的本身）之差
　　異。功能失常是「程式運作的外在結果會產生背離需求的現象」。
　　缺陷是「存在於程式中的瑕疵，在特定的情況下執行程式會造成
　　功能失常的現象」。

✓　我建議客戶至少要保存的首要統計資料，就是儲存功能失常相關
　　資訊的資料庫，我稱之為系統故障事件。第二種必要的統計資料
　　是儲存缺陷相關資訊的資料庫，我稱之為系統缺陷分析。

✓　我們在處理統計資料時，必須謹慎區別下列兩者：

　　a.　起源：在整個過程中，該缺陷是從哪個階段開始的

　　b.　修正：系統有哪些部分必須加以改變，以改正這項缺陷

✓　將 STI 依嚴重等級分類的資訊加入 SFA 報告中可能是有用的，因
　　為任何分析都帶有個人主觀的意見。另一種可能是依據顧客認定
　　的重要性（例如：金錢）來分類 STI。

✓　我們可以將處理錯誤這項工作分解成四個活動：偵測、找出所在
　　位置或隔離、找出解決之道、以及預防。其中每一個活動都有自
　　己的動態學。

✓　在軟體開發機構對錯誤所做的工作中，其中絕大多數其實是屬於
　　預防性的工作，只不過人們不自知。

✓　對於任何組織之文化模式的最敏銳評量之一就是，組織能多快發
　　現問題並清除問題。影響找出缺陷所在位置及解決錯誤之所需時
　　間的四大因素是：

　　●　公文旅行中的 STI 數量

　　●　選擇先解決最簡單的問題

- 持續修正以解決缺陷卻讓系統失去可維護性
- 在解決原有缺陷時卻引發新缺陷

✓ 高效能管理者未必真正有興趣知道已經有多少STI被清除掉,他們真正感興趣的是有多少STI尚待解決。遺憾的是,專案經理無法直接評量產品中還有多少缺陷尚待解決,所以更無法得知會製造出多少STI。

✓ 清除缺陷的速度變慢就是專案時間被低估的一項主要原因。當有龐大數量的STI尚待解決時,這種解決速度減慢並不是因為專案即將結束,而且不能用於預測專案即將結束;不過,效率不彰的經理人卻照用不誤。

✓ STI解決率逐漸降低是由於先前所列四項非線性因素所造成。經理人要讓本身的行動既明智又符合經濟價值,就必須擺脫幻想,找出在解決率逐漸降低的過程中,哪一項因素最為重要。

✓ 從接到STI到找出解決問題最佳人選之間所需的時間,就是透露STI公文旅行時間的一項關鍵評量,我們將之稱為找出解決者的時間,簡稱為RLT。另一項評量則是解決一個STI的平均時間。

✓ 評量有助於將這四個因素區別開來。將每個STI最後找出解決者所需的時間製成表格,就能偵測出「公文旅行中的STI之數量」。

✓ 將找出問題所在位置後解決每項問題所需之時間繪製成圖表,就能偵測出「選擇先解決最容易的問題」。

✓ 藉由為修正缺陷所撰寫之程式碼加註日期,並將此資料繪製成直方圖,就能偵測出「在解決原有缺陷時卻引發新缺陷」。

✓ 把解決時間與所更動程式碼之行數做比較,將更動每行程式碼之平均時間隨時間演變的變化繪製成圖,就可以評量「持續修正卻失去可維護性」。我們也可以依照每次更動影響到的模組之平均

數目，來評量平均更動規模。

✓ 我們很難知道問題愈來愈難解決是源自於系統功能下降（通常表示系統更難使用），或源自於選擇效應（錯誤較少但難度增加）。不過，組織還可以應用其他簡單的評量，而且每一個組織在為除去大批功能失常而努力時，應該選擇適合所屬組織的評量。

15.5 練習

1. 設計一個流程圖，將缺陷解決流程分成個別步驟，並將傳閱（公文旅行）這個步驟包括在內，同時顯示這些量測值在流程圖中的個別位置。試問量測值在流程圖中的配置具有什麼意義？

2. 將你所屬組織之紀錄保存與圖 15-9 與 15-10 做比較。修正你的系統以便將這些數字的有用特性列入系統中。你的組織所使用的第一級評量單位，有沒有不適用於這些形式的？

3. 定義可能很無趣，不過如果我們打算成為客觀的（立場 3 或情境的）觀察者，就必須有明確的定義才行。由不客觀的當事人做出的定義會發生什麼事，看看軟體廣告就能知道。在此是《華爾街日報》（*Wall Street Journal*）上的一則廣告，標題是〈調查顯示程式碼零瑕疵〉：

在最近由加特納集團（Gartner Group）針對 CASE 進行的一項調查中，要求應用軟體開發人員報告曾經歷過的程式異常終止之次數。（「異常終止」〔abend〕意指系統功能失常或因為程式碼有瑕疵造成「停止回應」。）IEF 的開發人員報告零瑕疵──在 IEF 產生的程式碼中沒有發生過異常終止的情況。[6]

這是對於零瑕疵的一個有趣定義：如果程式沒有當掉，就沒有瑕疵。事實上，仔細閱讀這個廣告就透露出一個更利己的定義：如果程式不是因為程式碼瑕疵而當掉，那麼程式就沒有瑕疵。換句話說，有人必須解析程式當掉的原因。或許他們判斷原因不是出在程式碼，而是出在設計。或者這種情況並未發生在「IEF產生的程式碼」。或許問題出在作業系統程式碼或副程式中。不過，使用者會在意問題究竟出在哪裏嗎？

　　零瑕疵的另一項常見定義是，在關鍵程式碼路徑中沒有異常終止情況出現。如果你跟廣告人士一樣有創意，就不需要移除瑕疵，反正你可以輕易地定義什麼情況才是零瑕疵。

　　我們這些老前輩知道，這種誇大之詞打從一開始就出現了。IBM 650就以下面這句話當廣告詞：

　　「在IBM 650上尚未偵測到任何錯誤。」

　　你的組織使用什麼廣告詞定義，藉此讓你們避免面臨大批功能失常的事實？

4. 如同Jim Highsmith的建議：設計方面出現大批功能失常怎麼辦？需求方面出現大批功能失常怎麼辦？你認為在這個過程中，我們可以使用哪些評量早一點偵測出功能失常，而不是等到後來才將功能失常追溯到這些稍早的階段？舉例來說，你想從設計審查或需求審查中，看到哪些統計資料？

5. 如同Mike Dedolph和Dawn Guido的建議：在圖15-5和15-6等直方圖中，最理想的分布可能為何？有什麼因素會影響這些分布？在產品生命週期中，最理想的分布應該維持不變嗎？在直方圖中加註主要更新版本發行日期，會顯示出什麼？

第五部
第零級評量

很少有什麼事比一個好榜樣的麻煩事更叫人不堪忍受。[1]

——馬克・吐溫

每次我教完軟體品質管理課程時,總有人跟我說:「這東西讓人有點難以招架,而且在我的組織裏,我們不可能同時做到每件事;不過,我知道我們必須從某個地方開始著手。您認為我們要開始向第一級評量邁進,該從哪件事開始做起?」

　　我猜,當你看完一整本與評量有關的書籍時,大概都會這樣想。就算只以第一級評量來說,一次就下猛藥也會讓人有點吃不消。這就是為什麼我決定依照以往結束每次課程時的做法,為這本書做總結:我會以第零級評量(zeroth-order measurement)做為本書的結語。我認為要開始往高品質的軟體品質管理這個方向發展,起碼要把一些活動做好,這些活動就是「第零級評量」。要做好第零級評量,就必須採取四項基本步驟:

1. 知道如何以定義明確而且是可量測的(measurable)工作來構成

專案，以生產高品質的產品。

2. 建立一套制度以塑造並維持專案朝預期的品質發展的*公眾看法*（public view）。

3. 建立一個以品質含意文件佐證的*需求*（requirements）系統。

4. 建立一個具有一致性的*審查*（reviews）制度，以評量品質進度的各項成效。

第零級評量跟「軟體工程第零法則」有關，這個法則是說：

如果你不在乎品質，那麼無論目標是什麼你都能達成。

如果你的組織不願意或不能做到這些基本步驟，你就無法具備第一級評量的基礎，更別想實現價值百萬美元的第二級評量。

這四項基本步驟的內容各自可以寫成專書論述，不過基於本書的篇幅有限，僅在第五部中逐章概述這四項基本步驟，讓讀者先有粗淺的了解。

16

由可量測工作構成的專案

你們施行審判，不可行不義，在尺、秤、升、斗上也是如此。

——《聖經》〈利未記〉19章35節

客戶常問我：「什麼時候是開始量測的最佳時機？」他們這樣問也透露出他們並不了解評量的基礎。其實，你在做任何事以前，就應該開始量測。

物理學家不會先把實驗設計好、把實驗用具備妥後，才問自己：「對了，我們應該量測什麼？」但是，許多軟體工程經理卻以為自己只要這麼做就行。他們開始進行某項龐大工作，卻完全沒想到「評量」這回事，等到事情開始出差錯，才向評量專家求救，通常到那個時候已經亡羊補牢，為時已晚。

16.1 將任何工作變成一個可量測的專案

從一開始就考慮「可衡量性」，這是讓你的努力成果具體化的必要環節。多年來，我遇過幾百項努力成果因為缺乏可量測的結構而無法量

403

測。會造成這種結果，主要是因為管理高層交代部屬進行龐大的工作或定義不清的工作，在此舉出我聽過的一些實例：

✓ 「在1月1日前把這個軟體搞定。」
✓ 「務必確定每個人都參與此事。」
✓ 「我希望這個組織在一年內成為模式3。」
✓ 「我們必須提供顧客更好的服務。」
✓ 「只要改變這項常數，就可以進行生產作業。」

要觀察任何一項努力成果的第一步，就是要把它變成一項可量測的專案。「專案」是什麼？專案是有不同的起點與終點，而且是為了達成某項改變所做的努力。改變是指將系統從A點（已知狀態）帶往B點（預期狀態）。這樣的改變可藉由進行下列事項來完成：

- 對A的認識
- 對B的渴望
- 對A或B的現實理解

最實際的專案一定會牽涉到以上這三項作業。[1]

　　如果沒有考慮可衡量性，努力成果就只是努力成果；但是，考慮到可衡量性的專案卻是「完成改變」，而且是「可以觀察」的努力成果。以軟體專案為例，我們常會想到新軟體的開發，其實不論哪一種努力成果都可以變成專案。先前提到管理高層交代部屬的那些模糊陳述，都可以做為創造一個可量測專案的起點。況且，這些陳述如果不能變成專案，那麼就無法加以量測，最後可能成為潛在問題的根源。這就是為什麼許多組織在軟體維護、驗收測試、顧客服務、文件製作和組織發展等諸多方面會出問題的原因。

16.2 創造可量測專案的步驟

目前坊間有許多不錯的專案管理教科書[2]，在此我就不再重述這些教科書的內容。這些教科書告訴你如何管理專案，我當然不敢妄想只用一章的篇幅說明此事。不過，這些教科書通常沒有讓讀者知道，在一開始時如何把努力成果轉變成一項專案。你可以利用許多種做法來完成這項轉變。如果你自己有辦法順利將努力成果轉變成專案，就請你略過本章不看。如果你的做法不如預期，那麼你不妨參考下列草圖，這些草圖就是我跟許多客戶將努力成果順利轉變成專案的做法。

16.2.1 為反覆的過程做好準備

發展一項專案的首要步驟就是採取適當的態度，而這個態度意謂的是——「必須接受為了定義專案所需投入的心力」。所以，請你把定義工作視為在此過程中與各步驟同時並行之事。

　　通常在專案中，「定義」這個步驟比其他任何步驟更困難，但卻更有價值。等到你具備明確的定義時，專案可能已經接近完成。所以，你要做好心理準備，「定義」這個步驟會經歷一再的修改，有些修改甚至可能在專案將近完成之際才發生。

16.2.2 確認顧客

究竟要滿足誰對改變的渴望，這是一開始就必須決定的首要工作之一。開始規畫時沒被考慮到的人勢必會在變革專案後期出現，反過來咬你一口。所以，藉由一開始就考慮顧客和顧客所重視的事項，你就把品質突顯出來，而不是等到專案進行到一半，才想辦法「表達」品質。

16.2.3　確認顧客重視什麼

一旦你確認了顧客是誰，接下來就要詢問顧客：「你們在考慮改變事情以前，有什麼事是你們很重視而且必須加以保留的？」我們常常發現，在達成某項小改變時，卻破壞到顧客最重視的事項。接著你再問顧客：「你們想要有什麼改變？」這個問題的答案也決定顧客究竟重視什麼。為了決定顧客有多麼重視這項改變，你可以再問：「擁有這項改變的價值為何？」及「如果沒有這項改變，價值又為何？」

16.2.4　選擇有把握又可達成的目標

有了這些跟顧客重視事項有關的敘述，為了達成顧客需求，接下來你必須擬定一項目標宣言（statement of goals）。首先，你要檢查一下這項願望陳述是以積極還是負面的用語表達。（如果你能說明自己想要什麼、而非自己不想要什麼，事情就更可能如你所願。）所以，你要對這項「願望」陳述進行一再地修正，直到能以積極用語表達為止。負面陳述只會把精力專注在不想要的事情上，而不是把精力專注在想要的事情上。以下面這個陳述為例：

　　a.　沒有哪一個軟體開發專案會超出預算。

只要不進行任何軟體開發專案，或是不編列任何預算，或者在預算用完時宣布完成軟體開發專案，你就能達成這項目標。不過，你真正想要的或許是：

　　b.　在下一個會計年度內，至少完成十個軟體開發專案。每一個軟體開發專案有各自的預算和一組需求；這些預算和需求在專案開始前已經通過一般管理單位和專案管理單位之認可。

各專案需在認可預算內完成（並符合本身的一組需求）。

雖然敘述 b 還有待修正，卻讓人更加了解這樣做究竟「想要什麼」，而不是「不想要什麼」。

16.2.5 以可量測的方式說明目標

問問自己：「我們完成改變時，顧客要如何確認此事？」因為大多數人不習慣說明自己真正想要什麼，這個問題可以讓你更深入挖掘。另外，你要當心那些太唱高調或語意含糊的陳述，比方說：

　　a.　我想要提高生產力和品質。

其實，這並不是一項目標，而是一個願景。大家都認同這種陳述（誰會跟品質唱反調？），等到你實際開始做事時，卻發現大家對「生產力」和「品質」這類抽象字眼的含意有不同的解讀。清楚明確的陳述應該是：

　　b.　我想要提高生產力和品質，以下是我對這兩個用語的定義：
　　　　• 生產力是……
　　　　• 品質是……

你可以把「資料可信度問題」（Data Question）應用在未來，問問自己：「日後我會看到什麼或聽到什麼，讓我確定自己已經達成目標？」藉此檢查你的目標宣言是否適當。想像自己正在參與技術審查會議，並且被問及如何判斷目標已達成。到時候，你能根據目標宣言回答這項問題嗎？

16.2.6　以最少的專案限制條件說明目標

有些人對於自己想要的事說得不清不楚；相反地，有些人對於自己想要的事卻說得太過清楚。雖然目標太過清楚或許容易識別，但卻可能妨礙專案成員找出更好的解決方案。舉例來說，你的目標可能是：

a.　在3月15日前安裝好100台IBM工作站。

這當然是可以觀察的目標，但是這樣說是否表示：即使在相容產品能大幅節省預算的情況下，也不允許使用相容產品？

　　你可以藉由探討每一個字詞的含意，來檢查你的目標宣言，以上述陳述為例：

- 「100」是指95到105？或是指超過50？至少100？或剛好等於100？

- 「IBM」是指只能用IBM的產品？或者是指IBM推出的新產品？是指由IBM提供服務？系統的各個部分都必須使用IBM的產品？是指跟IBM相容的產品？（最近，由IBM生產的某些工作站被宣布為標準群組，而且「與IBM不相容」。）

- 「工作站」是指一種特定組態？一個組態範圍？包括軟體在內嗎？包括什麼軟體？

- 「安裝」表示裝在地板上？要插電測試是否正常運作？要進行使用測試？要測試功效？由誰測試？

- 「3月15日」是指3月15日以前？還是指剛好在3月15日當天？或是指3月的某一天？在某些情況下，可以延到哪一天？愈早完成安裝愈好？100台工作站都在3月14日才送達，可以嗎？或有某些偏好的安裝模式？

做完這種質問後，你應該盡可能讓目標宣言涵蓋得愈廣愈好——但是不能語意空泛。最理想的狀況是，目標宣言應該對本身語意不清之處，做出明確的解釋，例如：

- 至少應該安裝80台工作站，最多安裝100台工作站。所有工作站應完全一致，但是可選擇由下列套裝軟體供應商支援的任何組態……

16.2.7　檢查可能的阻礙

將可能阻礙目標達成的事項列成一份清單，例如：

1. 這項改變會讓誰感到不滿？
2. 減少現有預算會有什麼影響？
3. 有遺漏掉任何技術能力嗎？

現在，分析這份清單上的各項阻礙，釐清這些事項是否真的是阻礙。如果是，就找出克服阻礙的方法，比方說：如果遺漏掉某些技術能力，那就設計一連串的工作來彌補這項缺失，例如：

1. 聘請外部顧問。
2. 設計一個訓練方案。
3. 重新設計產品以降低所需技能水準。
4. 從另一個專案調派技術熟練的員工來支援。

如果你不事先考慮可能遇到的阻礙，也不認真面對這些阻礙，你就會被阻礙嚇倒，讓專案進展失去平衡。況且，考慮阻礙通常有助於界定你究竟想達成什麼目標。

16.2.8　檢查可用資源

把可運用於從A點移動到B點的資源列成一份清單，這樣做同樣有助於釐清定義，例如，你的顧客可能這樣說：「我很想要一個易用易上手的介面，」但是當你問她，她願意花多少時間定義一個易用易上手的介面時，她卻說：「喔，我實在很忙，沒時間為這種事操心。反正你做就對了，做好了就把成果拿給我。」她的說明有助於釐清她的「很想」是指什麼，結果也暗示了她不打算成為這項專案的資源。知道這一點後，你或許要考慮一下，這項專案是否值得你花時間和心力去進行。

16.2.9　開始逆向規畫

一旦你覺得自己知道B點是什麼，你就為下一個步驟做好準備。有一位教授專案管理的讀者強烈反對上面這句話，他說：「在你繼續往下之前，你應該對『B』點是什麼，有一個清楚了解。而且這項了解應該獲得顧客的確認，而不是單憑你的直覺。」

我同意你應該有清楚了解（那就是可衡量性要做的事），至於是否能獲得顧客的確認，這個問題有待商榷。首先，你可能有許多顧客，每一位顧客有各自的觀點。更重要的是，在規畫時最好不要太過自信，以為自己可以事先確認成效。我們將會發現，在規畫過程中有某種「暫時性」（tentativeness）對你很有用。或許計畫開始進行後，你發現B不是任何人想要的東西，所以現在你能採取的最佳做法是「蒐集所有資料」（包含顧客的感受在內），然後運用你的直覺——你不必相信直覺，卻必須這麼做。

我們以一種草圖方式記述計畫，藉此表達我們的暫時性。我們就以概述從狀態A到狀態B的計畫，開始說明，如圖16-1所示。

A ————————————▶ B

圖16-1 這個簡單圖形代表狀態A會轉變成狀態B

你在每一個步驟要做的測試是：「我知道怎樣從這一點移動到那一點嗎？」如果不知道，你就必須把整個行程分解為更小的步驟。從B反推回A，找出可以到達B點的C點。然後繼續應用前面提到的測試問題：「我知道怎樣從這一點移動到那一點嗎？」直到答案是「知道」為止。之後，你就把計畫的草圖畫出來了。假設你最後推算出的計畫是從A到E到D到C，再到B（如圖16-2）。

A ——▶ E ——▶ D ——▶ C ——▶ B

圖16-2 這個圖形顯示狀態A將如何轉變成狀態C，然後再轉變成狀態B。

不過，並非每一項計畫都呈現線性結構，比方說：你的計畫可能有一個分支結構，如圖16-3所示。有時候，以子計畫的方式將一個複雜計畫加以分解，這樣做很方便。不過，不管整項工作可能多麼錯綜複雜，由於反覆應用同樣的流程，所以最後整個計畫會變成一個可量測的專案。

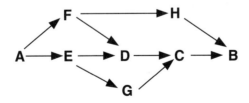

圖16-3 大多數計畫並非由有線性順序的工作所構成，反而可能有許多分支出現。

16.3 面臨不確定時，採用漸進式規畫

不論你多麼小心地依循這個過程，任何計畫都只是計畫——是對於未來如何運作的一連串臆測。如果現在從 A 到 B 有許多步驟可循，那麼在你的一連串預測中，有很多事情可能出差錯，例如：你或許沒有百分之百的確定，你可以從狀態 A 轉變成狀態 E，或者你無法確定這樣做要付出多少代價。在這種情況下，你可能要考慮一下，利用下列結構來選擇一個比較簡單又比較接近的目標：

1. 規畫要達成 E，而且不要做進一步的詳細規畫，然後依照計畫達成 E。通常，其實你並沒有達成 E，而是達成跟 E 相似的 E*（如圖 16-4）。我那位教授專案管理的讀者問我：「這樣不就暗示了你在開始進行計畫前，沒有把 E 定義清楚？這種事情是可以接受的嗎？」這種情況當然比較可以接受，總比「不承認自己做得很差，還假裝自己做得很不錯」要好。尤其在開發新事物時，在你親自參與過程以前，你通常無法得知自己是否已準確完成某項工作。

圖 16-4 在設法抵達 E 時，你通常不會如願，但是你希望能抵達跟 E 相當接近之處，好比說 E*。

2. 在達成 E* 時，觀察組織如何因應改變。這項資訊能幫助你得知「對這個組織來說，什麼是實際的」。因此，你本來規畫從 D 到 C

再到B，這項計畫可能不像以往那樣合理。雖然你發現所屬組織因應改變的方式不如你所預期，也讓你為此心煩；但是當你被嚴屬拒絕時，最好面對現實，而不是後知後覺，等到大難臨頭才恍然大悟。

3. 判斷顧客是否真正想要達成B。在你從A到E*之際，其他事情可能已經改變。現在，顧客可能想要達成B*，就是跟B相似、卻不太一樣的狀態（如圖16-5）。顧客當然也有可能想達成X，亦即跟B完全不同的狀態，在這種情況下，你就該放棄這個專案，重新開始。

圖16-5　等到專案開始進行，顧客可能已經改變心意，把原本的目標從B改變成B*。

4. 將計畫修正為從E*到B*（如圖16-6）。把你對舊計畫的任何情感依戀放下。有時候，當人們談到「應該」怎樣，而非「事實是」怎樣時，你會發現這種情感依戀。

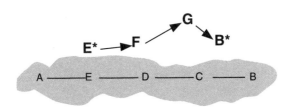

圖16-6　修正計畫時，規畫者應放下對舊計畫的情感依戀，但是舊計畫的資訊應保存於專案歷史檔案中。

事實上，每個專案都是某個較大計畫的「增加事項」（increment）。有時，這些增加事項如預期運作，有時則不然。在現實世界裏，最重要的管理能力或許是：接受嚴懲、收拾殘局、開始規畫下一輪工作。

16.4 心得與應用上的變化

1. 我並不打算在本章提供有關管理專案所需知道的一切，我只想表達「讓專案變得可以量測」這個概念，也包括：在情況變得完全不如你所想像時，你可以使用這些評量，反覆（iterate）進行專案計畫。換句話說，這種專案規畫觀點會出現在把穩方向型（模式3）的文化中。伴隨著這種觀點，專案經理必須知道如何在評量的框架中把穩方向，這又牽涉到專案管理的其他主題的許多實務與研究。

2. 專案是為了達成某項改變而做的努力，但有時候卻是為了避免某項改變而做的努力。即使如此，要在變遷中的世界裏避免改變，我們通常必須改變某件事，比方說：我們如果不想改變原本開發軟體的方式，就可能要換工作，不然就要換顧客。

3. 這本書的審閱者Wayne Strider指出，某些專案（在特定組織中是指大多數專案）是為了說明「活動」而做的努力。這些專案似乎沒把改變放在心上，B點未下定義，就算定義了也模糊不清。但是，試圖將B點定義得更清楚，可能讓專案走上正軌，或可能讓專案無疾而終，不然就是讓試圖這樣做的人吃盡苦頭。

16.5 摘要

1. 第零級評量是開始往高品質的軟體品質管理發展前，最起碼要做好的一組活動。這些活動為其他必須建立的任何評量制度奠定好基礎，沒有這個基礎，其他大多數評量就毫無意義或容易引起誤解。

2. 第零級評量的四項基本步驟如下：

   a. 知道如何以定義明確而且是可量測的工作來構成專案，以生產高品質的產品。

   b. 建立一套制度以塑造並維持專案朝預期的品質發展的公眾看法。

   c. 建立一個以品質含意文件佐證的需求系統。

   d. 建立一個具有一致性的審查制度，以評量品質進度的各項成效。

✓ 在你做任何事以前，就是開始評量的最佳時機。評量必須列入初期計畫，並且隨著計畫變更而調整。有效的評量不可能是事後「添加」的補充說明，而是計畫開始時就列入考量的重點。

✓ 要觀察任何一項努力成果的第一步，就是要把努力成果變成一個可量測的專案。任何一種工作都可以變成一個可量測的專案。

✓ 專案是為了達成某項改變而做的努力。這種改變可能由認識、渴望或現實等方面的工作達成。

✓ 為可量測專案做規畫的做法包含以下步驟：

   a. 為反覆的過程做好準備

   b. 確認顧客

   c. 確認顧客重視什麼

    d.   選擇有把握又可達成的目標

    e.   以可量測的方式說明目標

    f.   以最少的專案限制條件說明目標

    g.   檢查可能的阻礙

    h.   檢查可用資源

    i.   開始逆向規畫

✓   目標宣言應經過各種測試，也應從「想要什麼、而非不想要什麼」的觀點運用措詞。目標宣言應陳述利用可用資源可達成的事項。你可以利用「當你達成目標時，你會看到或聽到什麼？」這個問題，來檢查你的目標宣言。同時別忘了探討目標宣言中每一個字詞的含意，來檢查目標宣言是否適當。

✓   任何計畫都只是計畫——是對於未來如何運作的一連串臆測。在這一連串預測中，有很多事情可能出差錯，因此你要以漸進式目標來規畫大型專案，這樣才是明智之舉。你也要知道，在各項目標達成或大致達成後，專案已經被重新規畫過。

16.6 練習

1.   請從下列敘述中選出一項敘述，運用本章提供的方法，說明如何將所選敘述變成一個可量測的專案。

    ✓   「在1月1日前把這個軟體搞定。」

    ✓   「務必確定每個人都參與此事。」

    ✓   「我希望這個組織在一年內成為模式3。」

    ✓   「我們必須提供顧客更好的服務。」

    ✓   「只要改變這項常數，就可以進行生產作業。」

2. 請從以上敘述中選出一項敘述，利用另一種你熟悉的做法，說明如何將所挑選的敘述轉變成一個可量測的專案，並且比較兩種做法的成效。

3. 技術審查是確認或否定專案階段是否符合預期評量的主要方式。為了測試練習 1 與（或）練習 2 的敘述，請想像自己正在參加一場技術審查會議，正在檢查目標是否已經達成。你可以把你的小組成員一分為二，一部分的成員擔任審查者，另一部分的成員負責事實查核（reality check），這樣你就可以把這項練習變成一個小組練習。由事實查核小組向審查者提出不同的結果，審查者必須決定特定事實是否與目標相符。

4. 依照本書審閱者 Wayne Strider 的建議：請將下列敘述轉變成與「想要之物」有關，而非與「不想要之物」有關的積極陳述。請發揮你的想像力，為下列各項敘述至少找出三種不同的解讀。

   ✓ 「我不想要巧克力。」
   ✓ 「別讓顧客不滿！」
   ✓ 「不能錯過任何審查！」
   ✓ 「別把事情搞得太複雜。」
   ✓ 「沒有人可以排除在外。」

5. 另外，Wayne Strider 也建議：下次你聽到同事陳述「不想要什麼」時，你就在心裏把同事說的話轉述為「想要什麼」。然後把經過你轉述的話告訴對方，並請問對方：「你的意思是這樣嗎？」這樣你就能測試自己的轉述是否正確。

17
關於計畫與進度的溝通

古之欲明明德於天下者，先治其國；欲治其國者，先齊其家；欲齊
其家者，先修其身；欲修其身者，先正其心；欲正其心者，先誠其
意；欲誠其意者，先致其知，致知在格物。

——孔子《大學》

創造一個可量測專案是做好第零級評量的首要步驟，不過光是這樣做
還不夠，因為專案的各個部分可加以量測，未必表示確實有人去評量
專案，或這些評量結果能夠在適當時間交到適當人士手上。而且，
「官僚」（bureaucracy）的其中一個定義就是：

每件事都在掌控中，但是一切全都失控了。

當專案規模變得相當龐大，通常就會因為專案成員對整體狀況缺乏掌
控，不了解本身的工作與整個專案的相關性，而導致官僚作風出現。
在這種情況下，大家一定會在不知不覺中做出危害產品品質的事，甚
至會阻礙到專案的完成。這就是官僚——人們不明究裏地在做事。

因此，我們可以藉由有多少事情在不明究裏的情況下完成，來評

量你所屬組織的「官僚特性」（bureaucratic nature）：

> 在不明究裏的情況下完成的事項占所有完成事項的百分比，就是
> 評量官僚的一種方式。

換句話說，在你進行的活動中，有多少活動無法跟產品或服務產生關
係？光有計畫是不夠的，計畫必須讓所有參與成員都能了解才行。而
且，為了讓所有成員都了解計畫，計畫必須能加以傳達和溝通。只有
高層了解的祕密計畫（而且就連高層自己也不太清楚這些計畫），勢
必會在大型專案中引發官僚之災。

17.1　人際溝通系統的基本規則

當溝通系統失敗時，大型專案常會跟著失敗。如果跟觀察有關的溝通
並不可靠，就算改善觀察力也於事無補。所以，第零級評量是以改善
溝通系統為基礎，也就是基於對人類組織中有關溝通的這些基本規則
之了解：

1. 人與人之間總是在溝通。
2. 總是會發展出祕密溝通管道。
3. 溝通不良時常發生。
4. 溝通總是比大家所預期的還難。
5. 改善某個地方的溝通，會讓另一個地方的溝通更加困難。

接下來，我們就逐一討論這些基本規則。

17.1.1 人與人之間經常溝通

溝通讓人類與其他動物有所區別，其他動物當然也進行溝通，只是牠們的溝通程度和變化性不像人類這樣。如果沒有溝通，我們所珍惜的人類成就全都不可能存在，軟體界的情況也一樣。雖然大家都知道程式設計師有閉門造車之習，但是在閉門造車之際，他們必須跟別人溝通才能了解問題所在，才能傳達解決方案並且賺錢養活自己。

17.1.2 總是會發展出祕密溝通管道

人們需要溝通，即使沒有工作需要完成，大家還是互相閒聊以溝通為樂。在監獄裏最嚴厲的懲罰就是關禁閉，不過在關禁閉時，犯人總會想辦法跟別人溝通，即使必須慢慢敲打牆壁傳遞訊息，他們還是樂此不疲。在軟體界，經理人有時候會被龐大的溝通量嚇壞了。他們可能恍然大悟，專案進度落後原來是因為大家花太多時間溝通，而不是花太多時間「實際做事」。抱持這種錯誤信念的經理人就會為溝通架起層層障礙，幸好這些障礙從未發揮預期成效。大家還是想辦法取得自己需要的資訊，只不過需要花費更多的時間——所以實際上，專案的進度會更加落後。

17.1.3 溝通不良時常發生

薩提爾人際互動模式指出，雖然人們需要溝通，卻無法把溝通做到完美無缺。我們甚至無法把溝通做到接近完美無缺，除非我們花很多心力去做。這就是為什麼我們在成功的軟體專案中，需要這麼多查核與回饋，並不是因為大家不誠實，而是因為人難免會犯錯。而且，有些不顧死活的經理人在時程緊湊時，希望加速事情的進展，就把查核工

作略去不做。在溝通不良的情況下，這種誤導行為反而總會害人害
己。

17.1.4　溝通總是比大家所預期的還難

雖然人們喜歡溝通也需要溝通，但是大家卻有溝通不良的傾向。換句
話說，傳遞訊息總是比我們所預期的還難。因此，在我們的溝通系統
中必須有備援機制。以平行作業溝通同樣的資訊，在事情順利進展時
或許讓人覺得沒有必要；但是如果我們試圖去除這項備援機制，事情
就會出差錯。其實，平行作業也有助於加速專案進展，不過，溝通失
誤當然會讓專案進展變慢。

17.1.5　改善某個地方的溝通，會讓另一個地方的溝通更加困難

遺憾的是，即使在我們努力改善溝通之際，卻有一項具限制作用的議
論這麼說：「某個團體內部的溝通改善了，卻可能破壞這個團體跟其
他團體之間的溝通。」以國際規模來看，每個國家有自己的語言。同
樣地，在一個組織裏，各個工作團體有自己的用語。這種用語可以加
速團體內部的溝通，但卻將其他團體隔絕在外。這項議論說明了規模
較大的專案需要投入不成比例的心力在公開溝通上，好讓每位成員都
能夠了解。

17.2　第零級評量系統的必要條件

人際溝通系統的這些基本規則指出了第零級評量系統的必要條件。第
零級評量系統有三個必要條件：

1. 組織必須開放。

2. 組織必須誠實。

3. 組織必須鼓勵成員彼此學習。

17.2.1 *開放*

第一個條件表示組織必須開放。一個開放的組織允許成員參與溝通過程，成員參與溝通的程度愈高，就能愈快獲得完成大型專案所需的準確溝通。對於照章行事型（模式2）的經理人來說，封閉式組織最為理想，但是任何封閉式組織總是難逃官僚魔掌，而官僚組織就會讓本身所能達成的品質受限。

17.2.2 *誠實*

組織愈開放，就愈容易符合第零級評量的第二項條件：誠實。誠實的氛圍表示在這種環境下可以培養信任，而信任可以節省許多時間和心力。因為彼此互信，所以大家會更開誠布公。在一個信任的環境裏，大家更容易觀察到什麼事情出了差錯。一旦大家的觀察力改善了，就能更早發現問題點，也能在影響層面擴大前及早採取行動。

17.2.3 *學習*

第零級評量的第三項條件是：人們必須能夠彼此學習。為了讓組織的文化轉型，學習必須「有一致性、持續不斷、而且具有關聯性」。馬上舉辦一個訓練課程，對於前述這三項重點都沒有幫助。不過，在工作上的彼此學習不但能滿足這三項重點，而且是改善觀察的最重要關鍵。此外，學習會引發改變並改善觀察力，讓一個有利的回饋循環驅使組織持續改善。

如果組織沒有符合第零級評量的這三項條件，管理階層就必須盡早努力創造這些條件，千萬別貿然引用一些第二級評量套裝軟體。你可以利用一些方法創造這些條件，只不過最普遍的做法——倡導——根本效力不彰。經理人反而必須將一些簡單的評量過程準備就緒，盡全力讓大家依照這些評量過程去做。一旦大家長時間使用這些評量過程，體驗到這樣做的效果，這些評量過程就會在組織裏確立，成為組織文化中不可取代的一部分。

17.3 內建標準工作單元

在以可量測的方式建構專案後，組織就能安裝第零級評量的第一項工具：公開的專案進度海報（Public Project Progress Poster, 簡稱為PPPP）。這項工具的構想是讓每個人成為專案的觀察者，這樣一來讓幻覺和突發的危機不可能存在。

在第16章中，我們以狀態圖的方式來表達計畫，不過公開的專案進度海報卻能顯示出：要達到那些狀態必須完成什麼工作。因為每項工作會產生一個可量測——亦即可審查——的狀態，以「標準工作單元」（standard task unit）取代箭號，就可以把工作顯示在海報上，如圖17-1所示。像計畫評核術（Project Evaluation and Review Technique，簡稱為PERT）或甘特圖（Gantt chart）等其他專案圖表，通常只顯示工作卻忽略了以下二個必要項目：

1. 完成工作的必備條件，例如：
    *   做為審查的評量標準的需求事項
    *   可用於進行該項工作的人力
    *   針對可用人力進行必要訓練

- 先前工作應做好之事項
- 執行工作所需的軟體和硬體
- 適當且設備齊全的工作場所
- 為該項工作所編列之預算

2. 用以評量工作結果之審查

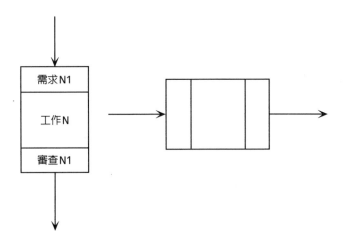

圖17-1　標準工作單元（N）有三個部分：工作的生產部分位於需求欄位
（Req'ts N1）與審查欄位（Review N1）之間。在提供需求後，工作
才能開始進行，然後產生候選產品並通過審查後，才算是實際產
品。欄位格式可用橫式或直式。

當圖表中忽略這些必要項目，專案會出問題也不奇怪。在最後階段若
沒有進行審查，大家就會忘記工作並非生產「產品」，只是生產候選
產品（candidate product）而已。「候選產品」唯有經由審查加以評量
後，而且這些評量值也和需求（它們永遠是必備條件的一部分）比較
過，才能成為「產品」。

當圖表中忽略必備條件，工作通常會在缺乏必備條件的情況下就

開始進行。結果，專案成員可能使用其他未經審查的產出，或者對於需求胡亂猜測。專案成員可能在一個不適當的條件下工作，他們運用較舊版本的硬體或軟體，也沒有資金購買必備物品。他們可能因為人力不足而費心，或是因為兼職人員、人員未受訓練而苦惱。

　　在以標準工作單元的觀點重新草擬計畫後，我們可以獲得一個專案海報如圖17-2。工作說明會放在各個工作單元的欄位裏。實際專案可能像圖17-2這麼簡單，或者可能包含幾百個或幾千個工作單元。對於比較大型的專案來說，使用專案管理套裝軟體所提供的海報，倒是個不錯的做法，可以省時省事。

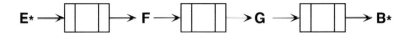

圖17-2　從圖16-6的專案圖表設計出的專案海報。圖中已用工作單元取代原先的箭號，並且加上連接箭號。

17.4　考慮審查

圖17-2中的專案海報是一種因果圖（cause-effect diagram）。不過，這個專案海報並沒有完整表達實際專案，因為其中並未顯示實際專案中可能存在的回饋。不過，如果專案經過適當規畫，大多數回饋會跟個別候選產品有關，可以經由審查加以評量。

　　經由審查評量候選產品，結果可能決定產品必須加以修改、甚至徹底改造，然後再審查一次。圖17-3顯示這些決定如何在專案海報中表示。

　　當工作生產的產品通過了審查，審查欄位就呈現綠色（表示「通

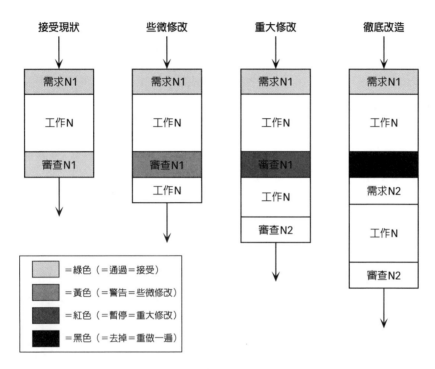

圖17-3　工作N的專案海報：經過第一次審查後，已更新的工作單元顯示審查結果及所需的任何額外作業。工作經過審查後可能有四種結果：接受現狀、些微修改、重大修改、或徹底改造。各項結果在本身的欄位數目和大小等外觀上有所不同，也以不同的顏色表示，所以大家可以一眼看出專案進度及尚待進行的作業。欄位上的顏色跟結果有關，綠色表示通過，黃色表示些微修改，紅色表示重大修改，黑色表示重做一遍。

過」），不需要進一步的變更。當產品需要些微修改，但不需要對額外進行的些微工作再作審查，審查欄位就呈現黃色（表示「警告」），並且加註一項工作，表示仍有待修改。

　　審查結果是工作需要重大修改時，工作N實際上並未完成。在這種情況下，審查欄位呈現紅色，而且要增加另一個工作欄位和審查欄

位（因為在修改的工作完成後必須進行另一次審查）。

　　審查結果工作需要徹底改造，就表示工作N必須重做一遍，審查欄位就會呈現黑色，而且會增加第二個需求欄位、第二個工作欄位和第二個審查欄位，以顯示工作確實重新再做一遍。

17.5　公開張貼專案進度海報

完成專案海報時，將海報張貼在專案相關人員都能看到且顯而易見之處。最常見的張貼地點包括：員工餐廳、張貼所有專案資料的特定場所、或是靠近專案小組辦公室的走道。用這種張貼方案讓專案海報變成公開的專案海報——這是一種具體顯現，讓大家知道並了解該完成什麼。

　　每週更新公開的專案海報，顯示與計畫相關的哪些事項已確實完成。這種更新讓公開的專案海報轉變成公開的專案進度海報（簡稱為PPPP，也被我那些喜歡數理用語的客戶說成4P）。這個相當特別的名稱提醒我們，在我們真正具備公開的專案進度海報前，必須先把以下四項必要步驟做好：

1.　為可量測的**專案**設計一個計畫。
2.　將這個計畫轉變成一張顯而易見的**海報**。
3.　將這張海報**公開張貼**，符合開放組織之特性。
4.　每週更新海報顯示**進度**。

17.5.1　本日標示線

將工作單元加以排列，以符合依據預定時程繪製之時間軸線。海報上

的時間軸線（timeline）表示目前日期，也稱為「本日標示線」（today line）。圖17-4顯示二項工作：設計測試計畫和進行測試。在大家都能看到海報的情況下，由於海報每週更新，所以大家不會存有幻覺超過一週。每個人都能看到哪些工作依照進度完成，哪些沒有。在這個例子中，測試工作尚未完成、而且時間軸線還未過去，任何人看到海報後都能馬上發現測試工作進度落後，以測試工作為必備條件的後續工作單元也因此被延誤，還不能開始進行。

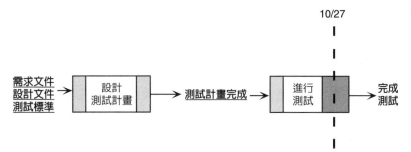

圖17-4　有關測試計畫和測試的公開的專案進度海報：海報內容每週更新，本日標示線依據時間向前移動，審查欄位和需求欄位以顏色顯示本身的狀態。

17.5.2　審查狀態

在圖17-4中，我們可以發現測試工作已可以開始進行，是因為其需求欄位呈現綠色（表示工作已完成並通過審查）。而審查的欄位顯示經過第一次審查（呈現黃色）需要些微修改。但是測試工作並未完成，因為它的審查欄位超越了本日標示線，而且審查欄位並未呈現綠色。

　　任何人看到海報時，就能馬上看出工作單元的品質與狀態。在本日標示線左側的事項是已經完成的事項，審查欄位的顏色則顯示工作

產出之品質。時間軸線左側的事項都無法改變，因為一切已成歷史。如果管理階層打算採取行動，重新規畫專案，所有的改變一定是出現在本日標示線的右側。如果經理人試圖改寫歷史，大家馬上會識破這項計謀。

「改寫歷史」當然跟「改寫未來」不同。進度落後的專案小組為了趕上進度，一定要改寫未來。這通常表示：方向本身會有所改變。其實，要重新趕上進度就必須從這一點開始做起：承認過去已經過去，即使抹滅歷史或改寫歷史也於事無補。張貼在牆上的海報顯示出過去是無法改變的，為了改寫未來，難免要檢討過去。

17.5.3 延後審查

有時候，工作在進行審查前就已經受到延誤。如圖17-5所示，工作每受到延誤，完成標準工作單元的時間就愈拖愈長，海報上顯示的欄位也會向右側延伸。當標準工作單元欄位跨越本日標示線時，經理人沒辦法只靠延後審查的方式隱瞞問題或自欺欺人。

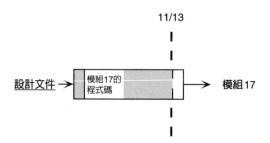

圖17-5　模組17之公開的專案進度海報：如果工作未依照預定進度完成，就會像小木偶的鼻子一樣，每過一週就愈拉愈長。觀察者可以從灰色區塊立即判讀工作超過預定時間的數量。

　　我有一位客戶想到為每週公開的專案進度海報拍照這種方式，然後把照片也貼在同一面牆上，因此創造出一部專案「電影」。由於這種方法結合欄位大小、形狀、位置和顏色等樣式，所以即使在一小張照片中，也能輕易發現如圖17-5所示的工作單元。這位客戶開始公布專案電影後，沒有哪一個專案的進度可以落後二週，而不被管理階層發現。

17.5.4　延誤後續工作的進行

有時候，工作根本無法開始進行。在每週更新專案進度海報時，若有某項工作受到延誤，本身的標準工作單元就會向右移動一週，在左側留下一段灰色尾部，顯示原本的計畫並未達成（見圖17-6）。當尾部延長超過本日標示線，經理人就無法隱瞞進度落後的事實。

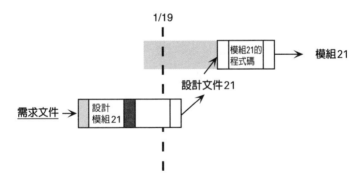

圖17-6　模組21之公開的專案進度海報：如果工作並未依照預定進度開始進行，就會在海報上出現一個跨越本日標示線的尾部，顯示專案這個部分的進度受到怎樣的延誤。

　　以圖17-6為例，我們馬上可以看出模組21的程式碼無法依照預定進度開始進行，可能是因為設計文件21必須進行重大修改。不過，

我們無法確定這項進度落後會不會是由其他因素所造成，例如：模組
21的設計人員請假，所以延誤了修改的進度。

17.6 公開的專案進度海報為什麼有用

一旦公開的專案進度海報開始運作，組織就會因為種種原因而開始出
現驚人的改變。接著我們就逐項討論這些原因。

17.6.1 *問題無法隱藏*

軟體權威暨《人月神話》作者布魯克斯（Fred Brooks）喜歡問學生：
「預計一年完成的專案怎麼拖了二年還做不完？」他的答案是：「因
為一次落後一天。」到目前為止，事實就是這樣，不過更好的說法可
能是：「因為大家都不聞不問，一天拖一天。」如果大家認真看待專
案進度，就不會容許第五章中那種異常的進度落後圖的專案存在。

　　圖17-7讓你了解到：利用公開的專案進度海報的專案，為什麼不
可能在無人察覺、沒有人發現問題根源、沒有人知道哪些工作必須完
成的情況下出狀況。

17.6.2 *問題容易加以解讀*

如果公開的專案進度海報不容易了解，就表示海報的可見度不夠，例
如：花一點時間研究圖17-7，我們就能輕易看出：

1.　因為沒有出現在公開的專案進度海報上的某些原因，「設計外部
　　測試計畫」的預定開始日期受到長期延誤。例如，有可能是因為
　　資源衝突，讓管理階層決定讓「設計外部測試計畫」的時程延

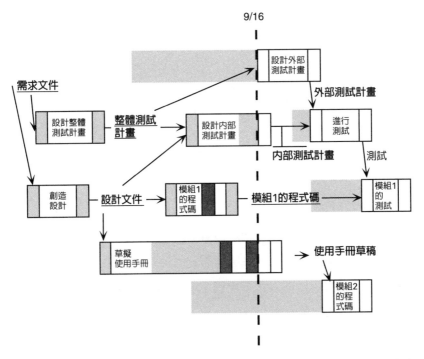

圖17-7　模組1和模組2之公開的專案進度海報：大家很快就發現專案某個部
　　　　　分出問題。審查結果以顏色表示有助於突顯問題點。

誤。不過，公開的專案進度海報顯示，這項策略已經開始失效，
進一步拖延「設計外部測試計畫」，會讓「進行測試」這項工作
開始受到延誤，即使完成了「設計內部測試計畫」也一樣。

2. 「設計內部測試計畫」這項工作已經開始進行，但是卻一再延
　　誤，甚至尚未進行第一次審查。「進行測試」這項工作也因此受
　　到延誤，結果可能耽誤到「模組1的測試」。延長的尾部會突顯整
　　個延誤，讓大家不可能不注意到。

3. 模組1的程式碼有一些問題，不過已經通過第二次審查，而且不
　　會再讓整個專案進度有所延誤。

4. 「草擬使用手冊」這項工作受到相當大的延誤，這項工作所花的時間遠超過預期，而且兩次審查都未通過，同時也延誤到「模組2的程式碼」工作的開始。

17.6.3 管理階層傳達出有關評量的言行一致訊息

藉由張貼公開的專案進度海報，管理階層實際上向全體同仁傳達一致的訊息：「我們認真看待評量，我們知道風險是存在的，所以我們以自我評量做為首要步驟。我們公開評量的結果讓大家知道我們並不完美，而且我們不怕讓大家知道。我們的工作就跟你們的工作一樣困難，我們向大家開誠布公，希望有想法者能提供意見，讓我們把工作做得更好。唯有以這種方式，我們才能成為替顧客持續不斷生產高品質產品和服務的優秀組織。」

如果從外部引進一項評量方案並追蹤每位程式設計師所犯的每項錯誤，那樣會比較好嗎？公開的專案進度海報是開始改變評量文化的更好方式，不是嗎？

17.6.4 容易看到流程改善或是退步

因為在本日標示線左側的每件事都成為專案歷史，無法改變，整體模式的改變就表示流程的效益有所改變。以圖17-7為例，專案依據計畫開始進行，後來進度卻開始落後。利用公開的專案進度海報，我們很容易就看出海報上顏色數量或灰色區塊數量的變化。

17.7 引進公開的專案進度海報會遭遇的阻礙

引進公開的專案進度海報時，其本身就是評量組織文化的一種方式，

尤其是評量組織是否準備好接受任何一種評量方案。以下是我們在某個組織中聽到的一些阻礙：

- 我們以前從沒這樣做過。
- 這跟我們以前常做的事沒兩樣。
- 這樣做會讓員工在經理面前出糗。
- 這樣做會讓經理在員工面前出糗。
- 這樣做只是把大家都知道的事公布出來。
- 這樣做會把我們不想公開的事公布出來。
- 我們沒辦法做那麼詳細的規畫。
- 我們已經有一套更好的規畫系統。
- 對程式設計師來說，每週更新一次專案進度海報的內容，實在很麻煩。
- 程式設計師不太熱中更新專案進度海報的內容。

我把這些託詞一起列出來，更容易解讀所發生的情況：這個組織還沒有準備好要做任何事。儘管如此，新上任的主管還是想做一些改變，所以他引進公開的專案進度海報，並且請自己的祕書琳恩負責每週更新的工作。幾週下來，辦公室裏充滿各種耳語和傳聞。後來，大家開始等著看公開的專案進度海報被廢棄不用，但是每週一早上十點十五分，琳恩照舊拿起筆來更新海報。當事態明朗，沒有人打算阻撓琳恩做這項工作時，大夥兒開始在週一早上聚集在張貼海報的牆前面。大家開始對於琳恩張貼出的改變進行評論，實際上這正是高品質軟體管理的在職訓練。

17.8 心得與應用上的變化

1.　技術審查的一個可能結果是：候選產品因為無效而遭到否決。這
　　表示該項工作單元必須重做一遍，但是就實務來說，除非是組織
　　剛開始制定審查的一、二個月內可能發生這種事，不然很少出
　　現。人們需要花一、二個月的時間，才會知道管理階層確實很重
　　視以審查來評量專案，而且認真到去否決「已完成的」工作。

2.　每當某項工作單元進度落後時，可能會迫使另一項工作單元開始
　　受到延誤，在海報上則以尾部表示。當公開的專案進度海報上出
　　現一個或一個以上的尾部時，表示專案必須重新規畫，或者專案
　　必須訂定一個較晚的交付日期。一旦制定了新計畫，公開的專案
　　進度海報上本日標示線的右側，就要依據新計畫重新繪製。本日
　　標示線的左側屬於計畫的歷史，嚴禁更動，不過組織必須鼓勵成
　　員依據情況改變未來的計畫，這樣才能讓計畫具有意義。

3.　在變化無常型（模式 1）和照章行事型（模式 2）的機構裏，最明
　　智的做法是先有心理準備，許多工作不會通過第一次審查，而且
　　需要重大修改。在這種情況下，在原本專案海報上的標準工作單
　　元看起來可能像圖 17-3 中尚未有顏色標示的重大修改欄位。

4.　這本書的審閱者之一 Naomi Karten 明智地指出，改善某一個地方
　　的溝通未必會讓另一個地方的溝通更難進行——如果不只改善溝
　　通，也改善對溝通過程的了解，就不會造成其他地方的溝通更加
　　困難。換句話說，你要設法改善「後設溝通」（meta-
　　communication，譯註：「後設溝通」又稱為「非語文溝通」，是
　　人們用以傳達其潛藏於語言文字等表面溝通之後，在人際的空間
　　距離、身體的動作、語調因素等方面的配合做法），就能夠更安

全、也有說服力。

5.　了解專案管理工具的人會把公開的專案進度海報，當成是甘特圖、計畫評核術圖（PERT chart）和進入─退出標準（entry-exit criteria）的組合。公開的專案進度海報之簡化版本可省略計畫評核術圖中的箭號，而製作一張甘特圖並在各欄位中標示進入─退出標準。這種表達方式看不到關鍵路徑也減弱資訊，但是這種方式或許比較適合複雜的專案。不過，如果你的專案複雜到無法以公開的專案進度海報輕易表達，或許你該考慮將專案分解成比較簡單的子專案。

6.　大衛・羅賓森（David Robinson）一直在他的軟體公司IDesign用公開的專案進度海報做實驗，他發現利用白板當海報，效果相當好。不過，白板並不是最理想的工具，因為白板上寫的東西很容易被擦掉，不過IDesign的同仁顯然互相信任，所以用白板也能達到很好的效果。如果你還沒有一個信任的文化，就用塑膠板蓋住公開的專案進度海報中的歷史部分。如果你所屬組織的成員真的不信任彼此，你可能必須把公開的專案進度海報擱置，先努力解決信任問題。

7.　我的同事Wayne Strider指出，許多專案管理工具讓我們掉入這個陷阱：以為花費預算費用跟完成專案的重要里程碑是同一件事。通常，大家做了許多事卻沒有任何成效，所以精明的經理人會去評量花費與達成事項之間的差異。這表示標準工作單元還可以加以修正，以涵蓋迄今已花費多少預算的資料。

17.9 摘要

✓ 專案的各個部分可以加以量測，未必表示確實有人去量測專案，或這些評量結果能在適當時間交到適當人士手上。

✓ 當人們確實對整個狀況缺乏掌控，不了解本身的工作跟整個專案的相關性，大家一定會在不知不覺中做出危害產品品質的事，甚至會阻礙到專案的完成。因此，計畫必須讓所有參與成員都可以了解——計畫必須可以傳達與溝通。

✓ 要改善溝通系統，必須基於對人類組織中有關溝通的這些基本規則之了解：

　　a.　人與人之間總是在溝通。

　　b.　總是會發展出祕密溝通管道。

　　c.　溝通不良時常發生。

　　d.　溝通總是比大家所預期的還難。

　　e.　改善某個地方的溝通，會讓另一個地方的溝通更加困難。

✓ 要執行第零級評量系統，組織必須開放。愈開放的組織就愈容易符合第二項條件：誠實。第三項條件是：人們能夠彼此學習。

✓ 公開的專案進度海報是第零級評量的第一項工具，也是一種因果圖，說明要達成預期狀態必須完成什麼工作，以及到目前為止必須完成的進度。

✓ 公開的專案進度海報是由標準工作單元所構成，不僅顯示工作，也顯示對工作成果和必備條件加以評量的審查，包括做為審查評量標準的需求事項。

✓ 張貼專案海報使其成為公開的專案海報——這是一種具體顯現，讓大家知道並了解該完成什麼。每週更新則讓公開的專案海報轉

變成公開的專案進度海報。

✓ 在最後階段若沒有進行審查，大家就會忘記工作並非生產「產品」，只是生產候選產品而已。「候選產品」唯有經由審查加以評量後，而且這些評量值也和需求（它們永遠是必備條件的一部分）比較過，才能成為「產品」。

✓ 海報上加註時間軸線，表示目前日期，讓大家看出哪些工作依照預期進度進行，哪些工作並未依照預期進度進行。

✓ 任何人走過公開的專案進度海報前，就能馬上看出工作單元的品質與狀態。時間軸線左側的事項都無法更動，因為那是專案歷史。對於專案進行任何重新規畫一定是出現在本日標示線的右側。

✓ 一旦公開的專案進度海報開始運作，因為問題無法加以隱瞞，而且問題容易解讀，所以組織開始出現驚人的改變。藉由張貼對本身績效的一種評量，管理階層傳達出有關評量的言行一致訊息；而且這樣做很容易看出流程改善或退步，讓組織成員大受激勵。

17.10　練習

1. 請指出如何為某項流程製作公開的專案進度海報，以避免第十章中談到的巨大損失的共通模式。說明你的流程在結合公開的專案進度海報時，如何避免巨大損失。然後，查明要怎樣做才能向所屬組織推銷這個流程。

2. 有些人反對「原型開發」（prototyping），因為他們認為這樣做「沒有規畫」。請指出如何製作公開的專案進度海報並將其用於原型開發。

3. 為目前進行的一項專案製作公開的專案進度海報。查明要怎樣做才能說服專案經理運用這項工具。如果你無法說服專案經理，請調整你的搜尋標準，改以目前進行的另一個專案為目標。

4. 一旦你說服組織在某項專案運用公開的專案進度海報，觀察這樣做會對其他鄰近專案產生的影響。

18
以審查做為評量的工具

因為事實令人不悅而不敢面對事實，這種膽小行為可能是最慘烈損害之根源。[1]

——英國經濟學家馬爾薩斯（*T. Malthus*）

以技術審查做為第零級評量及更高等級評量的關鍵工具，這種人有勇氣面對令人不悅的事實。本章內容只涵蓋與公開的專案進度海報有關的技術審查要點。請不要因為本章內容的簡潔性，就誤以為本章討論的主題並不重要。[2]

18.1 為什麼要利用審查？

公開的專案進度海報如此具有威力的原因之一是，它可以釐清技術審查在專案管理中的角色。照章行事型（模式 2）機構的經理人常問我：「為什麼我們必須進行技術審查？我們會用測試把所有 bugs 找出來。」我的回答包括了四個好理由：審查可改善時程績效、審查可去除多餘的工作、審查可彌補測試的不足、而且審查可以提供訓練。

18.1.1　審查可改善時程績效

即使測試可以去除掉所有缺陷，審查卻有助於改善時程績效，因為審查能比機器測試更早將許多缺陷去除掉。在早期就把缺陷去除掉，表示專案不會把時間花在與最初規格不符的設計、撰寫、文件製作和程式測試。如圖18-1顯示，經過審查的專案剛開始的進度似乎比較慢，但是因為大幅縮短機器測試時間，所以實際上整個專案可以更快完成。至於沒有運用有效技術審查的專案，大家都能在公開的專案進度海報上看到，測試區域出現長長的尾部。

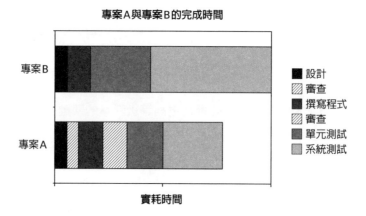

圖18-1　圖表顯示專案 A 在初期花更多時間審查，卻減少單元測試（unit testing）和系統測試的時間，這樣做的結果是起步緩慢但較快完成。（此圖表改編自軟體生產力研究專家Capers Jones常用的說明資料。）

18.1.2　審查可去除多餘的工作

審查可在程式撰寫完成前找出設計上的缺陷，也避免重新撰寫程式的許多工作。而且，如果你考慮到在後續過程中才發現缺陷就更難解決

缺陷，你就知道利用審查可以讓整個作業去除掉一些不必要的工作。

18.1.3 *審查可彌補測試的不足*

審查當然不是測試的替代物，只是另一種測試（圖18-2）。審查本身可以被視為前瞻式的測試（proactive testing）。審查和機器測試都提供有關候選產品品質的資訊。不過，因為執行審查的是「人」、不是「機器」，所以審查具有一些特性。

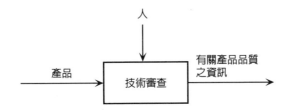

圖18-2　審查是一種測試：跟任何測試一樣，審查的目的是要提供有關候選產品品質的資訊。跟機器測試不同的是，審查是由人來執行測試。

　　首先，機器測試必須等到某些程式碼以可執行的形式表現後才能進行，然而審查卻能早在某些工作具備可看見的候選產品時就加以運用（這就是為什麼在公開的專案進度海報上，審查可以加到各個工作欄位中的原因）。而且，你可以也應該審查每一項機器測試，以確認所要求之測試確實執行並達到所要求之結果。

　　機器測試和審查的第二項差異是，審查以跟機器測試不同的切入點找到缺陷。而且，審查直接找出缺陷，不必等到那些缺陷可能造成龐大損失和具破壞性的失敗才恍然大悟。

　　最後，設立審查不需要什麼投資，不管是時間或資源方面都一樣。兩位程式設計師可以隨時聚在一起，進行一場審查。結果是，你

可以立刻利用審查而獲益。

18.1.4 審查可以提供訓練

除了擁有測試的所有好處，審查還能在測試時進行教導。參與審查者可以學習到軟體工程專業人士在開發時重視的一些事情。首先也最明顯的是，參與審查者學到技術問題、各種語言、工具和技術。在審查時，原本由單一人士知悉的任何相關事項，很快就為全部參與者所知。在審查中學習比在正式課程中學習更划算，而且這種學習也跟手邊的工作更直接相關。

參與者也對於受審查產品有更多的了解，為專案的完成提供更穩固的基礎。如果有人離職或必須轉調其他工作，曾經參與審查產品的人都能順利接手工作。這種重複性正是模式3機構不會經歷模式1和模式2機構常見的失敗的主因。

參與審查者也學習審查。我身為教導人們進行審查的顧問，我實在不願意公開這項祕密，但是身為作者，我不得不這麼做。起初，審查工作通常有點笨拙，但是即使沒有外界專家協助，審查者很快就能夠把這項工作做得更有效率、也更有效益。

在審查中比較不明顯的學習是，參與審查者學習了解自己。他們學到跟別人相比，自己有多好。這項學習發生時，不會冒犯或為難任何人，卻能協助人們知道自己可以處理什麼，還不能處理什麼。

參與者也學到自己還有多少事情必須學習，而且有哪些事特別需要學習。參與審查者在審查時所進行的學習，不但比上課時的學習更有效率，也比上課所學更能學以致用，因為他們知道自己必須知道什麼。

最後，參與審查者在審查中也學會了解別人。他們知道誰正在做

什麼事，由此而發展出專案意識，並改善非正式溝通系統的效率。參與審查者得知誰知道怎樣把什麼事做好，所以他們日後有問題時，可以很快找到能協助他們解決問題的人。因此，雖然審查似乎是以某項產品為主，但是長期來看，審查主要是對整個過程產生影響。

18.2 技術審查摘要報告

要了解審查的機制，最好從檢視審查的主要結果——技術審查摘要報告（Technical Review Summary Report，如圖18-3所示）——開始下手。針對每項審查所做的這類報告都保存在專案歷史檔案（Project History File）中，並且做為公開的專案進度海報之佐證文件。

　　審查是評量的工具之一，技術審查摘要報告讓經理人知道，要管理專案並更新公開的專案進度海報，他們必須對候選產品的評量有何了解。另一份報告——問題清單（Issues List）——告訴生產者他們必須知道什麼——尤其是需要進行怎樣的修改、以及管理階層通常沒有考慮到的事項。

18.2.1 如何完成評量

技術審查摘要報告的上方記載評量如何完成——也就是評量發生的背景。經理人可以藉由審查者是誰、使用哪些資料、以及審查所花費的時間，來確認評量的可靠性。而且，在設立審查時，經理人應該檢視審查團隊的組成人員是否符合本身「我會相信誰？」的個人標準，也就是第九章討論的主觀影響分析法。

技術審查摘要報告

審查號碼：＿＿＿＿＿＿＿＿＿＿＿　　起始時間：＿＿＿＿＿＿＿＿＿＿＿

日期：＿＿＿＿＿＿＿＿＿＿＿＿＿　　結束時間：＿＿＿＿＿＿＿＿＿＿＿

需求編號RQ-＿＿＿＿＿＿＿＿＿＿＿＿＿＿＿＿＿＿＿＿＿＿＿＿＿＿＿＿＿＿

報告製作人：＿＿＿＿＿＿＿＿＿＿＿＿＿＿＿＿＿＿＿＿＿＿＿＿＿＿＿＿＿

概要說明：＿＿＿＿＿＿＿＿＿＿＿＿＿＿＿＿＿＿＿＿＿＿＿＿＿＿＿＿＿＿

＿＿＿＿＿＿＿＿＿＿＿＿＿＿＿＿＿＿＿＿＿＿＿＿＿＿＿＿＿＿＿＿＿＿＿

用於審查之資料（若以附表說明請在此勾選□）

項目　　　　　　　　　　　　　　說明

＿＿＿＿＿＿＿＿＿＿＿＿＿　　　＿＿＿＿＿＿＿＿＿＿＿＿＿

＿＿＿＿＿＿＿＿＿＿＿＿＿　　　＿＿＿＿＿＿＿＿＿＿＿＿＿

＿＿＿＿＿＿＿＿＿＿＿＿＿　　　＿＿＿＿＿＿＿＿＿＿＿＿＿

＿＿＿＿＿＿＿＿＿＿＿＿＿　　　＿＿＿＿＿＿＿＿＿＿＿＿＿

＿＿＿＿＿＿＿＿＿＿＿＿＿　　　＿＿＿＿＿＿＿＿＿＿＿＿＿

我審查過這些資料，而且以我的專業見解來看，他們的情況不會比下述評價還糟。

參與者　　　　　　　　　　　　　簽名

1.＿＿＿＿＿＿＿＿＿＿＿＿＿　　　＿＿＿＿＿＿＿＿＿＿＿＿＿

2.＿＿＿＿＿＿＿＿＿＿＿＿＿　　　＿＿＿＿＿＿＿＿＿＿＿＿＿

3.＿＿＿＿＿＿＿＿＿＿＿＿＿　　　＿＿＿＿＿＿＿＿＿＿＿＿＿

4.＿＿＿＿＿＿＿＿＿＿＿＿＿　　　＿＿＿＿＿＿＿＿＿＿＿＿＿

5.＿＿＿＿＿＿＿＿＿＿＿＿＿　　　＿＿＿＿＿＿＿＿＿＿＿＿＿

6.＿＿＿＿＿＿＿＿＿＿＿＿＿

工作單位之評價：

　　接受（不需進一步審查）　　　　不接受（需要再審查）

□接受現狀　　　　　　　　　　　□需要重大修改

□接受些微修改　　　　　　　　　□需要重做一遍

　　　　　　　　　　　　　　　　□審查並未完成（另作說明）

補充資料　　　　　　　　　　　　說明／編號

□問題清單　　＿＿＿＿＿＿＿＿＿＿＿＿＿＿＿＿＿＿＿＿＿

□相關問題清單　＿＿＿＿＿＿＿＿＿＿＿＿＿＿＿＿＿＿＿＿＿

□其他　　　　＿＿＿＿＿＿＿＿＿＿＿＿＿＿＿＿＿＿＿＿＿

圖18-3　技術審查摘要報告範例

18.2.2 評量結果是什麼

如果經理人同意技術審查摘要報告是有效的，這份摘要報告正好提供了以明確用語管理專案所需的資訊。在這份報告中，審查者對於候選產品的品質，只能做出以下判斷：

- 接受現狀：表示候選產品已經變成「產品」。（審查欄位以綠色表示。）

- 接受些微修改：表示經過些微修改以及非正式的確認，不需要另一次審查，候選產品就成為「產品」。（審查欄位以黃色表示，並且可能增加一個工作欄位。）

- 需要重大修改：表示審查團隊認為候選產品需要加以修改以解決問題，而且這些修改必須再次接受審查。（審查欄位以紅色表示，並且另增一個工作欄位和審查欄位。）

- 需要重做一遍：表示審查團隊認為候選產品跟預期產品相差甚遠，所以重做一遍會比較有效。（審查欄位以黑色表示，並且另增一個完整的工作單位。）

關於候選產品除了這些情況外，還可能出現另一個結果：

- 審查尚未完成：表示有些事妨礙到有意義的評量，可能原因包括：有人缺席、某位參與者沒有做好準備、沒有取得相關資料、時間不夠、或者會議中發生內鬨。

18.2.3 做出審慎決定

由於從審查產生的評量對於成功管理專案如此重要，所以審查主導者必須學習使用幾項關鍵原則，以達成團隊共識做出結論：

　　始終採取最審慎的選擇。審查的結果絕不是經由投票表決或威嚇唯一異議者而決定，例如：如果審查中有任何一位審查者認為產品應該重做一遍，那麼審查評估就應該是重做一遍。談到專案管理，經理人常有過度樂觀的傾向。所以，應該採取最審慎的做法，強迫管理階層慎重考慮悲觀主張。審查團隊的意見應該公布在公開的專案進度海報上，讓大家都看得到，所以如果管理階層決定推翻這項意見──這是他們的特權──日後倘若公開的專案進度海報顯示專案進度落後造成問題，他們就必須為這項決定負責。

　　傾聽不同的意見。意見分歧通常表示，至少有一位審查者搞不清楚產品應該做什麼，或者產品其實做了什麼。如果審查者不知所措，就無法做出明智決定。產品開發者的工作不但是要創造產品，也要創造一個可以審查的產品。無法審查的產品就是審查者做出「審查並未完成」這項最審慎決定的根據。屆時，產品開發者必須先讓產品可以審查，才可能接受和完成審查。

　　注意簽名時的反應。簽名是真正獲得承諾與有意義見解所不可或缺的部分。在摘要報告上簽名，其實就表示：「我願意公開表明意見，並以個人專業聲譽作保證。」

　　專案經理人必須學會跟原先開發產品者一樣，為產品通過各項審查負起責任。在知道簽名就要負責的情況下，審查者猶豫要不要簽名，就表示他們對審查評估有疑慮。審查主導者必須觀察這項反應並重新進行討論，建議一項更審慎的決定，並鼓勵審查者提出他們的疑慮。令人煩惱的事最好現在就知道，不要等到六個月後才發現。

　　留意重新討論問題的意圖。當審查者直接或間接嘗試重新討論先前似乎已解決的某項問題時，就表示有疑慮存在。如同注意簽名時的反應一樣，審查主導者應該讓審查者重新進行討論，並鼓勵他們把疑

慮說清楚。

　　察覺並詳查強烈的情緒反應。如同我們從薩提爾人際互動模型所知，審查者在任何時候表達出強烈的情緒，就是隱瞞某件重要事情的跡象。審查主導者必須是一位對人際互動訓練有素的觀察者，而且此人要懂得運用本書詳述的所有技巧和方法。

　　藉由在審查中遵照這些實務，組織就能獲得這項最重要優勢：降低整個專案失敗的風險。

18.3　審查資料的種類

跟機器測試不同，審查可應用在任何候選產品上，以決定候選產品是否符合要求。圖18-4顯示我們在產品通過審查以前，必須以不同的措詞稱之。它們只是「候選產品」，不是「產品」。每當你聽到有人忽略兩者之間的差異時，請提醒他們：

　　事實上，候選產品直到通過審查才算是產品。

因為審查可用於評量任何候選產品，所以審查就是管理專案的共通基礎。凡是你肉眼可見之物，你都能加以審查。如果是你肉眼看不見的東西，就不存在，所以無須任何審查。以下列出一般軟體專案中可能審查到的一些候選產品：

- 程式碼、虛擬程式碼
- 設計圖表、設計課程的影片
- 測試計畫、測試結果（包括：單元測試、系統測試、驗收測試和性能測試）

- 專案計畫、專案標準

- 需求文件

- 使用手冊、技術手冊、支援系統、支援訊息

- 訓練計畫、課程計畫、課程資料、課程

- 畫面配置、畫面

- 其他評量

最後一項可能最重要。畢竟，每一項評量都要以某人或某些人的意見為依據。技術審查是將這種依存關係正式化的一個方式，這樣所有評量的可靠性都能為人所知。

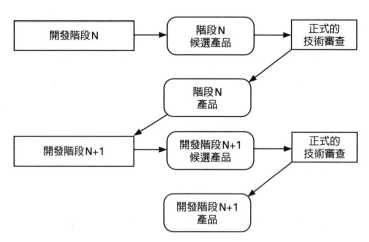

圖 18-4　通過審查讓候選產品轉變成產品

　　審查也藉由其他評量加以證實。為了改善效率和效益，就要把所有與產品相關的既有評量列入審查。舉例來說，程式碼的行數度量或虛擬程式碼的複雜度，或許能協助審查者對於降低複雜度所做的修改，迅速做出審查決定。

　　技術審查也是其他可加以測試之提議評量的對照標準。如果評量沒有比技術審查更好、費用更低、或更迅速，那你何必去評量？我有一位客戶發明這句口號：

技術審查是評量的瑞士刀。

18.4 心得與應用上的變化

1. 人們常問：「適合審查的候選產品最小規模為何？」任何明白巨大損失的共通模式的人都了解：

   單一位元就是能加以審查的產品最小規模。

2. 從審查候選產品所花費的時間多寡，你可以學到許多。「很好、很不好的」候選產品都比「不好不壞的」候選產品更容易審查，因此審查所花的時間較少。如果要花許多時間審查候選產品，或許表示候選產品缺少下列某項特性：

   - 可見性
   - 穩定性
   - 可理解性

   你可以考慮宣布資料「無法加以審查」，並且要求一旦資料呈現方式經過改善，就再次進行審查。畢竟，如果候選產品成為產品，在產品壽命期間內，還有許多人必須審查這項產品。

3. 在某些變化無常型和照章行事型（模式1和模式2）的機構中，技術審查可能效力不彰，因為沒有人想給予同儕的候選產品一個不好的評價。在這種情況下，你或許想考慮我同事 Norm Kerth 的

做法：跟產品開發者一起進行非正式審查，為後續的正式審查做好準備。這種非正式審查的一切經過都不會向管理階層報告，但是審查結果可以回饋給產品開發者，進而改善產品與過程。

4. 人們常問的另一個問題是：「既然我們無法同時審查每件事，我們應該從哪裏開始審查？」這個問題有兩個很好的答案：

a. 從那些不可能出錯的改變開始審查。

b. 從審查時程大幅落後的候選產品開始審查。

如果你尚未進行任何審查，那麼這兩個起始點會避免你的組織面臨最慘重的損失。如果你已經進行審查，至少可以讓別人知道你為什麼進行審查。

18.5 摘要

✓ 技術審查是第零級評量的關鍵要素──也是較高等級評量的關鍵要素──因為審查者勇於面對令人不悅的事實。公開的專案進度海報則可釐清技術審查在專案管理中的角色。

✓ 即使測試並未去除所有缺陷，審查還是有助於改善時程績效，因為審查比機器測試更早把許多缺陷去除掉。經過審查的專案剛開始似乎進度緩慢，但是因為大幅縮短機器測試的時間，所以實際上可以更早完成整個專案。由於審查早在程式撰寫完成前就發現設計上的缺陷，所以也能避免許多程式重新改寫。

✓ 審查不是測試的替代品，只是具有特殊性質的另一種測試。早在進行機器測試前，就可以進行審查。審查以與機器測試不同的切入點找出缺陷，而且設立審查不需要什麼投資，在時間或資源方面都是這樣。

✓ 除了擁有測試的所有好處，審查還能在測試時進行教導。參與審查者在審查中學到技術問題、學習了解自己與他人。因此，雖然審查似乎是針對產品進行，但是長遠來看，審查主要影響到整個過程。

✓ 針對每項審查的技術審查摘要報告都保存在專案歷史檔案中，這份報告告訴經理人有關候選產品的評量他們必須知道哪些事。技術審查摘要報告記載評量如何完成——說明評量的背景並準確提供以明確用語管理專案所需的資訊。

✓ 審查者對於候選產品的品質可能做出的判斷包括：接受現狀、接受些微修改、需要重大修改、需要重做一遍、或是審查並未完成。

✓ 為確保控制專案所需的審慎判斷，在達成結論時請考慮幾項關鍵原則：

- 始終採取最審慎的選擇。
- 傾聽不同的意見。
- 注意簽名時的反應。
- 留意重新討論問題的意圖。
- 察覺並詳查強烈的情緒反應。

藉由遵照這些原則，組織可以獲得可靠的評量，進而降低整個專案失敗的風險。

✓ 任何工作的候選產品也可以加以審查，如果不能加以審查，就不算是一項工作。其他評量或許是最重要的候選產品，因為每一項評量畢竟都要以某人或某些人的意見為依據。技術審查是將這種依存關係正式化的一個方式，這樣所有評量的可靠性都能為人所知。

✓ 技術審查也是其他可加以測試之提議評量在效率或效益上的對照
標準。

18.6 練習

1. 如同本書的審閱者Mike Dedolph和Dawn Guido所建議：在小團
   體中，為監控並追蹤審查時發現的缺陷，你可提出要做三種評量
   （可以從第十五章的內容中挑選）。然後，

   a. 討論要有效利用這些評量，整個過程需要做什麼改變。

   b. 重新設計本章提出的審查表格，以配合任何所需的新資料。

   c. 為整個資料設計一個訓練方案。

   d. 進行一次資料審查，利用資料本身來記錄結果。引進一些外
      部人員參與審查。

   e. 評估你的工作並建議改善事項。

2. 為目前進行的專案計畫進行一次「可衡量性」的審查。

3. 為所屬組織採用的一些評量過程，進行一次技術審查。

19
以需求做為評量的基礎

不可靠性第零法則：如果系統不必可靠，那麼無論系統的目標是什麼你都能達成。

如果專案的品質（如可靠性即為一例）未明訂清楚，那麼你就可以用更短的時間完成專案，因為你可以把專案在品質上的需求解讀為「到了專案截止日，不管開發的進展如何，只要把手上的東西交出去都算是符合品質的要求」。抱定這樣的態度，當有人開始提出抱怨時，你再用無辜的口氣說：「喔！原來你們希望兩次功能失常之間至少要間隔兩分鐘啊！」那麼你就一勞永逸地解決了專案截止期限的問題。當然，你必須有心理準備要訂出新的時程以及能夠將品質提升到顧客要求的水準的計畫，而那時候你才第一次弄清楚顧客要的是什麼。[1]

——湯姆・吉爾伯（Tom Gilb）

技術審查是專案事項的根本評量，是其他所有評量的基礎。技術審查不會是絕對的評量，而是自始至終具有相對性的評量。技術審查跟什麼有關，完全取決於需求過程。在這一章裏，我不想重複

其他地方可以找到的資訊[2]，而是要把需求過程視為第零級評量方案的一個基礎。

19.1　第零法則與第零級評量

在這裏，我想引述吉爾伯對於他所稱「溫伯格的不可靠性第零法則」（Weinberg's Zeroth Law of Unreliability）的看法。首先，這個看法跟本章內容有關；但更重要的是，我記得這是我唯一一次辯贏吉爾伯。在他發表〈吉爾伯的不可靠性法則〉（Gilb's Laws of Unreliability）後，我發表評論說，吉爾伯漏掉了「第零法則」（Zeroth Law）這個最重要的字眼。吉爾伯辯稱說沒有人會笨到連第零法則都不知道，但是一年後他承認他的客戶似乎大部分都不知道第零法則。而且，他們還拼命努力維持對這項法則的無知，也讓他們的顧客對此毫無所悉，這樣他們就能運用吉爾伯在先前引文中提到的逃避手段。

不可靠性第零法則只是「軟體工程第零法則」的一個特例。軟體工程第零法則說：「如果你不在乎品質，那麼無論目標是什麼你都能達成。」

第零法則和第零級評量之間也有很明顯的關係。如同吉爾伯所說：

> 有許多品質特性可能對成本和時程造成極大的影響。只要其中一項特性沒有清楚詳述，就能讓你有機可乘。[3]

對軟體經理人來說，不管他們把專案管理得多麼糟糕，「有機可乘」都讓他們有機會能夠符合預算及時程。任何想避免清楚詳述自己正在開發什麼的人，就可以運用這個技倆，這可以讓所有的評量變成毫無意義。我的軍事顧問 Dawn Guido 和 Mike Dedolph 做出以下的觀察：

一直以來，軍事合約承包系統的規定都呈現出這種情況。在此列出公法（Public Law）對我們的一些限制：

- 沒有明確的需求，我們就無法獲得資助。
- 我們事先預測未來三到五年的需求，並且依此預估預算。
- 我們不能生產民間產業能夠生產的物品。
- 我們必須以公開競標方式取得所需的物品。
- 除非有經費，我們才會將工作發包出去。

原來，事情是這樣運作的：我們進行一項初步調查以證實需求。根據這項初步調查，我們預估成本並編列預算。之後在某個時刻，我們獲得批准把工作發包出去。我們撰寫需求建議書（request for proposal, RFP）並加以公告，邀請廠商幫我們開發產品。

接下來就是對需求進行實際的打量。在競標過程的這個部分，承包商會對需求進行嚴謹的分析。他們盡可能找出每一項漏洞和模糊不清之處。在這個過程中，承包商要求釐清他們對於需求建議書還不清楚的地方。然後，我們裁定最後得標廠商——通常是出價最低的那一家。

至於大型專案，從構想到設計的整個過程可能要花五年或五年以上的時間。雖然這一切正在進行，但是世界並非靜止不動的，即使最高階的需求也會有所改變。承包商會針對不在原始合約範圍內的事項，引用漏洞和遺漏事項做為「工程變更提案」（Engineering Change Proposal），以彌補低價得標所產生的損失。他們當然可以因為各項工程變更而獲得一筆費用。[4]

雖然取得需求有各種不同的做法，但是其目的只有一個：把模糊的願望變成顧客需求的明確陳述。然後你可以拿這些陳述來比較手上的產

品和顧客想要的產品——這就是任何回饋控制過程的基本評量。

19.2　為什麼以需求做為評量的基礎？

現在或許是以實例來說明沒有需求的審查會發生什麼事的好時機。我以客戶寄給我的這封信為例，這位客戶剛參加過我主講的審查主導者訓練研討會：

> 寄件人：比爾
>
> 收件人：溫伯格
>
> 主旨：設計審查案例之始末
>
> 我最近參加M專案的第一次設計審查，這次審查的主旨是記憶體管理，尤其是指讓虛擬記憶體有效執行的資料置換記憶體（data swapper）。當時我對M專案所知甚少，但是不想因為自己的無知而引起紛亂，所以我不太擔心這次審查的重大目的（對此我根本一無所知），反而只專注於執行面。
>
> 　　這次審查進行超過一個小時，也討論到一些執行細節，包括：作業系統的限制，以及作業系統對設計有何限制。最後，我們討論二種不同的設計，也檢視如何在二種不同設計之間做取捨。為了更了解該如何取捨，我天真地提問，我們在任何特定時刻打算配置多少物件。小組成員互看對方想找出答案，但是沒有人知道。既然這個問題不是那麼重要，我準備接受把這個問題當成「未知」並繼續進行討論。幸好，有人（我忘記是誰）知道要深入探討這個問題，並查明誰正在打算使用這個虛擬記憶體。經過一些討論後，大家知道沒有人打算使用這個記憶體；但是原本

大家都以為有人會用到這個記憶體。顯然，這個假定已經存在了一段時間。本來小組所有成員都被徵詢過，但是大家都針對一般假定情況作回答，而不是依據本身的需求來回答。

　　這次的設計審查決定撤除虛擬記憶體經理一職。我從這次審查學到的最重要事情是：審查開始時，我不應該擔心問笨問題會讓自己出糗。如果在審查開始時，我就提出簡單問題（「這次審查的目的是什麼？誰會用到這個記憶體？」），我們就可以省下一小時的時間。

我唯一不認同比爾的是，他說的最後一句話實在太過謙虛。換作是我，我會這樣說：如果一開始進行專案時，他就提出一些簡單問題（「這個專案的目的是什麼？誰會用到這個專案？」），他們就可能省下好幾個月的時間。

　　在此要討論的主題是第零級評量，但是我想我們應該認識一種等級更低的評量。比第零級評量等級更低的是我所說的負級評量（negative-order measurement），這比不做任何評量還要糟糕。比爾的故事就是說明這種負級評量的一個實例：猜測。如果你沒有一套制度利用某種需求過程來起始工作，那麼技術審查制度也就沒什麼意義。你固然可以去檢查許多內部執行細節，如果碰巧被你猜對了真正的需求，那麼這樣的審查結論也算是有意義。但是，你猜對需求的機率有多大？在大多數情況下，別碰那個專案，反而會讓你好過些。

19.3 需求的過程模型

人們難以接受需求過程的一個原因是：瀑布式模型（Waterfall Model）

和其他線性過程模型，是以這種方式來描述需求過程的：

我們第一步先做好需求；然後才走整個軟體生命週期。

當世界碰巧這樣運作時，這是一個絕佳模型，但是這個世界很少如此運作。大多數情況下——尤其是在專案的任何一個時期——隨著專案正在進行，世界持續產生新的潛在需求。如圖19-1提醒我們，需求開發人員要跟軟體開發人員以及該產品的所有使用者，持續不斷地進行對話。如果需求狀態不能被觀察，專案就會在無人知曉的情況下偏離本身的需求。另外，由於沒有人注意到評量的標準已經改變了，所以經由審查過程所做的評量也變得沒有意義。

　　另一方面，圖19-1並不表示整個過程是不受控制的改變——對話就是對話，不是任何一方各說各話。雖然實際上系統在被停止使用前是不會結束的，但是事實上，專案終究要完工，所以這些對話終究會結束。如果你曾經做完專案，你就知道一連串的近似需求，最後必須縮小為你可以完成它並開始運作的東西。然後，當你使用這套系統

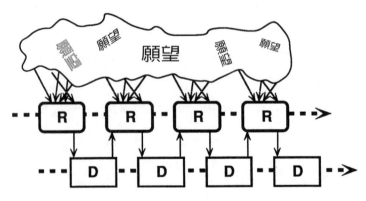

圖19-1　這個世界不會停止產生需求，好讓我們可以比較輕鬆地開發產品。實際上，需求過程（R）會跟任何開發過程（D）並行進展。

時，需求過程會繼續進行，開發過程也繼續進行。

我相信這個觀點和一般將開發與維護一分為二的二分法是不同的；那種二分法是一種幻覺。其實，系統在被停止使用前，開發工作絕不可能結束。我想到拿破崙在一八○三年開始興建從法國通往義大利的聖伯納隧道（St. Bernard Pass）。這條隧道開通以來，就年年通車（不論戰時或平時），也年年進行一些維護或修建。

19.3.1 渾然不知型和變化無常型的文化

在所有軟體文化中，需求定義的過程總是跟軟體開發過程並行，但是各種模式的需求過程卻大不相同。

在渾然不知型（模式0）的文化中，需求過程只在開發者的腦海裏打轉。在變化無常型（模式1）的機構裏，需求過程則在顧客和開發者之間來回進行。

19.3.2 照章行事型的文化

在照章行事型（模式2）的機構裏，需求過程跟開發過程並行發展。如果專案規模較小也進行得很順利，那麼需求過程和開發過程都會相當短暫，讓這種並行現象幾乎不引人注意。當照章行事型機構的成員確實注意到這種現象時，這就是他們開始邁向把穩方向型（模式3）機構的時機，不然，他們應該把專案規模縮小一點，到自己的機構文化可以處理的程度。

照章行事型文化可能會認為需求過程沒有軟體開發過程來得重要，例如，模式2的一個普遍問題是：在危機時就忽略需求。觀察到這項失誤的人很快就知道，在這種環境下根本不會認真看待品質。

如果這種文化的過程模型認為需求過程不重要，那麼就不會對此

做任何規畫，也不會編列任何資源，沒有人專職負責，這方面的訓練似乎也不重要，而且好像沒必要使用任何工具。結果，開發過程就會不受控制，而這正是許多照章行事型機構所發生的情況。

19.3.3 把穩方向型的文化

在把穩方向型（模式3）的機構裏，大家都領悟到需求過程和開發過程必須並行進展，而且這兩個過程是互相控制的回饋過程（如圖19-2）。有關新需求的構想（願望）產生時，就回饋到軟體開發過程，同時軟體開發過程本身也產生構想，與外部產生的願望互相競爭。

　　利用這種互相控制的過程，每一個需求階段的目的是：把需求與產品之間的分歧縮小到一個可工作的程度——而不是把所有的分歧都消滅掉。零分歧是不可能的，因為被開發的產品是一個移動的標靶。分歧太大當然會產生一個不穩定的過程，即使迅速做出小幅修正也不足以讓一切回歸正軌。換句話說，模式3的需求過程本來就是一個受控制的回饋過程，其產物跟軟體產品具有同等的重要性。

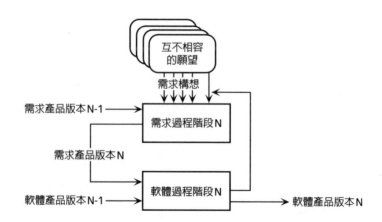

圖 19-2　需求定義和軟體開發是互相控制的過程，個自的構想也會彼此影響。

19.3.4 *需求漏洞*

就算組織認真看待需求，需求過程也可能被漏洞（leakage）破壞——新需求在不受控制的情況下出現。在此舉出一些實例說明需求出現漏洞波及專案的一些方式，這些例子都是某位顧客針對需求漏洞調查所做的回應：

- 專案計畫或營運計畫已指定需求的優先順序，但是計畫太含糊不清，以致於實際上任何人都能指定任何事的優先順序。
- 行銷人員要求新增功能或只有跟顧客提及，或是把這些訊息置入廣告文件中。
- 程式設計師自認為擁有產業資深經驗而充滿自信，他們自行做出決定，而且沒有告知任何人。
- 人們在檢視由更複雜的軟體組織所生產的產品時，就知道自家產品必須做什麼。
- 在商展時，配銷商要求新增功能，而且他們的談話剛好被建置這些新增功能的程式設計師聽到。
- 特定顧客（通常是大型顧客）要求新增功能，而且這項要求無法加以婉拒。
- 賣出許多系統且與程式設計師經常直接溝通的系統整合廠商要求新增功能。
- 管理階層要求新增功能，或許是偶然間提到「如果我們這樣做，可能很不錯」。
- 程式設計師自行針對「什麼事可能對顧客有幫助」做出審慎考量，而加入新增功能。
- 程式設計師在程式中寫入新增功能做為權宜之計，後來這些

新增功能就變成必須維護的功能。

- 外包程式設計師在程式中寫入新增功能，我們後來才發現這件事。

- 錯誤已經造成，產品也已經上市，我們必須善後。

- 硬體工程師無法做到的功能就推給軟體需求。

- 在軟體中針對硬體缺陷做修正，以避免必須重新設計和重製晶片。

- 改變範圍以因應競爭者目前採取的做法。

- 改變範圍以因應外界某軟體公司為了支援或取代本公司產品功能而提供的功能。而這些功能是我們（本公司）的「良心」。

- 測試的異常報告（anomaly report）導致變更程式碼。

- 顧客變更需求的異常報告導致變更程式碼。

- 在議價時以新增功能做為議價優勢。

- 接獲來電要求而變更程式碼，但是並未記錄來電者是誰。

- 為符合內部標準（意即與同時改變的其他產品相容）而必須進行的改變。

- 因為產業標準而必須進行的改變。但這部分還有可能再改變，或者我們對這部分的認知也可能改變。

- 因為國際標準而必須進行的改變。這部分也有可能再改變，或者我們對這部分的認知也可能改變。

- 因為特定國家之標準而必須進行的改變。這部分也有可能再改變，或者我們對這部分的認知也可能改變。

- 為配合組織變革而必須進行的改變（例如：其他專案受到管理高層的許可，因此必須調整不同需求的優先順序，以處理不同的工作組合）。[5]

這些漏洞所造成的結果是：在需求過程應該結束之後，需求卻繼續成長87%。其他組織表示，從凍結本身需求那個時候起，通常會看到需求成長50%到75%。我的軍事顧問告訴我，有一份未公開的報告指出，十四個大型專案的軟體需求平均有100%的成長——15%的需求源自主要承包商，10%到25%的需求源自分包商，50%到75%的需求源自顧客——美國空軍。

19.4 起始工作認可報告

與其讓你的專案依賴猜測來評量需求，你可以藉由將漏洞轉變成可控制的需求，把評量提高到第零級。要堵住漏洞，你必須制定一項簡單程序。在任何人可以開始進行公開的專案進度海報上的工作前，必須先簽署一份起始工作認可報告（Startup Task Acceptance Report, STARt, 如圖 19-3），並且將這份報告保存在專案歷史檔案中。這樣做可以確保你在開始進行一項工作前，把必備條件都準備妥當。唯有備妥必備條件，工作單元前方的欄位才會呈現綠色。在工作結束時，技術審查摘要報告與起始工作認可報告一併存檔。這二份報告是任何工作所需的第零級必備文件。

由於需求的可能來源很多，包括：資訊（需求、規格、合約及文件的取得）、資源（特殊技能人才、資金、硬體、軟體、工作空間和管理階層的支持）、以及基礎設施（標準、作業系統、工具、傢俱、辦公設備、電子郵件、以及組態管理支援），因此需要起始工作認可報告。

為了協調這些來源之間的衝突，工作起始還包括許多人之間的協商過程。起始工作認可報告會確認在協商過程中所同意的事項。沒有

起始工作認可報告

工作號碼：＿＿＿＿＿＿＿＿＿＿＿　日期：＿＿＿＿＿＿＿＿＿

需求編號RQ-＿＿＿＿＿＿＿＿＿＿＿＿＿＿＿＿＿＿＿＿＿＿

報告製作人：＿＿＿＿＿＿＿＿＿＿＿＿＿＿＿＿＿＿＿＿＿

概要說明：＿＿＿＿＿＿＿＿＿＿＿＿＿＿＿＿＿＿＿＿＿＿＿

＿＿＿＿＿＿＿＿＿＿＿＿＿＿＿＿＿＿＿＿＿＿＿＿＿＿＿＿

用於起始工作所需之資源（若以附表說明請在此勾選□）

項目　　　　　　　　　　　　　　説明

□＿＿＿＿＿＿＿＿＿＿＿　　　　＿＿＿＿＿＿＿＿＿＿

□＿＿＿＿＿＿＿＿＿＿＿　　　　＿＿＿＿＿＿＿＿＿＿

□＿＿＿＿＿＿＿＿＿＿＿　　　　＿＿＿＿＿＿＿＿＿＿

□＿＿＿＿＿＿＿＿＿＿＿　　　　＿＿＿＿＿＿＿＿＿＿

□＿＿＿＿＿＿＿＿＿＿＿　　　　＿＿＿＿＿＿＿＿＿＿

□＿＿＿＿＿＿＿＿＿＿＿　　　　＿＿＿＿＿＿＿＿＿＿

□＿＿＿＿＿＿＿＿＿＿＿　　　　＿＿＿＿＿＿＿＿＿＿

□＿＿＿＿＿＿＿＿＿＿＿　　　　＿＿＿＿＿＿＿＿＿＿

□＿＿＿＿＿＿＿＿＿＿＿　　　　＿＿＿＿＿＿＿＿＿＿

□＿＿＿＿＿＿＿＿＿＿＿　　　　＿＿＿＿＿＿＿＿＿＿

□＿＿＿＿＿＿＿＿＿＿＿　　　　＿＿＿＿＿＿＿＿＿＿

上述資源包含起始這項工作所需的一切。我在這份報告上簽名表示我個人對於這些可用資源感到滿意，我可以利用這些資源達到完成這些工作所需的品質水準。

簽名

＿＿＿＿＿＿＿＿＿＿＿＿＿＿＿

如果未簽名，請勾選原因：

□資源遺漏

□資源不在可接受的品質水準

□其他

詳述原因：

圖19-3　起始工作認可報告（STARt）範例

出現在起始工作認可報告的需求部分的事項，就不是工作的必備條件。所以，一旦有人想變更某項工作的需求，就必須協商一份新的起始工作認可報告。公開的專案進度海報可以避免有人想在無人知曉的情況下控制需求，祕密進行這類協商。

如果只有審查卻沒有起始工作認可報告，雖然你知道你在何時完成了一項工作，但是在公開的專案進度海報上顯示正在進行的任何工作，都會變成是不可靠的評量。利用起始工作認可報告，你知道開發者以自己的專業聲譽做賭注，保證已備妥執行工作所需的東西。在起始工作認可報告上簽名的效力，就跟在技術審查報告上簽名的效力一樣有效。簽名迫使每一位參與者在關鍵時刻處於全神貫注的狀態。

起始工作認可報告確保了溝通的品質得以維持高水準：

- 由一個特定而且透明的過程來維持資訊品質。
- 資訊經過協調。
- 資訊是公開的。
- 可能需要資訊的每位人士都能取得資訊。
- 人們從參與這個過程而獲得學習，因此過程會逐漸改善。

起始工作認可報告代表了提供工作者與接受工作者之間的承諾。尤其是，這個報告承諾不再進行本章引文裏吉爾伯所說的那種遊戲。運用起始工作認可報告文件確實代表了顧客與開發者之間開始一種新關係，等到這種做法變成一種習慣，就表示一個新的軟體工程文化的開始。

19.5 心得與應用上的變化

1. 起始工作認可報告也列出資源。在控制論的模型中，資源和需求是軟體開發過程的兩種控制輸入。基於專案管理的考量，經理人當然必須確定各項工作具備足夠的可用資源。在此我並未強調資源，因為大多數專案管理教科書已經涵蓋這項主題，也因為資源並不像需求那樣被列入評量方案。當然，如果你想要量測資源消耗和預算並加以比較，那麼你當然要具備某種起始工作認可報告，才能讓那些評量有意義。

2. 當你對於該把什麼事項列入起始工作認可報告有任何疑惑時，商業合約就是釐清這個疑惑的好方法。如果軟體工作要由某個獨立業者完成，那麼合約中該列出哪些事項？由誰提供人力？由誰付錢購買機器？有多少資金易手、在什麼時候？究竟要開發什麼？在小公司裏、針對一般性質工作、或顧客已多次運用這種做法時，合約可以保證許多事。但是當情況改變，合約過程就必須變得更詳盡。要特別注意的是，別讓合約詳盡到像跟軍方做生意一樣。

3. 許多不同的軟體開發過程可以用需求過程的投資時機相對於開發過程的投資時機，來加以區別。舉例來說，在瀑布式模型中，首先將所有資源投入需求，然後再將所有資源投入開發。用原型來幫助開發（prototyping）時有一種變通的做法是，需求和建造階段同時消耗資源。用原型來幫助開發的另一種做法是，先建造出原型以取得需求，然後再把結果交給建造階段（這就跟瀑布式模型類似）。當然，如果是用拼命寫程式（hacking）的方法來開發系統，先進行的是建造階段，然後才是需求階段（如果還有這麼

一個階段的話）。

4. 我的同事 Mathieu Baissac 告訴我一個跟需求有關的驚人故事：
「有一位程式設計師想要對一份制式報告做一些更動，他決定跟
使用者談一談。當他設法找出使用者時，卻發現使用者早在四年
前就過世了。使用者所屬單位的人員表示：『是的，我們注意到
我們一直收到這份報告，我們也想知道該如何處理這份報告。』」
這個故事讓我們聯想到第零級評量的最簡單形式，只需要一個位
元就行了：你的使用者還活著嗎？如果你不知道答案，就在進一
步進行專案之前先把答案找出來。

19.6 摘要

✓ 技術審查不會是絕對的評量，而是自始至終具有相對性的評量。

✓ 不可靠性第零法則只是「軟體工程第零法則」的一個特例。軟體
工程第零法則說：「如果你不在乎品質，那麼無論目標是什麼你
都能達成。」

✓ 任何需求過程的目的，就是要把模糊的願望變成顧客需求的清楚
陳述。我們可以拿這些陳述來比較手上的產品和顧客想要的產品
──這就是任何回饋控制過程的基本評量。

✓ 負級評量比沒有做任何評量還糟糕。猜測需求就是負級評量的一
個例子。

✓ 這個世界很少以瀑布式模型和其他線性過程模型要求的那種方式
運作，而是會在專案進行時繼續產生新的需求。需求開發過程會
持續跟軟體開發過程以及產品的所有使用者進行對話。

✓ 如果需求狀態無法被觀察，專案就會在無人知曉的情況下偏離本

身的需求。另外，由於沒有人注意到評量標準已經改變，所以經
由審查過程所做的評量也變得沒有意義。

✓ 需求定義的過程總是跟軟體開發過程並行進展，但是各種模式的
需求過程卻大不相同。

✓ 照章行事型（模式2）的文化可能傳遞這種訊息：需求過程沒有
軟體開發過程來得重要。因此沒有努力做好規畫，也不會編列任
何資源，沒有人專職負責，這方面的訓練似乎並不重要，而且好
像沒有必要用到任何工具。結果，需求過程根本不存在，開發過
程就不受控制。

✓ 把穩方向型（模式3）的需求過程本來就是一個受控制的回饋過
程──需求過程的產物跟軟體產品具有同等的重要性。

✓ 就算組織認真看待需求，需求過程也可能會被漏洞破壞。針對漏
洞所做的調查就可能找出數十個讓需求改變且不受控制的方式。

✓ 由於需求的可能來源很多，因此第零級評量必須將漏洞轉變成可
控制的需求。透過起始工作認可報告（STARt）的運用，就是開
始這個過程的一種方式。

✓ 利用起始工作認可報告，你知道開發者以自己的專業聲譽做賭
注，保證已備妥執行工作所需的東西。簽名迫使每一位參與者在
關鍵時刻處於全神貫注的狀態，所以彼此之間就能維持高品質的
溝通。

19.7 練習

1. Dawn Guido 和 Mike Dedolph 建議學生列出十年後所居住宅的所
有需求。請試著回答看看，然後想想是住宅或是大型軟體系統比

較複雜？

2. 我把這個練習做了一些改變：提出你認為理想座車的詳細規格。我會出錢做出這輛車──條件是你同意一直開這輛車達二萬五千哩為止，而且你所開出的需求都不允許變更──結果沒有人接受我的提議。這跟你知道的軟體系統和流程有何關係？

3. 對於你所進行的專案，你如何評量需求增加的數量？你如何開始進行一項需求漏洞調查？你認為你會發現什麼？

4. 如同Dawn Guido和Mike Dedolph所建議：請找出要在所屬組織開始進行一項設計工作的所需事項。你的組織已經備妥怎樣的評量，以確保資料的品質？應該把哪些評量準備妥當？

5. 如果你的組織的軟體過程是使用階段式模型（staged model，例如：瀑布式模型），請找出起始工作認可報告各階段所需的事項。設計一份事項查核清單，列出任何專案要起始某階段的必須事項。把可能需要、但未必是每一個專案都需要的事項，列在一大張清單上。你的組織已經備妥怎樣的評量，以確保資料的品質？應該把哪些評量準備妥當？

20
開路先鋒

與夏威夷相鄰的太平洋占地球表面積的三分之一，也超過地球表面陸地的總面積。太平洋的面積中有千分之五為陸地，其他部分全為海洋。陸地部分由超過一萬個島嶼所組成，這些島嶼早在歐洲探險家抵達此地的幾世紀以前就被發現。大規模的出海航行讓人定居在廣大又偏遠的玻里尼西亞三角地帶，也讓虎克船長有可能完成驚人創舉，抵達他口中所說的「地球上最遼闊之國」。玻里尼西亞這個「國家」的人民有共同的語言、文化和遺傳基因，但是他們不識字、未開化、也缺乏西方文明所用的地圖和工具。西方人很難相信當地的開路先鋒早就把遠洋航行當成家常便飯，反觀西方人的祖先們卻害怕突破，死守著自家海岸線，不敢遠洋探險。[1]

—— Harriet Witt-Miller

從許多方面來說，出海航行二千多哩抵達這個環狀珊瑚礁，這項工作跟開發或維護一個大型軟體系統很類似。對於沒有經驗的人來說，這項工作起初看似簡單；之後再仔細思索，這項工作變得極為複雜且相當危險。不過，對開路先鋒來說，這兩項工作需要同樣的

觀察力。

　　獨自一人在一望無際的太平洋上，玻里尼西亞的開路先鋒以（相較於其他文化）驚人的準確性領航。同樣地，一些軟體工程經理人能夠以（相較於觀察力較低的經理人）驚人的品質成效，來把穩專案進行的方向。

　　玻里尼西亞的開路先鋒利用波浪起伏；天空中的雲朵、雲朵的形成、亮度和顏色；太陽、月亮和星星的位置；海流和溫度的變化；鳥群及其飛翔模式；獨木舟的上下顛簸和搖晃程度；以及西方人並不了解的其他微妙評量，在一望無際的太平洋上航行。

　　軟體工程的開路先鋒利用其他人簽署表格時的呼吸變化和些微猶豫、公開的專案進度海報上的顏色與模式、開會時與會成員採取的立場、人們因應失敗時的改變、緊張得汗流浹背和燒焦的咖啡、交付日期的偏離、活動與怠惰的模式、語調與說話速度、以及觀察力較差的經理人可能從未理解的其他微妙評量，來把穩專案的進展方向。

　　既然你已經看完這本書，你已經完成了成為軟體開路先鋒這個偉大航程的一小部分。在下一個階段，你要爬上獨木舟的帆桅揚帆啟航，開啟你的感官，心智清明地解讀與學習。

　　你可以放心，當你就要落海時會有一大群平地居民站在海邊大喊，因此你要覺察自己的感受，把穩方向朝正確的航線前進。

　　一路順風！

附錄 A
效應圖

把穩方向型（模式3）的經理人具備的一項重要技能就是：有能力根據非線性系統來做推論，而效應圖（diagram of effects）就是為達此目的最好用的工具之一[1]。在圖A-1中，效應圖顯示管理階層對於解決軟體功能失常（亦即系統故障事件或簡稱為STI），施加壓力所產生的效應。我們可以利用下面這個圖形，做為主要標記慣例之範例。

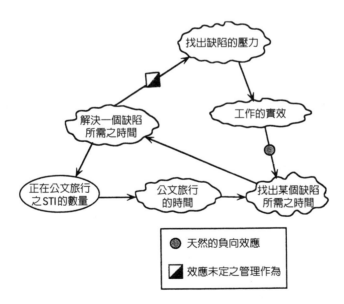

圖A-1　效應圖範例

效應圖主要是由以箭號連結的節點所組成：

1. 每一個節點（node）即代表一個可量測的數量，比方說：公文旅行的時間、工作的實效、找出某個缺陷所在位置所需的時間、或是找出缺陷所在位置的壓力。我喜歡採用「雲狀圖」而不用圓形或長方形，為的是要提醒大家，每一個節點所代表的是一個量測值，而不是像在流程圖、資料流圖之類的圖形中，每一個節點所代表的是一件事物或是一個過程。

2. 這些雲狀節點所代表的可能是實際的量測值，也可能是概念性的量測值（這些事物雖可量測，但目前或許量測的成本太昂貴，或是不值得花費心力去量測，所以尚未加以量測）。不過重點是，這些事物都是可以量測的，也許僅能得到近似值──如果我們願意花點代價的話。

3. 有時我想表明所給的是一個實際的量測值，我會使用一個正橢圓的雲狀圖，如同圖A-1中「正在公文旅行之STI的數量」。然而，在大多數時刻，我是用效應圖來做概念性的分析──而非數學的分析，因此多數的雲狀圖會呈現適度的不規則性。

4. 從某一節點A指向另一個節點B的箭號，要表達的是數量A對於數量B具有某種效應。我們或許知道或推測出這項效應，導致我們從下列三種方式中擇一繪製箭號：

    a. 將這項效應的數學公式列為：

    找出某個缺陷所需的時間＝公文旅行的時間＋其他因素

    b. 從觀察中推論，例如：觀察到人們在管理階層施壓下出現緊張且效率不彰的現象。

    c. 從以往的經驗推論，例如：留意其他專案在缺陷解決時間變

更時，來自管理階層的壓力有何改變。

5. A 與 B 之間的箭號上是否有一個大灰點出現，這個大灰點代表 A 對 B 作用效果的一般趨勢。

   a. 沒有灰點出現，意指若 A 朝某個方向移動，則 B 也會朝相同的方向來移動。（例如：正在公文旅行的 STI 數量愈多，意指公文旅行的時間就愈多；正在公文旅行的 STI 數量愈少，意指公文旅行的時間就愈少。）

   b. 箭號上若有灰點，意指若 A 朝某個方向移動，則 B 會朝相反的方向來移動。（例如：工作的實效愈高意指找出一項缺陷所需的時間愈少；實效愈低意指找出一項缺陷所需的時間愈多。）

6. 效應線上的方塊表示人為干預會決定效應之方向：

   a. 白色方塊代表人為干預讓所影響之評量，與引發變動之原因往同樣的方向來移動（如同沒有灰點的箭號代表往相同方向來移動）。

   b. 灰色方塊代表人為干預讓所影響之評量，與引發變動之原因往相反的方向來移動（如同有灰點的箭號代表往不同方向來移動）。

   c. 灰白相間的方塊代表人為干預可能讓所影響之評量與引發變動之原因，往相同或相反的方向來移動，方向為何端視干預而定。以圖 A-1 的情況來說，對於缺陷解決時間的增加，管理階層可能會對找出缺陷所在位置一事增加壓力或減少壓力。灰白相間的方塊顯示這種動態會依據經理人選擇做何反應而異。

附錄B
薩提爾人際互動模型

根據薩提爾人際互動模型,每個人的內在觀察流程有四大部分:接收訊息、尋思原意、找出含意、做出反應,如圖B-1所示。在此為了說明這個模型,就由我來扮演觀察者的角色。

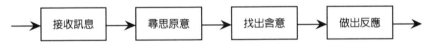

圖B-1 薩提爾人際互動模型的四個基本部分。

接收訊息(Intake)

在薩提爾人際互動模型的第一個部分,我從外界獲取資料。雖然有些人可能認為我以被動參與者的身分碰巧接收訊息,但事實上我有許多選擇可供運用。

尋思原意(Meaning)

接下來,我考慮感官接收的訊息並賦予其意義。這項意義並不存在於資料中,在我提供意義之前,資料是沒有意義的。

找出含意（Significance）

資料可能暗示某些意義，但不會暗示其重點在哪裏。如果沒有這個步驟，我所感受的世界可能會是一個資料模式泛濫的世界。利用這個步驟，我可以讓一些模式具有優先權，並且把其他模式忽略掉。

做出反應（Response）

觀察很少是被動的，它會引發出反應。我不可以也不應該立即對每項觀察做出反應。我總是依據觀察被認定的重要性，對觀察進行嚴密調查並加以保存，做為日後行動的準則。

附錄 C
軟體工程文化模式

這本書大量使用「軟體文化模式」這個構想。為便於參考，我在此將這些模式的各種觀點做一摘要。

據我所知，克勞斯比是把文化模式的概念用於研究工業生產過程的第一人[1]。他發現組成一門技術的各種生產過程並不僅是一種隨機組合，而是由一套有先後關係的模式所組成。

在 Radice 等人的〈程式設計過程之研究〉[2]一文中，將克勞斯比「依品質來分層」的方法應用到軟體開發工作上。軟體工程學會（SEI）鼎鼎大名的軟體品質專家韓福瑞（Watts Humphrey）繼續發揚光大，找出一個軟體機構成長之路上必經之「過程成熟度」的五個等級[3]。

其他軟體觀察者很快發現了韓福瑞的成熟度等級之妙用，例如：後來在 MCC 公司任職的寇蒂斯（Bill Curtis）提出的軟體人力資源成熟度模型（software human resource maturity model），也有五個等級[4]。

這些模型各自代表對同樣現象的觀點。克勞斯比依據在各個模式中發現的管理階層之態度，做為命名其五項模式的主要依據。不過，軟體工程學會所採用的命名跟在各個模式中發現的過程類型比較有關，跟管理階層的態度比較無關。寇蒂斯則依據組織內之對待人員的方式來進行分類。

　　依照我個人在組織方面的工作經驗，我最常使用克勞斯比把重點
放在管理階層及其態度上的文化觀點[5]，但我發現其實各種觀點可於
不同時刻派上用場。以下就是我將各種觀點的資料加以結合所做的摘
要：

模式0　渾然不知型（Oblivious）的文化

其他名稱：在克勞斯比、韓福瑞或寇蒂斯等人的模型中並未出現這個
模式。

本身觀點：「我們都不知道我們正循著一個過程在做事。」

隱喻：步行：當我們想去某個地方時，就起身步行前往。

管理階層的了解與態度：管理階層沒有理解到品質是他們要解決的一
項問題。

問題處理：問題因為大家保持沉默而蒙受損害。

品質立場摘要：「我們沒有品質問題。」

這項模式可成功運作的時刻：要讓這項模式成功運作，個人必須具備
下列三項條件或信念：

✓　「我正在解決我自己的問題。」
✓　「那些問題不大，因為就我所知，技術上是可能解決的。」
✓　「我比別人更清楚我自己要什麼。」

過程成效：成效完全取決於個人。在這種模式中，沒有保存任何紀

錄，所以評量也不存在。因為顧客就是軟體開發人員本身，所以交付給顧客的軟體總是會被接受。

模式1 變化無常型（Variable）的文化

其他名稱： 在克勞斯比的模型中稱為：半信半疑階段（Uncertainty Stage）

在韓福瑞的模型中稱為：啟始（Initial）

在寇蒂斯的模型中稱為：加以聚集（Herded）

本身觀點：「我們全憑當時的感覺來做事。」

隱喻： 騎馬：當我們想去某個地方時，我們就為馬套上馬鞍騎馬出發……如果馬願意合作的話。

管理階層的了解與態度： 管理階層並不了解品質是一項管理工具。

問題處理： 因為問題定義不完備又缺乏解決之道而苦惱。

品質立場摘要：「我們不知道為什麼我們會有品質問題。」

這項模式可成功運作的時刻： 要讓這項模式成功運作，個人必須具備下列三項條件或信念：

✓ 「我跟顧客關係融洽。」
✓ 「我是一個能幹的專業人士。」
✓ 「對我來說，顧客的問題並不大。」

過程成效： 這部分的工作通常是顧客與開發人員之間一對一的工作。在組織裏依據本身功能（如：「這樣做行得通」）來評量品質，在組

織外部則由現有關係來評量品質。情緒、個人關係和模糊的想法或空論主導一切。設計沒有一致性，也沒有規畫撰寫有結構性的程式碼，而且以隨便進行測試的方式去除錯。在這種模式中，有些工作做得很好，有些工作卻做得很奇怪，一切全因個人而異。

模式2　照章行事型（Routine）的文化

其他名稱：在克勞斯比的模型中稱為：覺醒階段（Awakening Stage）

在韓福瑞的模型中稱為：可重複（Repeatable）

在寇蒂斯的模型中稱為：加以管理（Managed）

本身觀點：「我們凡事皆依照工作慣例（除非我們陷入恐慌）。」

隱喻：火車：當我們想去某個地方時，我們找到一輛火車，這輛火車可以容納很多人，而且很有效率……如果我們要去的地方是火車行經之處。火車出軌時，我們就無能為力了。

管理階層的了解與態度：管理階層認同品質管理可能有價值，卻沒有意願提供金錢或時間進行品質管理。

問題處理：組成團隊處理重大問題，但是並未徵求長期解決方案。

品質立場摘要：「有品質問題是絕對必要嗎？如果我們不解決品質問題，或許問題會自動消失。」

這項模式可成功運作的時刻：要讓這項模式成功運作，個人必須具備下列三項條件或信念：

✓　「我們明白問題大到不是一個小團隊就能處理。」

✓　「問題太大，我們無法處理。」

✓　「開發人員必須遵循我們的慣例流程。」

✓　「我們希望我們不會碰到太異常的事。」

過程成效：照章行事型的組織具備程序以協調為工作所付出的努力，組織成員只是遵循程序去做事。以往績效的統計資料並不用來進行改變，只是用來證明自己目前做的每一件事都是依照合理方式去做的。另外，在組織裏並未依據錯誤（bugs）的數目來評量品質。一般來說，這類組織使用由下而上的設計、部分結構化的程式碼，並且藉由測試和修正來去除錯誤。照章行事型的組織有許多成功事蹟，但是也有一些規模龐大的功能失常。

模式3　把穩方向型（Steering）的文化

其他名稱：在克勞斯比的模型中稱為：啟蒙階段（Enlightenment Stage）

　　　　　　在韓福瑞的模型中稱為：加以定義（Defined）

　　　　　　在寇蒂斯的模型中稱為：加以調教（Tailored）

本身觀點：「我們會選擇結果較好的工作程序來行事。」

隱喻：小貨車：關於目的地在哪裏，我們有許多選擇，但是我們通常必須依據規畫路線前進，在路途中也必須把穩方向。

管理階層的了解與態度：管理階層理解到品質是一項管理工具：「透過我們的品質方案，我們對品質管理有更多的了解，也更支持並協助品質管理的進行。」

問題處理：公開面對問題並以井然有序的方式來解決問題。

品質立場摘要：「透過承諾與品質改善，我們正在確認並解決我們的問題。」

這項模式可成功運作的時刻：要讓這項模式成功運作，個人必須具備下列三項條件或信念：

✓　「問題太大，我們知道光靠一個小程序是行不通的。」

✓　「我們的經理人可以跟外界環境協商。」

✓　「我們不接受武斷的預定時程和限制。」

✓　「我們受到挑戰，但是程度在可接受範圍內。」

過程成效：把穩方向型的組織具備總是讓人可以理解的程序，但是這些程序在書面文件上未必有明確的定義，甚至在危機中組織成員還是遵循這些程序行事。在這類組織裏是依據使用者（顧客）的反應、而非依據系統化的方式來評量品質。有些評量完成了，但是大家卻為了哪些評量才有意義而爭論不休。通常，這類組織會利用由上而下的設計、結構化的程式碼，對設計和程式碼進行檢驗，並且採取漸進式發表軟體版本。在專心致力於進行某件事時，這類組織通常能穩坐成功的寶座。

模式4　防範未然型（Anticipating）的文化

其他名稱：在克勞斯比的模型中稱為：明智階段（Wisdom Stage）

在韓福瑞的模型中稱為：加以管理（Managed）

在寇蒂斯的模型中稱為：制度化（Institutionalized）

本身觀點：「我們會參照過往的經驗制定出一套工作範例。」

隱喻：飛機：當我們要去某個地方時，我們可以迅速可靠地搭機前往，而且有空地之處，我們都能搭機前往，不過要採取這種方式一開始需要大筆投資。

管理階層的了解與態度：管理階層了解到品質管理的絕對必要性，也認清個人在持續強調品質管理這方面，所要扮演的角色。

問題處理：問題早在開發過程時就確認出來。所有功能別部門都開誠布公，接受建議與改善。

品質立場摘要：「預防瑕疵是公司作業中的例行部分。」

這項模式可成功運作的時刻：要讓這項模式成功運作，個人必須具備下列三項條件或信念：

✓　「我們有可遵循的程序，而且我們設法改善程序。」
✓　「我們（在組織內部）依據有意義的統計資料來評量品質與成本。」
✓　「我們有明確的流程小組協助進行這個流程。」

過程成效：防範未然型的組織利用複雜的工具和技術，包括：功能理論設計（function-theoretical design）、數學證明及可靠度評量。這類組織即使進行規模龐大的專案也一樣能持續地獲致成功。

模式5　全面關照型（Congruent）的文化

其他名稱：在克勞斯比的模型中稱為：確信階段（Certainty Stage）

在韓福瑞的模型中稱為：最佳化（Optimizing）

在寇蒂斯的模型中稱為：最佳化（Optimizing）

本身觀點：「人人時時刻刻都會參與所有事務的改善工作。」

隱喻：企業號星艦：當我們想去某個地方時，我們可以去以往沒有人去過之處，我們可以帶任何東西去，也可利用超光速飛行到任何地方，只不過目前這一切只出現科幻小說中。

管理階層的了解與態度：品質被管理階層認為是企業體系中一個不可或缺的部分。

問題處理：除了極不尋常的情況外，已經事先把問題預防掉。

品質立場摘要：「我們知道我們為什麼沒有品質問題。」

這項模式可成功運作的時刻：要讓這項模式成功運作，個人必須具備下列三項條件或信念：

✓ 「我們具備持續改善的程序。」

✓ 「我們自動確認並評量所有關鍵的流程變數。」

✓ 「我們的目標是讓顧客滿意，一切以顧客滿意至上。」

過程成效：全面關照型的組織具備其他模式的所有優點，加上又有意願為達到更高品質的水準而投資。這類組織利用顧客滿意度和顧客遇到功能失常之平均時間（十年到一百年不等）來評量品質。顧客喜歡這類型組織提供的高品質，而且會完全信賴。就某方面來說，模式5就像模式0一樣全然地回應顧客，只不過模式5的組織在各方面都做得更好。

附錄D
控制模型

每一種軟體文化模式都有自己獨特的控制模式。對於軟體控制模式的研究,就從這個問題開始:「有需要控制什麼嗎?」在此,我針對這個問題的二個可能答案進行討論。

集成式的控制模型(Aggregate Control Model)指出,如果我們願意花足夠的時間和精力在備用的解決方案上,我們終將獲得我們想要的系統。有時候,這是最實際的做法,或者是我們能想到的唯一做法。

回饋控制的模型(Feedback Control Model)設法以一個更有效率的方式,取得我們想要的系統。控制者依據系統目前在做什麼的相關資訊來控制系統。控制者將這項資訊與為系統所規畫的事項做比較,並且採取有計畫的行動,讓系統的表現更接近計畫。

工程管理的職責是在工程專案中扮演控制者的角色。利用回饋控制的模型,就可以理解工程管理為何遭遇失敗。舉例來說,照章行事型(模式2)的經理人通常缺乏這種理解,這也說明他們為什麼會經歷那麼多品質不佳或失敗的專案。

D.1 集成式的控制模型

想要射中移動的標靶，有一個可以普遍適用的做法，就是集成法（aggregation）的技巧。集成式的控制就像是用霰彈槍來射擊，或者說得更準確些，是用榴霰彈來射擊。如果我們只是想要在足夠隨機的方向裏讓更多的彈片飛過空中，這種方法可以增加我們打中標靶的機會，不管標靶的移動方式為何。

以集成法來解決軟體工程上的問題，大概的意思是，為確保可得到一個好的產品，必須先從大量的專案下手，並從中選出可生產出最好產品的那一個專案。單獨從一家軟體公司的眼光來看，集成法或許不失為在特別環境中，一條可確保成功的途徑。

集成法最常被使用的時機，就是在軟體的採購上。從我們中意的幾個產品中，選出最能符合我們目的的那一個產品。比起只考慮單一的產品，只要我們的挑選程序尚稱合理，最後我們都能找到一個較佳的產品。

有時候，集成法的使用不全然是有意而為之。照章行事型（模式2）的機構經常會在無意間採用一連串的集成法。當第一次試圖建造一套軟體系統時，如果結果不甚令人滿意，就開始進行第二個專案。如果第二次嘗試也沒有好下場，該機構可能會退回第一次的結果，接受它品質不良的現實，當作是一堆爛蘋果中最好的一個。集成法是一種通用策略，不管哪一種軟體文化模式都會用到這項策略。不過，在把穩方向型（模式3）的組織裏，則是更有意識地運用集成法的明確操縱，來協助品質改善。

D.2　回饋控制（控制論）模型

由於集成法猶如用霰彈槍來射擊，回饋控制法（feedback control）就猶如用步槍來射擊。控制論（cybernetics）這一門研究命中率的科學，是每一位軟體工程師都必須了解的一門學問。[1]

D.2.1　受控制的系統：模式0與模式1的焦點

控制論模型是以一個系統應該受到控制的想法為出發點：它有輸入和輸出這兩個部分（圖D-1）。對一個以生產軟體為目的的系統而言，輸出的部分是軟體，再加上「其他的輸出」，其中包括了不屬於該系統直接目的的各樣東西，像是：

- 發揮某一程式語言更大的功能
- 在製作心中所想要的軟體時，同時開發出來的軟體工具
- 能力更強或更弱的開發團隊
- 壓力、懷孕、感冒、快樂
- 對管理階層的憤怒
- 對管理階層的尊敬
- 數以千計的功能失常報告（failure report）
- 個人的績效評核

輸入的部分則有三種主要的類型（三個R）：

- 需求（Requirements）
- 資源（Resources）
- 隨機事件（Randomness）

一個系統所表現出來的行為受到下面這個公式的支配：

行為是由狀態與輸入這兩大條件所決定。

因此，控制不只是取決於我們所輸入的東西（需求和資源）和以某些其他方式進入系統的東西（隨機事件），也取決於系統內部是如何在運作（狀態）。

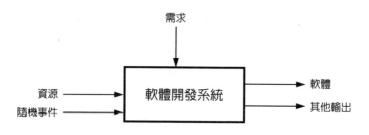

圖 D-1　一個受控制的軟體開發系統之控制論模型。

當模式 1 的機構了解圖 D-1 的涵義後，該圖即可用來代表軟體開發工作的完整模型。其實，該圖的意思是：

a.　「告訴我們你想要的是什麼（而且不要改變你的心意）。」

b.　「提供我們一些資源（而且只要我們開口，你就會一直不停地提供）。」

c.　「不要再來煩我們（也就是說，消除所有隨機事件發生的可能性）。」

這些就是模式 1 機構開發軟體的基本條件，而且只要聽到以上陳述，你就能很有把握地辨認出模式 1 的機構。

如果少掉了 a 項陳述（外在需求），你就會得到可辨認模式 0 的陳

述，模式0已然知道它想要的是什麼，不需要你的幫助，謝謝啦。因此，將圖D-1中需求的箭號消除，將外來直接的控制與系統隔絕開來，該圖即變成一個模式0的圖形。

D.2.2　控制者：模式2的焦點

當我們的軟體開發方式符合模式1的模型，為了達到更高的品質（或價值），我們就必須採取集成式的做法——亦即將更多的資源注入開發系統中。要做到這一點的一個途徑即是，同時啟動好幾個這樣的開發系統，並讓每一個系統都能盡其所能地發揮。然而，如果我們想要對每一個系統都有更多的控制，我們就必須將系統與某種形式的控制者連接起來（圖D-2）。控制者代表了我們想要讓軟體開發工作能夠朝正確的方向前進，所做的一切努力。它也是模式2為解決獲致高品質軟體的問題所添加的東西。

　　控制論在此一水準時，控制者還無法直接取得開發系統內部狀態的資訊。因此，為了能控制情況，控制者必須能夠經由輸入的部分（由控制者出發進入系統的那幾條線），以間接的方式來改變系統內部

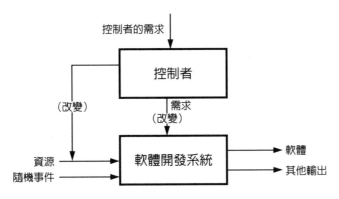

圖D-2　一個軟體開發系統（模式2）的控制者模型。

的狀態。這類可以改變程式設計人員的例子包括：

- 提供訓練課程，讓他們變得更聰明
- 購買工具供他們使用，讓他們看起來更聰明
- 雇用哈佛的畢業生，讓他們變得更聰明（一般而言）
- 提供工作獎金，讓他們工作會更賣力
- 提供他們感興趣的工作，讓他們工作會更賣力
- 開除柏克萊的畢業生，讓其他的人工作會更賣力（一般而言）

對於系統中不受控制的輸入部分（即隨機事件），可加以控制的行動有兩種：改變需求的部分，或改變資源的部分。要注意的是，不論控制者對這些輸入的部分動了什麼手腳，仍然會有隨機的事件進入系統。這正代表了控制者無法完全控制的那些外來事物。某些模式2的經理人一想到這一點，就覺得非常的氣餒。

D.2.3　回饋控制法：模式3的焦點

縮小因感冒（不受控制的輸入部分）而造成損失的一個有效方法，即是一有輕微的感冒症狀出現，就把人趕回家去休養。然而，在圖D-2中的控制者卻無法這麼做，因為他完全不知道系統實際上是如何運作的。一個用途更廣也更有效的控制模型就是圖D-3中的回饋控制模型。在此模型中表現出模式3的控制觀念，控制者有能力對工作的績效（從系統出來並進入控制者的那幾條線）加以評量，並利用評量的結果來幫忙決定下一步的控制行動為何。

　　但是回饋的評量與控制的行動對於達到有效的控制仍有所不足。我們知道，行為取決於狀態與輸入條件這兩樣東西。為使控制的行動有效，模式3的控制者必須擁有的模型，要能夠將狀態和輸入條件與

行為連接起來，亦即該模型要能夠清楚界定「取決於」對此系統的意義為何。

　　整體來說，為了使回饋控制法得以運作，控制系統必須具備：

- 預期狀態（desired state，簡稱為 D）的樣貌
- 觀察實際的狀態（actual state，簡稱為 A）的能力
- 比較狀態 A 與狀態 D 之間差異的能力
- 對系統採取行動使得 A 更趨近於 D 的能力

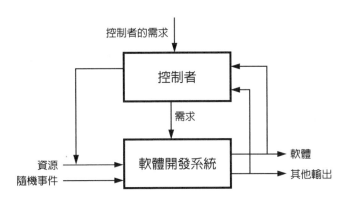

圖 D-3　一個軟體開發系統的回饋模型中，控制者需要有關系統表現的回饋資訊，以便能將之與需求加以比較。有了這樣的模型，才能將模式 3 與模式 0、1、2 區隔開來。模式 4 及 5 所用的也是這樣的模型。

模式 2 所獨有的一種錯誤就是把「控制者」與「經理」之間劃上等號。在模式 3 的模型中，管理工作基本上屬於控制者的責任。想要以回饋控制的方式來管理工程類的專案，經理人必須：

- 為將會發生的事做好規畫
- 對實際正在發生的重大事件進行觀察

- 將觀察所得與原先的規畫相比較

- 採取必要的行動以促使實際的結果更接近原先的規畫

能夠具有一致性地做好這些事的經理人就是我們說的「把穩方向型」經理人。模式3、4、5都需要把穩方向型的管理。對大多數希望從模式0、1、2轉變為模式3、4、5的機構來說，這似乎是限制因素所在。本系列叢書的前三卷就是要激勵組織轉型為把穩方向型的管理。

附錄E
觀察者的三種立場

即使在你做出言行一致（congruent）的反應時，你可能並未處在最佳立場，以便能觀察要有效解決危機你必須做什麼。然而，若是你在危機中能提供以不同觀點獲得的資訊，就是最有效的一種干預。每當身為觀察者的你要採取行動時，你可以選擇要從哪一個「立場」進行你的觀察：自我的立場、別人的立場、或是情境的立場。

自我（局內人）的立場

在你的內心，往外看或往內看。這個立場讓你能夠明白自己的利益為何，你現在為什麼有這樣的行為舉止，也讓你明白你可能對這個情況有何貢獻。若你未能從這種立場進行觀察，你通常會產生討好或超理智（superreasonable）的行為。許多人因為忘記自己應該花時間從自我的立場進行觀察，反而讓自己心力交瘁。

別人（移情作用）的立場

在另一個人的內心，從他（她）的觀點觀察。這個立場讓你有能力了解人們為何做出那種反應。若你未能從這種立場進行觀察，你通常會產生指責別人或超理智的行為。

情境（旁觀者）的立場

由外界，檢視我自己和其他人。這個立場讓你能夠在這種情境下理解事物並整頓事物。若你未能從這種立場進行觀察，你通常會產生打岔（irrelevant）的行為。

沒有人規定你必須採取任何特定的觀察者立場，或是採取任何立場。有時候，你在危機中已經驚慌失措，無法採取觀察者的任何立場。你忽略自己的感受，沒注意到別人正在發生什麼事，也沒有跟整體情勢產生關係。

在管理上，你必須懂得應變，視情況而定採取立場1或立場2或立場3，來進行觀察。如果你無法進入這些觀察者的立場，你可能會身陷困境而且言行不一（你可能出現指責、討好、或表現出超理智或打岔的行為）。這樣的話，你在自己最需要觀察力的時候，卻把自己的某些觀察力放棄掉了。

註解

前言

1. B. Silver, "The RPM3 Software Measurement Paradigm", *Software Quality World,* Vol. 3, No. 2 (1991), pp. 11-15.

2. 可參看的書有W.S. Humphrey, D.H. Kitson, and T.C. Kasse, *The State of Software Engineering Practice: A Preliminary Report*, Carnegie Mellon University Software Engineering Institute, Technical Report CMU/SEI-89-TR-1 (Pittsburgh: 1989).

序文

1. V. Satir et al., *The Satir Model, Family Therapy and Beyond* (Palo Alto, Calif.: Science and Behavior Books, 1991). 我極力推薦這本價值無窮的書。中譯本《薩提爾的家族治療模式》張老師文化出版。

第一章

1. G.M Weinberg, *Quality Software Management, Vol. 1: Systems Thinking* (New York: Dorset House Publishing, 1992). 中譯本《溫伯格的軟體管理學：系統化思考（第一卷）》經濟新潮社出版。

2. Philip B. Crosby, *Quality is Free* (New York: McGraw-Hill, 1979), p. 43. 此書已有修訂版 *Quality Is Still Free* (1995)，中譯本《熱愛品質》由華人戴明學院出版。

3. 請參看附錄C以獲得關於這些態度的更多資訊。

4. R.A. Radice, P.E. Harding, and R.W. Phillips, "A Programming Process Study", *IBM Systems Journal*, Vol. 24, No. 2 (1985), pp. 91-101.

5. W.S. Humphrey, *Managing the Software Process* (Reading, Mass.: Addison-Wesley, 1989).

6. 請參看附錄C以獲得關於過程之類型的更多資訊。

7. J.P. Spradley, *Participant Observation* (New York: Holt, Reinhart and Winston, 1980).

8. SEI process有一個強項，它的調查問卷經常會加以審查和修訂。要得到完整過程的資訊，可參看P. Fowler and S. Rifkin, *Software Engineering Process Group Guide*, Carnegie Mellon University Software Engineering Institute (Pittsburgh: 1990).

9. C. Jones, *A Short History of Function Points and Feature Points* (Cambridge, Mass.: Software Productivity Research, 1988). 這兩個數字是CDE公司和Jones所提供，不是我所提供。

10. 可參看 R. Wernick, *They've Got Your Number* (New York: W.W. Norton & Co., 1956).

11. M. Dedolph and D. Guido 與溫伯格的私人信件往來，1992。

12. M. DePree, *Leadership Is an Art* (New York: Bantam Doubleday Dell Publishing Group, 1989), pp. 98-100. 中譯本《領導的藝術》經濟新潮社出版。此處引自書中第12章。

第二章

1. S. Nakayama, *Academic and Scientific Traditions (in China, Japan, and the West)*, (New York: Columbia University Press, 1984).

2. D.A. Norman, *The Psychology of Everyday Things* (New York: Basic Books, 1988), p. 128. 中譯本《設計＆日常生活》遠流出版。

3. "Software Flaw Cut Off Phones," *USA Today*, July 10, 1991, p. 4B.

4. T.C. Jones, "Measuring Programming Quality and Productivity," *IBM Systems Journal*, Vol. 17, No. 1 (1978).

5. G.M. Weinberg, *An Introduction to General Systems Thinking* (New York: Dorset House Publishing, 2001).

6. D. Huff, *How to Lie with Statistics* (New York: W.W. Norton & Co., 1954). 請注意本書已是第42刷。中譯本《別讓統計數字騙了你》天下文化出版。

7. J. Hyams, *Zen and the Martial Arts* (New York: Bantam Books, 1979).

第三章

1. M. Walton, *The Deming Management Method* (New York: Dodd, Mead & Co., 1986), p. xii (Foreword by W.E. Deming). 中譯本《戴明的管理方法》天下文化出版。

2. See E.R. Tufte, *Envisioning Information* (Cheshire, Conn.: Graphics Press, 1990); E.R. Tufte, *The Visual Display of Quantitative Information* (Cheshire, Conn.: Graphics Press, 1983); B. Robertson, *How to Draw Charts and Diagrams* (Cincinnati: North Light Books, 1988); or N. Holmes, *Guide to Creating Charts and Diagrams* (New York: Watson-Guptill Publications, 1984).

3. 想知道更多有關「音樂」和這類面談的其他面向，請參看G. M. Weinberg, *The Secrets of Consulting* (New York: Dorset House Publishing, 1986), 特別是 Chapter 5, "Seeing What's Not There." 中譯本《顧問成功的祕密》經濟新潮社出版。

4. T. DeMarco and T. Lister, *Peopleware: Productive Projects and Teams* (New York: Dorset House Publishing, 1987). 中譯本《Peopleware》經濟新潮社出版。

第四章

1. M. Walton, *The Deming Management Method* (New York: Dodd, Mead & Co., 1986), p. 98. 想要知道日本人在品質改善方案中所用工具的詳情，亦可參閱 S. Mizuno, ed., *Management for Quality Improvement: The 7 New QC Tools* (Cambridge, Mass.: Productivity Press, 1988).

2. 多數的情況下，限制條件的設定是利用統計品質管制（SQC）的數學模型。依個人的經驗，模式1或2的機構在利用數學方法得到這樣的限制條件時，毫無心理準備要符合必要的數學條件，雖然他們的經理時常相信SQC是另一種具有神奇效力的解決方案。如果你是在模式3或4的機構，你能夠從研讀一本談論可靠度評量（reliability measurement）的好書而獲益良多，例如，J.D. Musa, A. Iannino, and K. Okumoto, *Software Reliability: Measurement, Prediction, Application* (New York: McGraw-Hill, 1987).

第五章

1. G. James, *The Zen of Programming* (Santa Monica, Calif.: Infobooks, 1988), p. 72.

2. F.P. Brooks, Jr., *The Mythical Man-Month* (Reading, Mass.: Addison-Wesley, 1975), p. 24. 中譯本《人月神話》經濟新潮社出版。

第六章

1. L. Smith, *The Journey* (New York: Norton Library, 1965).

2. W.A. Woodward, "Learning to Cure Technical Obsolescence," *Datamation*, Vol. 36, No. 12 (July 15, 1990), pp. 75-76.

3. R.K. Lind and K. Vairavan, "An Experimental Investigation of Software Metrics and Their Relationship to Software Development Effort," *IEEE Transactions on Software Engineering*, May 1989.

4. M. Dedolph 與溫伯格的私人信函，1992。

5. N. Lowell, "Talking with Nathan Lowell,' *Software Quality World*, Vol. 2, No. 2 (1990), pp. 5-6.

6. G. Okimoto and G.M. Weinberg, unpublished studies of OS/360.

第七章

1. 可參考的例子如C. Cerf and V. Navasky, *The Experts Speak: The Definitive Compendium of Authoritative Misinformation* (New York: Pantheon Books, 1984), 本章的引用句來自這本書，書中還有許多名句常被引用。任何對評量法抱持高度興趣的人，每週都該翻閱一遍這本書。

2. P.B. Crosby, *Quality Is Free* (New York: McGraw-Hill, 1979).

3. 請參考G.M. Weinberg, *Quality Software Management, Vol. 1: Systems Thinking* (New York: Dorset House Publishing, 1992) 這本書的第一章對此有完整的討論。

4. 要知道這個方法的完整說明，請參考D.C. Gause and G.M. Weinberg, *Exploring Requirements: Quality Before Design* (New York: Dorset House Publishing, 1989). 中譯本《從需求到設計》經濟新潮社出版。

5. 參看E.R. Tufte, *Envisioning Information* (Chesire, Conn.: Graphics Press, 1990).

6. W.S. Humphrey, *Managing the Software Process* (Reading, Mass.: Addison-Wesley, 1989).

7. J. Akers, IBM Chairman, "John Akers Talks About Quality," *Software Quality World*, Vol. 2, No. 2 (1990), p. 2.

8. Jim Batterson 與溫伯格的私人信函，1992。

9. 可參考的例子如C Jones, *A Short History of Function Points and Feature Points* (Cambridge, Mass.: Software Productivity Research, 1988).

10. 要知道這個主題的完整討論，請參考G.M. Weinberg, *Quality Software Management, Vol. 1: Systems Thinking* (New York: Dorset House Publishing, 1992).

第八章

1. P.B. Crosby, *Quality Is Free* (New York: McGraw-Hill, 1979).

2. B. Henry, "Measuring IS for Business Value," *Datamation*, Vol. 36, No. 7 (April 1, 1990), pp. 89-91.

3. 想得到更多的例子和更詳細的說明，請參看 G.M Weinberg, *Quality Software Management, Vol. 1: Systems Thinking* (New York: Dorset House Publishing, 1992).

4. M. Walton, *The Deming Management Method* (New York: Dodd, Mead & Co., 1986), p. 187.

5. 想要知道製作效應圖的簡單步驟，請參看附錄 A。

6. G.M. Weinberg, "Happy Returns," *Australasian Computerworld*, January 21-February 4, 1983.

7. 有關如何建立類似的價值、請參看 J. von Neumann and O. Morgenstern, *The Theory of Games and Economic Behavior* (Princeton, N.J.: Princeton University Press, 1980).

8. 可參看的例子如：M.M. Lehman and L.A. Belady, *Program Evolution: Processes of Software Change* (Orlando, Fla.: Academic Press, 1985).

第三部

1. M. Twain, *Pudd'nhead Wilson, Pudd'nhead Wilson's New Calendar* (1894), Chapter 27.

第九章

1. J. Hyams, *Zen and the Martial Arts* (New York: Bantam Books, 1979), pp. 77-78.

第十章

1. "Charles T. Fisher III: Using His Silver Spoon to Give NBD Bancorp a

Competitive Edge," *Financial World*, April 4, 1989, p. 76.

第十一章

1. 有許多來源可以學習聆聽的技巧。我在研究所時所做的高等研究是參加一個叫做「溝通科學」的課程，學校要求我們要鑽研任何與人際溝通有關的領域。我記得修過的課程涵蓋心理學、社會學、神經生理學、人類學、語言學、語言病理學、哲學、數學、和計算機科學，所有的領域都有助於我對聆聽過程的了解。

2. Jinny Patterson 與溫伯格的私人信函，1992。

3. 參看本叢書的第一卷《系統化思考》，對此一效應有更完整的解釋。

4. F.P. Brooks, Jr., *The Mythical Man-Month* (Reading, Mass.: Addison-Wesley, 1975). 中譯本《人月神話》經濟新潮社出版。

第四部

1. M. Twain, *Life on the Mississippi*, Chapter 6. 中譯本《密西西比河上的生活》志文出版社出版。

第十三章

1. 南韓合氣道大師 Master Han 所言引述自 J. Hyams, *Zen and the Martial Arts* (New York: Bantam Books, 1979), p. 75.

2. 有關如何將法則轉變成指南的簡短說明，請參閱 G.M. Weinberg, *Becoming a Technical Leader* (New York: Dorset House Publishing, 1986, 中譯本《領導者，該想什麼？》經濟新潮社出版). 有關這項方式為何奏效的更多延伸討論，請參閱薩提爾的著作 *The Satir Model, Family Therapy and Beyond* (Palo Alto, Calif.: Science and Behavior Books, 1991), 中譯本《薩提爾的家族治療模式》張老師文化出版。

第十四章

1. H. Ibsen, *An Enemy of the People*, A. Miller, ed. (New York: Penguin, 1977).

2. 有關糾正辦公設備擺設，請參閱 T. DeMarco and T. Lister, *Peopleware: Productive Projects and Teams* (New York: Dorset House Publishing, 1987), 中譯本《Peopleware》經濟新潮社出版。

3. 有關這些不一致的因應態度請參閱薩提爾的著作，*Making Contact* (Berkeley, Calif.: Celestial Arts, 1976, 中譯本《與人接觸》張老師文化出版)；以及薩提爾的另一本著作，*The Satir Model, Family Therapy and Beyond* (Palo Alto, Calif.: Science and Behavior Books, 1991, 中譯本《薩提爾的家族治療模式》張老師文化出版).

4. D. Weinberg, *Peasant Wisdom* (Berkeley: University of California Press, 1975).

5. 有關彼此文化適應的一項有趣敘述，請參閱 K. Good and D. Chanoff, *Into the Heart: One Man's Pursuit of Love and Knowledge Among the Yanomama* (New York: Simon & Schuster, 1991).

6. T. DeMarco, *Controlling Software Projects* (Englewood Cliffs, N.J.: Prentice-Hall, 1982), p. 138.

第十五章

1. F.P. Brooks, Jr., *The Mythical Man-Month* (Reading, Mass.: Addison-Wesley, 1975), 中譯本《人月神話》經濟新潮社出版，此處引自第一章。

2. J.D. Musa, A. Iannino, and K. Okumoto, *Software Reliability: Measurement, Prediction, Application* (New York: McGraw-Hill, 1987).

3. D. Guido 和 M. Dedolph 與溫伯格的私人信函，1992。

4. 規模對應於複雜度的動態學是說，人腦的容量多半是固定的，但是軟體複雜度的增加速度卻是程式規模的平方。（請參閱《溫伯格的軟體管理學：系統化思考（第 1 卷）》尤其是第九章.)

5. 有關這些模型更詳盡的資料請參閱溫伯格的著作《溫伯格的軟體管理學：系統化思考（第1卷）》由經濟新潮社出版。

6. *Wall Street Journal*, Oct. 3, 1990, p. A7（德州儀器公司〔Texas Instruments〕的廣告）。最後一句話在廣告原文中是加上括弧並以斜體字呈現。

第五部

1. M. Twain, *Pudd'nhead Wilson, Pudd'nhead Wilson's Calendar* (1894), Chapter 19.

第十六章

1. 有關問題定義之粗淺討論詳見D.C. Gause and G.M. Weinberg, *Are Your Lights On? How to Figure Out What the Problem Really Is* (New York: Dorset House Publishing, 1990, 中譯本《你想通了嗎？》經濟新潮社出版). 有關專案定義更詳盡且更具系統性的處理方式，詳見D.C. Gause and G.M. Weinberg, *Exploring Requirements: Quality Before Design* (New York: Dorset House Publishing, 1989, 中譯本《從需求到設計》經濟新潮社出版).

2. 可參閱M. Page-Jones, *Practical Project Management: Restoring Quality to DP Projects and Systems* (New York: Dorset House Publishing, 1985); R.D. Gilbreath, *Winning at Project Management: What Works, What Fails, and Why* (New York: John Wiley & Sons, 1986); T. Cilb, *Principles of Software Engineering Management* (Reading, Mass.: Addison-Wesley, 1988); T. DeMarco, *Controlling Software Projects* (Englewood Cliffs, N.J.: Prentice-Hall, 1982); A.E. Brill, ed., *Techniques of EDP Project Management* (Englewood Cliffs, N.J.: Prentice-Hall, 1985).

第十八章

1. T. Malthus, *On Population* (New York: Modern Library, 1960).

2. 更進一步的資料詳見D.P. Freedman and G.M. Weinberg, *Handbook of Walkthroughs, Inspections, and Technical Reviews*, 3rd ed. (New York: Dorset House Publishing, 1990).

第十九章

1. T. Gilb, *Principles of Software Engineering Management* (Reading, Mass.: Addison-Wesley, 1988), p. 328.

2. 可參閱D.C. Cause and G.M. Weinberg, *Exploring Requirements: Quality Before Design* (New York: Dorset House Publishing, 1989).

3. T. Gilb, op. cit., p. 328.

4. D. Guido和M. Dedolph與溫伯格的私人信函，1992。

5. 與溫伯格的私人信函。

第二十章

1. H. Witt-Miller, "The Soft, Warm, Wet Technology of Native Oceania," *Whole Earth Review*, Fall 1991, pp. 64-69.

附錄A

1. 有關更詳盡的資訊請參閱溫伯格的著作，*Quality Software Management, Vol. 1: Systems Thinking* (New York: Dorset House Publishing, 1992). 中譯本《溫伯格的軟體管理學：系統化思考（第1卷）》經濟新潮社出版。

附錄B

1. 薩提爾的著作，*The Satir Model, Family Therapy and Beyond* (Palo Alto, Calif.: Science and Behavior Books, 1991). 中譯本《薩提爾的家族治療模式》張老師文化出版。

附錄 C

1. P.B. Crosby, *Quality Is Free* (New York: McGraw-Hill, 1979), p. 43.

2. R.A. Radice, P.E. Harding, and R.W Phillips, "A Programming Process Study," *IBM Systems Journal*, Vol. 24, No. 2 (1985), pp. 91-101.

3. WS. Humphrey, *Managing the Software Process* (Reading, Mass.: Addison-Wesley, 1989).

4. B. Curtis, "The Human Element in Software Quality," *Proceedings of the Monterey Conference on Software Quality* (Cambridge, Mass.: Software Productivity Research, 1990).

5. G.M. Weinberg, *Quality Software Management, Vol. 1: Systems Thinking* (New York: Dorset House Publishing, 1992), 中譯本《溫伯格的軟體管理學：系統化思考（第1卷）》經濟新潮社出版。

附錄 D

1. N. Wiener, *Cybernetics, or Control and Communication in the Animal and the Machine*, 2nd ed. (Cambridge, Mass.: MIT Press, 1961).

法則、定律、與原理一覽表

狄馬克原理：你量測什麼，大家就會努力什麼。（頁65）

觀察課，上半部：每一種情況都可提供你許多觀察的方向，但你必須從中選出對的方向來。（頁69）

鼠毛法則：你所觀察到的可能不是直接的，甚至可能找不到合理的解釋，但是只要觀察結果能夠引出正確的控制行動就是可接受的觀察。（頁77）

眼腦法則：某個程度來說，心智能力可彌補觀察上的缺陷。（頁79）

腦眼法則：某個程度來說，觀察能力可彌補心智上的缺陷。（頁79）

合理化原則：你可以設計出一套評量系統來滿足任何你想要得到的結論。（頁80）

評量數字定律：利用評量數字之前，要先去了解評量數字背後的故事。（頁97）

控制論的定律：除非你知道系統的狀態為何，才能夠採取合理的干預措施以控制其表現。（頁74）或是說，沒有可見性，就不必奢談控制。（如果你無法看見，你就無法把穩方向。）（頁99）

瑞典陸軍格言：當地圖和實際的地形不相符時，寧可相信實際的地形。（頁112）

計算程式碼的行數做為一種評量值：任何會觀察到無意義結果的技術，會帶給我們扭曲的事實。（頁113）

資訊定律：每一件事不論還可以歸類成什麼，都是一種資訊。（頁114）

醫生原理：每一個過程都是由人所創造，因此也能夠因人而改變。（頁114）

80-20定律：在現實世界的情況中，大約有80%的變異是由20%的案例所造成。（頁121）

三種解讀的定律：我接收到訊息後，如果我不能想出至少三種不同的解讀，那表示我對於訊息的可能含意還想得不夠透徹。（頁157）

軍方的評量定律：量測時用測微雙腳規，做記號時用粉筆，切割時用斧頭。（頁174）

品質的定義：品質就是隨我喜歡。（頁183）

品質第零法則：如果你不在乎品質，那麼無論需求是什麼你都能符合。（頁189）

軟體第零法則：如果軟體不需實際派上用場，那麼無論需求是什麼你都能符合。（頁189）

品質問題：每一個軟體上的問題都是品質的問題。（頁189）

熱動力學第二法則：要降低熵（增加資訊），你必須增加能量。或是，天下沒有白吃的午餐。（頁203）

人類天性第一法則：人們永遠都不願相信「熱動力學第二法則」會適用在他們自己的身上。（頁204）

巨大損失的共通模式：要在一個作業系統上進行一個快速、「微不足道」的改變，且完全沒有執行一般軟體工程的防護措施。改變的結果就直接加入正常作業中運作。小規模的失敗乘上大量的使用後，產生大規模的不良後果。（頁232）

預防失敗的第一定律：沒有哪件事會因為太小而不值得觀察。（頁257）

財務管理的第一原理：有X元的損失，這一定是財務責任超過X元的那位執行主管的責任。（頁258）

預防失敗的第二定律：有X元的損失，這一定是財務責任超過X元的那位執行主管的責任。（頁258）

中國諺語：當你用一隻手指指向別人的時候，要注意其他的三隻手指指向哪裏。（頁263）

陸軍準則：沒有不好的士兵，只有不好的軍官。（頁268）

觀察課，下半部：生存反應引發想法上的不精確，想法上的不精確會破壞品質。（頁334）

薩提爾的格言：「問題」不是問題，「如何因應問題」才是問題。（頁337）

行為瘋狂原則：當有人出現瘋狂行徑時，就採取移情作用的立場，為瘋狂行徑找出一個合理論據。（頁365）

軟體工程第零法則：如果你不在乎品質，那麼無論目標是什麼你都能達成。（頁402）

官僚的定義：每件事都在掌控中，但是一切全都失控了。（頁419）

官僚的評量：在不明究裏的情況下完成的事項占所有完成事項的百分比。（頁420）

候選產品規則：事實上，候選產品直到通過審查才算是產品。（頁449）

不可靠性第零法則：如果系統不必可靠，那麼無論系統的目標是什麼你都能達成。（頁455）

系統行為法則：行為是由狀態與輸入這兩大條件所決定。（頁492）

索引

城邦讀書花園

www.cite.com.tw

城邦讀書花園匯集國內最大出版業者——城邦出版集團包括商周、麥田、格林、臉譜、貓頭鷹等超過三十家出版社，銷售圖書品項達上萬種，歡迎上網享受閱讀喜樂！

線上填回函‧抽大獎

購買城邦出版集團任一本書，線上填妥回函卡即可參加抽獎，每月精選禮物送給您！

城邦讀書花園網路書店

4 大優點

{
銷售交易即時便捷
書籍介紹完整彙集
活動資訊豐富多元
折扣紅利天天都有
}

動動指尖，優惠無限！

請即刻上網 **www.cite.com.tw**

國家圖書館出版品預行編目資料

溫伯格的軟體管理學. 第2卷，第一級評量／傑拉
爾德‧溫伯格（Gerald M. Weinberg）作；曾昭
屏、陳琇玲譯. -- 初版. -- 臺北市：經濟新潮社
出版：家庭傳媒城邦分公司發行, 2008.8
　　面；　公分. --（經營管理；58）
譯自：Quality software management. 2, first-order
measurement
ISBN 978-986-7889-72-0（平裝）

1. 軟體研發　2. 品質管理

312.2　　　　　　　　　　　　　　　　97013321

經濟新潮社

| 廣　　告　　回　　函 |
| 台灣北區郵政管理局登記證 |
| 台北廣字第000791號 |
| 免　　貼　　郵　　票 |

英屬蓋曼群島商家庭傳媒股份有限公司城邦分公司

104台北市民生東路二段141號2樓

請沿虛線折下裝訂，謝謝！

經濟新潮社

經營管理・經濟趨勢・投資理財・經濟學譯叢

編號：QB1058　書名：溫伯格的軟體管理學：第一級評量（第2卷）

cité城邦 讀者回函卡

謝謝您購買我們出版的書。請將讀者回函卡填好寄回，我們將不定期寄上城邦集團最新的出版資訊。

姓名：＿＿＿＿＿＿＿＿＿＿ 電子信箱：＿＿＿＿＿＿＿＿＿＿

聯絡地址：□□□＿＿＿＿＿＿＿＿＿＿＿＿＿＿＿＿＿＿

電話：（公）＿＿＿＿＿＿＿＿＿＿ （宅）＿＿＿＿＿＿＿＿＿＿

身分證字號：＿＿＿＿＿＿＿＿＿＿（此即您的讀者編號）

生日：＿＿＿年＿＿＿月＿＿＿日 性別：□男 □女

職業：□軍警 □公教 □學生 □傳播業 □製造業 □金融業 □資訊業
　　　□銷售業 □其他＿＿＿＿＿＿＿＿＿＿＿＿＿＿

教育程度：□碩士及以上 □大學 □專科 □高中 □國中及以下

本書優點：（可複選）□內容符合期待 □文筆流暢 □具實用性
　　　　　　　　　　□版面、圖片、字體安排適當 □其他＿＿＿＿＿

本書缺點：（可複選）□內容不符合期待 □文筆欠佳 □內容保守
　　　　　　　　　　□版面、圖片、字體安排不易閱讀 □價格偏高 □其他

關於溫伯格的著作，以及相關的軟體管理書籍，歡迎您提供意見供我們參考：

書名	已買	想買	備註
人月神話			
與熊共舞			
最後期限			
你想通了嗎？（以下為溫伯格著作）			
領導的技術			
顧問成功的祕密			
從需求到設計			
溫伯格的軟體管理學：系統化思考			
溫伯格的軟體管理學：第一級評量			
溫伯格的軟體管理學：關照全局的管理作為			
溫伯格的軟體管理學：擁抱變革			
程式設計的心理學（Psychology of Computer Programming）			
系統化思考入門（An Introduction to General Systems Thinking）			

您對我們的建議：＿＿＿＿＿＿＿＿＿＿＿＿＿＿＿＿＿＿＿＿

＿＿＿＿＿＿＿＿＿＿＿＿＿＿＿＿＿＿＿＿＿＿＿＿＿＿

＿＿＿＿＿＿＿＿＿＿＿＿＿＿＿＿＿＿＿＿＿＿＿＿＿＿